Inhaltsverzeichnis

Einleitung

1. Begriff und Gegenstand der Finanzmathematik

Unter „Finanzmathematik" versteht man die Anwendung mathematischer Methoden auf die Probleme des Bank- und Kreditwesens, die einer rechnerischen Behandlung zugänglich sind. In allen diesen Problemen spielt die Erscheinung des *Zinses* unmittelbar oder mittelbar eine entscheidende Rolle. Seine Betrachtung bildet deshalb die Grundlage des finanzmathematischen Denkens.

Die Finanzmathematik fragt — dem Charakter der Mathematik als *Formalwissenschaft* entsprechend — nicht nach Wesen und Ursache der von ihr erörterten Phänomene. Sie nimmt diese vielmehr in Definition und Abgrenzung so hin, wie sie ihr von den zuständigen Sachwissenschaften, der Wirtschafts- und Finanzwissenschaft, und von der Praxis des Bank- und Kreditwesens dargeboten werden. Die Sachwissenschaften haben insbesondere in den *Zinstheorien* — von denen es mehrere, auf verschiedenen Standpunkten beruhende gibt — den Versuch unternommen, den Zins, seine Zulässigkeit und Notwendigkeit, begrifflich zu klären, zu begründen und zu rechtfertigen. Für die Finanzmathematik ist der Zins dagegen einfach der für Leihgeld zu zahlende Nutzungspreis. Über sein Wesen und seine Bestimmungsgründe — wie überhaupt über die zu benutzenden Begriffe — wird deshalb im folgenden nur so viel zu sagen sein, als zum Verständnis unbedingt erforderlich ist.

Viele der von der Finanzmathematik entwickelten Methoden können auch in anderen Bereichen der angewandten Mathematik formal Verwendung finden. Hierzu gehören u. a. die Bevölkerungsstatistik, die Versicherungsmathematik und die allgemeine Wirtschaftsmathematik. Man ordnete die Finanzmathematik deshalb früher häufig dem erweiterten Begriff der „Politischen Arithmetik“ unter, der die genannten Bereiche mitumfaßt. Der Ausdruck „Politische Arithmetik“, der übersetzt „Staatliche Rechenlehre“ bedeutet, stammt aus der Zeit, als die Wirtschaftswissenschaft ihrer damaligen hauptsächlichen Zweckbestimmung entsprechend als „Staatswissenschaft“ bezeichnet wurde. Inzwischen haben sich die verschiedenen Zweige der Statistik, die Wirtschafts- und die Versicherungsmathematik zu so umfangreichen, selbständigen Disziplinen entwickelt, daß eine Zusammenfassung unzweckmäßig erscheint. In vorliegendem Band wird deshalb nur die Finanzmathematik im engeren Sinne behandelt werden.

Es ist ferner aus praktischen Gründen üblich geworden, die mit den elementarsten rechnerischen Hilfsmitteln lösbaren Aufgaben im Bereich des Bank- und Kreditwesens einem die Unter- oder Vorstufe der eigentlichen Finanzmathematik bildenden gesonderten „Bankrechnen“ zuzuweisen. Zu diesem „Bankrechnen“, einem Teilgebiet des umfassenderen „kaufmännischen Rechnens“, gehört neben der Provisions-, Arbitrage-, Wertpapierrechnung usw. konsequenterweise auch das Rechnen mit sogenannten „einfachen“ Zinsen. Da dieses Rechnen jedoch die Voraussetzung für die darauf aufbauenden Kapitel der eigentlichen Finanzmathematik ist, muß es — wenigstens in seinen Grundzügen — in einem Lehrbuch der Finanzmathematik mit besprochen werden. Die mehr technischen Teile der einfachen Zinsrechnung, wie z. B. die verschiedenen Arten der Kontokorrent- und Staffelrechnung, sind dagegen dem Bankrechnen vorbehalten.

Mit dieser Einschränkung ergibt sich die Gliederung des zu behandelnden Stoffes in folgende Hauptabschnitte: A. Das Rechnen mit einfachen Zinsen. B. Die Zinseszinsrechnung. C. Die Rentenrechnung. D. Die Tilgungs- und Anleiherechnung. E. Die Kurs- und Rentabilitätsrechnung.

2. Die Bestimmungsgründe der Zinshöhe

Die Höhe des Zinses, als des für das Leihgeld zu zahlenden Nutzungspreises, kann im Einzelfall frei vereinbart sein. Der Zins kann aber auch für größere Bereiche institutionell einheitlich festgesetzt werden. Dies geschieht in neuerer Zeit in wachsendem Umfang, z. B. beim Diskontsatz der Notenbanken, der nicht nur als Grundlage zahlreicher finanzieller Transaktionen dient, sondern an dem sich auch viele andere wichtige Zinssätze ausrichten, bei den im sogenannten Habenzinsabkommen der deutschen Banken erfaßten Zinssätzen usw. Auch bilden die Börsen wichtige Ausgleichstellen für die Festlegung und Vereinheitlichung von Zinssätzen.

Als wirtschaftliche Höchstgrenze des Zinses ergibt sich theoretisch der mit Hilfe des Leihgeldes voraussichtlich zu erzielende Ertrag. Diese Grenze wird jedoch in der Praxis nur in Notzeiten bei Vorliegen besonderer Umstände erreicht oder gar überschritten werden. Unterhalb der Höchstgrenze bestimmt sich der Zins wie jeder Preis nach Angebot und Nachfrage. Doch bildet die institutionelle Struktur der modernen Volkswirtschaften eine Bremse, die allzu heftigen, kurzfristigen Schwankungen entgegenwirkt. Bei niedrigen Zinssätzen können noch Geschäfte gewinnbringend sein, auf die sich bei hohen Zinssätzen niemand einlassen würde. Deshalb wirken niedrige Zinssätze belebend, hohe hemmend auf die Wirtschaftstätigkeit ein.

Neben den allgemeinen Faktoren von Angebot und Nachfrage spielen im Einzelfall spezielle Momente eine wichtige Rolle für die Höhe des Zinses. Da ist einmal die Frage der *Sicherheit* des Darlehens, die sich im Ausmaß der neben der eigentlichen *Leihgebühr* im Zins mit zu bezahlenden *Risikoprämie* ausdrückt. Bei risikoreichen Geschäften ist der Zins daher höher als bei den durch besondere gesetzliche Vorschriften geschützten Wechsel- oder Hypothekardarlehen. Von letzteren sind wiederum die bei eventueller Versteigerung des Grundstücks bevorzugt zu befriedigenden erststelligen Hypotheken zu günstigeren Bedingungen zu erhalten als die höherstelligen. Überhaupt sind durch Sachpfand sichergestellte Darlehen billiger als reine Personalkredite.

Kreditinstitute müssen ihre Kosten und außerdem einen Gewinn in die von ihnen zu erhebenden Zinssätze einrechnen. Daher sind die Zinsen, die sie auf Einlagen vergüten (die sogenannten *Habenzinsen*), niedriger als die für die Ausleihung von Geld geforderten *Sollzinsen*. Der Unterschied zwischen den Soll- und den Habenzinsen, die sogenannte *Zinsmarge*, bildet einen wesentlichen Bestandteil des Erlöses der Kreditinstitute.

Bestimmend für die Höhe des Zinses ist schließlich auch noch die *Dauer* der Entleihung. Im allgemeinen sind die Zinssätze für längerfristige Ausleihungen höher als für kürzerfristige, für Ausleihungen mit Kündigungsfrist höher als für jederzeit kündbare.

Die Höhe der für Leihgeld im Durchschnitt geforderten und gezahlten Zinsen ist im Laufe der Geschichte starkem Wechsel unterworfen gewesen. Auch regional sind große Unterschiede festzustellen. Wirtschaftlich hochentwickelte Länder weisen im allgemeinen niedrigere Zinssätze auf als wirtschaftlich weniger entwickelte. Damit steht im Zusammenhang, daß in früheren Zeiten oft viel höhere Zinssätze verlangt wurden als in der Gegenwart. In der römischen Kaiserzeit z. B. betrug die gesetzlich zulässige Höchstgrenze des Zinssatzes 48% jährlich, und noch im Mittelalter galt in Europa ein Zinssatz von 20% und mehr als durchaus normal. Dagegen ist heute der Zinssatz für täglich fällige Bankeinlagen in vielen Ländern auf 1% und weniger gesunken. Manchmal werden dafür sogar überhaupt keine Zinsen mehr vergütet, und der Anreiz für den Einleger, sein überschüssiges Geld zur Bank zu bringen, besteht — ähnlich wie beim deutschen Postscheckdienst — nur noch in den von den Kreditinstituten kostenlos gewährten Dienstleistungen im Zahlungsverkehr und in der größeren Sicherheit bei der Aufbewahrung.

Doch kommen unter besonderen Verhältnissen auch heute gelegentlich sehr hohe Zinssätze vor. So waren zur Zeit der Koreakrise 1951 Zinssätze bis zu 50% im Jahr nichts Ungewöhnliches, da das Geld meist nur kurzfristig zur Einleitung eines Geschäfts gebraucht wurde und der erwartete Gewinn den hohen Preis rechtfertigte. Auch bei Ratenkäufen ergeben sich oft Zinssätze von 30 bis 40%, wenn man in finanzmathematisch korrekter Weise die Zinsen auf die jeweilige Restschuld bezieht.

A. Das Rechnen mit einfachen Zinsen

1. Die Zinsformel

Man definiert als *Zinsfuß* p den vereinbarten Preis für einen auf die gewählte Zeiteinheit (die sogenannte *Zinsperiode*) auszuleihenden Geldbetrag von 100 Währungseinheiten. Dann ergibt sich als erste Aufgabe der Finanzmathematik die Frage nach der Höhe der *Zinsen* Z_n, die für eine beliebige Geldsumme (das *Kapital* K) und für eine beliebige Zeit (die *Laufzeit* n) zu vergüten sind.

Das Wort „Kapital" wird in der Finanzmathematik nicht in seinem volks- und betriebswirtschaftlichen Sinne gebraucht. Es bezeichnet vielmehr — der ursprünglichen Bedeutung des darin enthaltenen Wortes „caput" entsprechend — den in der Rechnung auftretenden „Hauptbetrag", d. h. den der Verzinsung unterworfenen Betrag, ohne Rücksicht auf dessen eigentlichen wirtschaftlichen oder juristischen Begriffsinhalt. Es kann sich dabei um echtes Kapital im volks- oder betriebswirtschaftlichen Sinne handeln oder um einen Kredit, ein Darlehen, eine Schuld, eine

Verpflichtung, ein Guthaben, eine Bankeinlage, eine Forderung, eine Hypothek, eine Zahlung u. a. m. In den Beispielen dieses Buches werden die vorstehenden Begriffe wechselnd gebraucht werden, je nachdem wie es für das jeweils behandelte Problem am zweckmäßigsten erscheint. Man beachte dabei, daß man sich vom finanzmathematischen Standpunkt aus in jedem Falle für den einen Begriff auch alle anderen gesetzt denken kann.

Die Zinsen sind während der gesamten Laufzeit des Kredits jeweils am Ende — oder auch am Anfang — einer jeden Zinsperiode in gleichen Beträgen zu entrichten. Die Daten, an denen dies im Einzelfall zu geschehen hat, heißen *Zinstermine.* Ist Zahlung am Ende der Zinsperioden ausbedungen, so spricht man von *dekursiver* oder *nachschüssiger* Verzinsung oder von Verzinsung im *nachhinein.* Diese Art der Zinszahlung ist in Deutschland und in den meisten anderen Ländern die Regel. Bei den folgenden Ausführungen soll sie deshalb stets vorausgesetzt werden, wenn nichts anderes vermerkt ist. Die nur ausnahmsweise vorkommende Zahlungsweise der Zinsen am Anfang jeder Zinsperiode, die *antizipative* oder *vorschüssige* Verzinsung oder die Verzinsung im *vorhinein* wird nur kurz am Rande behandelt werden.

Man erhält nun die Lösung der eingangs formulierten Aufgabe durch folgende doppelte Schlußrechnung:

100 Währungseinheiten Kapital kosten für 1 Zinsperiode
p Währungseinheiten an Zinsen

1 Währungseinheit Kapital kostet für 1 Zinsperiode
$\frac{p}{100}$ Währungseinheiten an Zinsen

K Währungseinheiten Kapital kosten für 1 Zinsperiode
$K \cdot \frac{p}{100}$ Währungseinheiten an Zinsen

K Währungseinheiten Kapital kosten für n Zinsperioden
$K \cdot \frac{p}{100} \cdot n$ Währungseinheiten an Zinsen.

Dieses Ergebnis läßt sich formelmäßig wie folgt schreiben:

$$Z_n = K \cdot n \cdot \frac{p}{100}. \tag{1}$$

Formel (1) ist die für die Zinsrechnung fundamentale sogenannte *Zinsformel.* Der darin vorkommende Ausdruck $\frac{p}{100}$, also der hundertste Teil des Zinsfußes, wird *Zinssatz* genannt[1]). Führt man für den Zinssatz die symbolische Bezeichnung i (von englisch „interest" = Zins) ein — es ist also $i = \frac{p}{100}$ oder $= p\,\%$ oder $= 0{,}01\,p$ und umgekehrt $p = 100\,i$ —, so läßt sich die Zinsformel auch in der noch einfacheren Gestalt schreiben[2]):

$$Z_n = K \cdot i \cdot n. \tag{1'}$$

Ebenso wie der Zinsfuß p einerseits eine unbenannte Zahl, andererseits aber auch numerisch gleich dem Zinsbetrag ist, der in Einheiten der gleichen Währung wie das zugrunde liegende Kapital für ein Kapital von 100 Währungseinheiten in der Zinsperiode zu zahlen ist, ist auch der Zinssatz i sowohl eine unbenannte Zahl als auch (wegen $i = \frac{p}{100}$) der für *eine* Währungseinheit Kapital in der Zinsperiode zu zahlende Zins.

Zur rascheren Handhabung von Formel (1') ist es nützlich, sich die zu einem gegebenen Zinsfuß p gehörenden Werte des Zinssatzes i in den drei üblichen Formen (und umgekehrt) so einzuprägen, daß sie sofort aus dem Gedächt-

[1]) Die Ausdrücke „Zinsfuß" und „Zinssatz" werden in der Praxis — und zum Teil auch in der Literatur — häufig miteinander verwechselt oder unterschiedslos gebraucht. Aus sachlichen und aus pädagogischen Gründen empfiehlt sich jedoch die hier gebrachte scharfe Trennung, an die sich der Leser beizeiten gewöhnen möge.

[2]) Die Formeln (1) bzw. (1') gelten selbstverständlich für beliebige Währungseinheiten DM, \$, sfr, £ usw. Der Einfachheit halber soll jedoch in der Folge, wenn nicht anders gesagt, unter „Währungseinheit" stets die DM verstanden werden.

nis niedergeschrieben werden können. Nachstehende Tabelle zeigt die Werte von p und i für einige häufig vorkommende Fälle:

p	$\frac{1}{2}$	1	3	$3\frac{1}{4}$	$3\frac{1}{3}$
i (in %)	$\frac{1}{2}$ %	1 %	3 %	$3\frac{1}{4}$ %	$3\frac{1}{3}$ %
i (als gewöhnlicher Bruch)	$\frac{1}{200}$	$\frac{1}{100}$	$\frac{3}{100}$	$\frac{13}{400}$	$\frac{10}{300}=\frac{1}{30}$
i (als Dezimalbruch)	0,005	0,01	0,03	0,0325	$0{,}033\bar{3}$

p	$3\frac{1}{2}$	$3\frac{3}{4}$	$3\frac{7}{8}$	10	100
i (in %)	$3\frac{1}{2}$ %	$3\frac{3}{4}$ %	$3\frac{7}{8}$ %	10 %	100 %
i (als gewöhnlicher Bruch)	$\frac{7}{200}$	$\frac{15}{400}$	$\frac{31}{800}$	$\frac{10}{100}=\frac{1}{10}$	$\frac{100}{100}=1$
i (als Dezimalbruch)	0,035	0,0375	0,03875	0,1	1,0

Hier sei ein Hinweis für das praktische Rechnen eingefügt, der nicht nur die in Frage stehende Aufgabe betrifft, sondern im gesamten Bereich der Finanzmathematik beherzigenswert ist: Es ist beim Rechnen üblich geworden, den Dezimalbrüchen stets den Vorzug vor den gewöhnlichen Brüchen zu geben. Hierzu trägt sicher bei, daß die für gewöhnliche Brüche geltenden Rechenregeln nach der Schulzeit in Vergessenheit zu geraten pflegen. Man scheue aber die kleine Mühe nicht, sie sich wieder ins Gedächtnis zurückzurufen, denn das Benutzen von gewöhnlichen Brüchen bietet zahlreiche rechentechnische Vorteile, insbesondere im Hinblick auf die Möglichkeit, komplizierte Brüche zu kürzen, was, wenn die Zahlen in Gestalt von Dezimalbrüchen auftreten, häufig übersehen wird. Außerdem ist die Genauigkeit eine größere, weil sich Brüche, deren Nenner nicht nur die Faktoren 2 und 5 enthalten, lediglich näherungsweise in Dezimalform wiedergeben lassen. Werden allerdings Rechenmaschinen benutzt, so können nur Dezimalbrüche angewendet werden. Doch versuche man auch in diesem Fall, die Lösung der Aufgabe soweit wie möglich unter Einsatz von gewöhnlichen Brüchen vorzubereiten, ehe man sie in Dezimalbruchform in die Maschine einführt. (In der Praxis werden Zinsfuß bzw. Zinssatz fast immer in Gestalt gewöhnlicher Brüche gegeben.)

Bei Anwendung von Formel (1) bzw. (1′) macht man — wie sich aus der Ableitung ergibt — die stillschweigende Voraussetzung, daß die Zinsen Z_n sowohl dem Kapital K als auch der Laufzeit n direkt proportional sind, d. h. daß für das doppelte Kapital die doppelten Zinsen, für die halbe Laufzeit die Hälfte der Zinsen usw. bezahlt werden müssen. Diese Voraussetzung ist nicht selbstverständlich, wenn man an Mengen- oder Umsatzrabatte denkt, die im kaufmännischen Verkehr die Kontinuität der Proportionalität unterbrechen können. Auch im Kreditwesen kommt Ähnliches vor. Doch sind innerhalb gewisser Grenzen stets die Proportionalität und damit die Anwendbarkeit von Formel (1) bzw. (1′) gewährleistet.

Die Laufzeit n ist in die Zinsformel stets in Vielfachen einer Zinsperiode einzusetzen. Als Zinsperiode wird bei Kreditgeschäften meist das Jahr gewählt. Man spricht dann von einem Zinsfuß von p oder einem Zinssatz von $i = p\%$ „p. a." (gelesen „per annum" oder „pro anno"). Es können jedoch auch kürzere Zinsperioden, etwa ein halbes Jahr, ein Vierteljahr oder ein Monat vereinbart sein (sogenannte „unterjährige" Verzinsung). Beträgt die Länge der vereinbarten Zinsperiode $\frac{1}{m}$ Jahr, so ist dafür wegen der Proportionalität nur der m-te Teil an Zinsen zu zahlen, der für eine Zinsperiode von Jahreslänge gezahlt werden müßte. Es ist dann auch der sich auf die kürzere Zinsperiode beziehende Zinssatz $i_{\frac{1}{m}}$ der m-te Teil des auf das Jahr bezüglichen Zinssatzes $i\,(i_{\frac{1}{m}} = \frac{i}{m}$

und entsprechend natürlich[1]) auch $p_{\frac{1}{m}} = \frac{p}{m}$), und es gilt die Beziehung $i = mi_{\frac{1}{m}}$ bzw. $p = mp_{\frac{1}{m}}$. Man nennt in diesem Fall i den zu dem unterjährigen (halbjährlichen, vierteljährlichen, monatlichen usw.) Zinssatz $i_{\frac{1}{m}}$ gehörenden *nominellen* Jahreszinssatz[2]). So gehört beispielsweise zum vierteljährlichen Zinssatz $i_{\frac{1}{4}} = 3\%$ der nominelle Jahreszinssatz $i = 4 \cdot 3\% = 12\%$, zum monatlichen Zinsfuß $p_{\frac{1}{12}} = \frac{1}{2}$ der nominelle Jahreszinsfuß $p = 12 \cdot \frac{1}{2} = 6$. Es führt zu dem gleichen Ergebnis, wenn man bei einer Laufzeit von n Jahren in Formel (1′) mit dem unterjährigen Zinssatz $i_{\frac{1}{m}}$ und $m \cdot n$ Zinsperioden von je $\frac{1}{m}$ Jahreslänge rechnet oder mit dem zugehörigen nominellen Jahreszinssatz i und n Zinsperioden von Jahreslänge (es ist nämlich $Z_{mn} = K \cdot i_{\frac{1}{m}} \cdot m \cdot n = K \cdot i \cdot n = Z_n$).

Mit Hilfe der Formeln (1) bzw. (1′) läßt sich jede Aufgabe lösen, bei der Kapital, Zinssatz und Laufzeit gegeben sind und nach den zu zahlenden Zinsen gefragt wird. Doch muß darauf geachtet werden, daß die Laufzeit n, wie schon erwähnt, in Vielfachen der zugrunde gelegten Zinsperiode ausgedrückt wird. Umfaßt die Laufzeit daher, wie häufig in der Praxis, Zeiteinheiten verschiedener Länge (Jahre, Monate und Tage), so sind diese zunächst einheitlich in ganze Zinsperioden oder Bruchteile davon umzurechnen. Dabei ist es in Deutschland im Kreditwesen wie überhaupt im kauf-

---

[1]) Die für den *Zinssatz* i abgeleiteten Beziehungen gelten (wegen $p = 100\,i$) stets auch entsprechend für den *Zinsfuß* p. Es wird deshalb im folgenden meist nur die eine *oder* die andere Form gebracht werden. Aus demselben Grunde wird auch die Zinsformel je nach Zweckmäßigkeit nur in ihrer Gestalt (1) oder in ihrer Gestalt (1′) angezogen werden.

[2]) „Nominell" heißt dieser Jahreszinssatz, weil er nur als Rechengröße auftritt. *Wirklich* vereinbart (und zahlbar) ist lediglich der unterjährige Zinssatz $i_{\frac{1}{m}}$, der deshalb auch als „effektiver" Zinssatz bezeichnet wird.

männischen Verkehr zur Erleichterung der Rechnung üblich, den Monat stets mit 30 Tagen und dementsprechend das Jahr mit 360 Tagen anzusetzen. Ein Tag (auch im Februar oder März) ist also stets gleich $\frac{1}{30}$ Monat ($= 0{,}033\overline{3}$ Monat) bzw. (auch im Schaltjahr) gleich $\frac{1}{360}$ Jahr ($= 0{,}0027\overline{7}$ Jahr) zu setzen. Bei gerichtlichen Entscheidungen wird dagegen die tatsächliche Jahres- bzw. Monatslänge zugrunde gelegt, wie dies im Ausland oft auch im Kreditwesen der Fall ist[1]).

In der Praxis geht man am besten so vor, daß man die gegebene Laufzeit zunächst in der kleinsten vorkommenden Zeiteinheit ausdrückt und das Ergebnis in Zinsperioden umrechnet. So wird beispielsweise eine gegebene Laufzeit von 3 Jahren 4 Monaten und 11 Tagen zunächst in $3 \cdot 360 + 4 \cdot 30 + 11 = 1211$ Tage umgewandelt. Dies entspricht bei jährlicher Verzinsung einer Laufzeit n von $\frac{1211}{360}$ Zinsperioden von Jahreslänge, bei monatlicher Verzinsung einer solchen von $\frac{1211}{30}$ Zinsperioden von Monatslänge usw. In Dezimalform geschrieben lauten diese beiden Ergebnisse 3,364 Jahresperioden bzw. 40,367 Monatsperioden. Bei unterjähriger Verzinsung ist es jedoch in manchen Fällen bequemer, mit Zinsperioden von Jahreslänge und dem entsprechenden nominellen Jahreszinssatz zu rechnen (vgl. Beispiel *2*).

Beispiel 1: Was muß an Zinsen für den auf 3 Jahre auszuleihenden Betrag von 7500 DM aufgebracht werden, wenn ein Zinssatz von $3\frac{1}{3}\%$ p.a. vereinbart wurde? — Hier ist $K = 7500$ DM, $i = \frac{1}{30}$ und $n = 3$. Diese Werte in Formel (1') eingesetzt, ergeben $Z_n = 7500 \cdot \frac{1}{30} \cdot 3 = 750$. Die insgesamt aufzubringenden Zinsen belaufen sich auf 750 DM.

---

[1]) Im angelsächsischen Bereich wird mit der tatsächlichen Monatslänge, jedoch mit einem Jahr von einheitlich 365 Tagen gerechnet.

Beispiel 2: Ein Kapital in Höhe von 5000 DM wird zu 2% halbjährlich auf 2 Jahre 7 Monate und 12 Tage ausgeliehen. Wie hoch sind die in Rechnung zu stellenden Zinsen? – Die gegebene Laufzeit ist zunächst in Tage, als kleinste vorkommende Zeiteinheit umzuwandeln. Man erhält $2 \cdot 360 + 7 \cdot 30 + 12 = 942$ Tage. Die vereinbarte Zinsperiode beträgt ein halbes Jahr oder 180 Tage. 942 Tage entsprechen also $\frac{942}{180}$ Zinsperioden. Formel (1) liefert die zu zahlenden Zinsen mit $Z_n = 5000 \cdot \frac{2}{100} \cdot \frac{942}{180} = 100 \cdot \frac{157}{30} = \frac{1570}{3} = 523{,}33$ DM. Man hätte ebensogut mit dem entsprechenden nominellen Jahreszinssatz $i = 4\%$ und der Laufzeit $n = \frac{942}{360}$ Zinsperioden von Jahreslänge rechnen können.

2. Laufzeit als Datumdifferenz gegeben

In den von der Praxis gestellten Aufgaben wird die Laufzeit n meist nicht in Jahren, Monaten und Tagen gegeben, sondern es wird das Anfangs- und Enddatum der Laufzeit mitgeteilt. Zur Verwendung in Formel (1) muß in solchen Fällen die Laufzeit aus den Daten erst errechnet werden. Hierbei können entweder beide der genannten Daten — im Wertpapiergeschäft üblich — der Laufzeit zugerechnet werden, oder nur eines – wie z. B. im Wechselverkehr –, oder gar keines — wie häufig im sonstigen Bankverkehr. In den von den Kreditinstituten ausgestellten Quittungen wird durch die Angabe „Wert am soundsovielten" (die sogenannte „Wertstellung") auf das Datum des Verzinsungsbeginns ausdrücklich hingewiesen. Bei Spareinlagen erfolgt die Wertstellung und damit der Beginn des Zinsenlaufs üblicherweise erst 14 Tage nach der Einzahlung.

Die Umrechnung selbst wird durch folgendes Verfahren erleichtert (es soll dabei vorausgesetzt werden, daß das eine der beiden Grenzdaten in der Laufzeit berücksichtigt wird; sollen beide Berücksichtigung finden, so ist das jeweilige Ergebnis um einen Tag zu vermehren, sollen beide außer Betracht bleiben, um einen Tag zu vermindern). Es läßt sich am besten an Hand eines Beispiels erklären.

Beispiel 3: Ein Kapital wird vom 17. August 1958 bis zum 31. Dezember 1958 ausgeliehen. – Um zunächst die Anzahl der vollen Monate zu erhalten, ziehe man vom Endmonat den Anfangsmonat ab. Ergebnis: $12 - 8 = 4$. Für die restlichen Tage verfahre man ebenso mit den Tageziffern, wobei man jedoch berücksichtigen muß, daß der Monat, wie S. 15 erwähnt, rechnerisch stets mit 30 Tagen anzusetzen ist, so daß statt des 31. Dezember der 30. Dezember in der Rechnung zu verwenden ist. Ergebnis: $30 - 17 = 13$ Tage. Insgesamt ergeben sich 4 Monate und 13 Tage oder $4 \cdot 30 + 13 = 133$ Tage. Die in Formel (1) einzusetzende Laufzeit ist also $n = \frac{133}{360}$ bei jährlicher Verzinsung, $n = \frac{133}{180}$ bei halbjährlicher Verzinsung usw.

Ist die Tagesziffer des Enddatums niedriger als diejenige des Anfangsdatums, so vergrößere man sie um 30 (gleich einem vollen Monat), vermindere dafür jedoch die Ziffer des Endmonats um 1.

Beispiel 4: Leihdauer 22. Februar 1958 bis 9. Oktober 1958. – Man rechnet: Tage: 39 (statt 9) $- 22 = 17$; Monate: 9 (statt 10) $- 2 = 7$. Ergebnis: $7 \cdot 30 + 17 = 227$ Tage oder $n = \frac{227}{360}$ Jahre.

Ist die Monatsziffer des Enddatums niedriger als diejenige des Anfangsdatums (dies kann der Fall sein, wenn die Laufzeit über das Jahr hinausgeht), so lassen sich ähnliche Regeln aufstellen. Es ist dann jedoch besser, um sich das Merken all dieser Regeln zu ersparen, die Rechnung in zwei Teilen auszuführen: bis zum Ende des alten und vom Beginn des neuen Jahres. Ähnliches gilt, wenn die Leihdauer mehrere Jahre einschließt.

Beispiel 5: a) Leihdauer 25. Juli 1958 bis 14. März 1959. – Bis zum Jahresende 1958 sind es $12 - 7 = 5$ Monate und $30 - 25 = 5$ Tage und ab Jahresanfang 1959: $3 - 1 = 2$ Monate und $14 - 1 = 13$ Tage; insgesamt demnach $7 \cdot 30 + 18 = 228$ Tage. $n = \frac{228}{360}$. Hierbei ist jedoch zu beachten, daß durch die zweimalige Anwendung des Verfahrens zwei Grenztage der

Laufzeit in Fortfall gekommen sind. Soll — wie in Beispiel *3* oder *4* — nur der eine unberücksichtigt bleiben, so ist ein Tag zum Ergebnis hinzuzufügen, und man erhält $n = \frac{229}{360}$. b) Leihdauer 11. April 1958 bis 5. Juni 1961. — Man spaltet zunächst die vollen Jahre ab: Es sind bis zum 10. April 1961 einschließlich 3 Jahre. Nun bleibt: 11. April 1961 bis 5. Juni 1961 gemäß Beispiel *4*: 35 — 11 = 24 Tage und 5 — 4 = 1 Monat. Gesamtergebnis: $3 \cdot 360 + 1 \cdot 30 + 24 = 1134$ Tage. $n = \frac{1134}{360}$ Jahre.

3. Die Umformungen der Zinsformel

Die Zinsformel $Z_n = Kin$ enthält vier variable Größen: das Kapital K, den Zinssatz i, die Laufzeit n und die Zinsen Z_n. Drei davon können beliebig gegeben sein, die vierte ist jedoch durch diese drei eindeutig bestimmt. Es ist in Abschnitt 1 vorausgesetzt worden, daß K, i und n die gegebenen, Z_n die gesuchte Größe ist. Dies braucht jedoch nicht immer der Fall zu sein. In der Praxis ergeben sich ebenso häufig Aufgabenstellungen, bei denen die Verteilung der vier Größen auf gegebene und gesuchte eine andere ist. Zu ihrer Lösung genügt es, Formel (1') derart umzuformen, daß die jeweils gesuchte Größe allein auf die linke Seite der Gleichung kommt.

Es ergeben sich folgende drei Möglichkeiten:

a) Gegeben i, n und Z_n, gesucht K. Man erhält

$$K = \frac{Z_n}{in}. \tag{2}$$

b) Gegeben K, n und Z_n, gesucht i. Man erhält

$$i = \frac{Z_n}{Kn}. \tag{3}$$

c) Gegeben K, i und Z_n, gesucht n. Man erhält

$$n = \frac{Z_n}{Ki}. \tag{4}$$

Wie man sieht, haben alle drei möglichen Umformungen von Formel (1) eine ähnliche Gestalt.

Die Anwendung von Formel (2) bis (4) kann am besten durch Beispiele erläutert werden:

Beispiel 6: Jemand benötigt zur Abwicklung eines Geschäftes vom 10. März 1959 bis zum 26. November 1959 ein Darlehen. Wie groß kann dieses sein, wenn er in der Lage ist, an Zinsen 1200 DM aufzubringen und der Darlehnsgeber 6% p. a. verlangt? — Hier sind $Z_n = 1200$, $i = \frac{6}{100}$ und $n = \frac{256}{360}$ gegeben, gesucht ist K. Es ist also Formel (2) anzuwenden. Man erhält

$$K = \frac{1200}{\frac{6}{100} \cdot \frac{256}{360}} = \frac{1200 \cdot 36000}{1536} = 28125 \text{ DM}.$$

Beispiel 7: 15000 DM sollen auf 1½ Jahre ausgeliehen werden. Welcher jährliche Zinssatz ist zu verlangen, damit an Zinsen 1687,50 DM anfallen? — Es sind $K = 15000$, $n = \frac{3}{2}$ und $Z_n = 1687{,}50$ gegeben; i ist gesucht. Formel (3) liefert $i = \frac{1687{,}50}{15000 \cdot \frac{3}{2}} = \frac{1687{,}50}{22500} = 0{,}075$. Der gesuchte Zinssatz ist also 7½% p. a.

Beispiel 8: Jemand nimmt am 20. August 1958 ein Darlehen von 250000 DM auf. Wie lange kann er das Geld behalten, wenn er in der Lage ist, 20000 DM an Zinsen aufzubringen und mit einem Zinsfuß von 3¾% p. a. gerechnet wird? — Die gegebenen Größen sind $K = 250000$, $i = 0{,}0375$ und $Z_n = 20000$. Man erhält die gesuchte Laufzeit n nach Formel (4) zu $n = \frac{20000}{0{,}0375 \cdot 250000} = 2{,}133\ldots$ Jahren. Die Jahresbruchteile werden, wie folgt, in Tage umgewandelt: $\frac{1}{10}$ Jahr ist gleich 36 Tagen, $\frac{1}{100}$ Jahr gleich 3,6 Tagen, $\frac{1}{1000}$ Jahr gleich 0,36 Tagen usw. 0,133 Jahre sind also $133 \cdot 0{,}36 = 48$ Tage. Der Darlehnsnehmer kann das Geld 2 Jahre, 1 Monat und 18 Tage, also bis zum 8. Oktober 1960, behalten.

4. End- und Barwert des Kapitals

Am Ende der Laufzeit — also nach n Zinsperioden — erhält der Darlehensgeber das ausgeliehene Kapital K zurück. Bis dahin sind ihm aber auch Z_n Währungseinheiten an Zinsen zugeflossen, so daß sich der anfangs von ihm eingesetzte Betrag auf insgesamt $(K + Z_n)$ Währungseinheiten vermehrt hat.

Man nennt die Summe $K + Z_n$ den *Endwert* des Kapitals oder kurz das *Endkapital* nach n Zinsperioden und gibt ihm das Symbol K_n. Demgegenüber bezeichnet man, um den Unterschied deutlicher zu machen, nunmehr das ursprünglich vorhanden gewesene Kapital K als den *Anfangswert* oder *Barwert* des Kapitals K oder als das *Anfangskapital* und drückt dies durch das Symbol K_0 aus. K_0 ist der Wert des Kapitals zu Beginn des Zinsenlaufs (zum Zeitpunkt 0), dieser Wert wächst durch die Verzinsung nach n Zinsperioden auf den Wert K_n an.

Auf Grund dieser Definition ist also $K_n = K_0 + Z_n$, oder, wenn man für Z_n den Wert aus Formel (1′) einsetzt, $K_n = K_0 + K_0 in$. Hierin kann man K_0 ausklammern und erhält für die Beziehung zwischen K_n und K_0 die sogenannte *Endwertformel* der einfachen Zinsrechnung

$$K_n = K_0(1 + in). \tag{5}$$

Beispiel 9: Auf welchen Betrag wachsen 10000 DM in $3\frac{1}{2}$ Jahren an, wenn $1\frac{1}{2}\%$ Zinsen im Vierteljahr vereinbart sind? — Es ist $K_0 = 10000$, $i = \frac{1,5}{100} = \frac{15}{1000}$ und $n = 14$ ($3\frac{1}{2}$ Jahre umfassen 14 vierteljährliche Zinsperioden!). In Formel (5) eingesetzt, ergibt dies: $K_n = 10000\,(1 + \frac{15}{1000} \cdot 14) = 10000 \cdot 1{,}21$ oder 12100 DM. Auf dasselbe Ergebnis wäre man gekommen, wenn man mit dem nominellen Jahreszinssatz $i = 6\%$ und $\frac{7}{2}$ Zinsperioden von Jahreslänge gerechnet hätte.

Formel (5) kann nun auch dazu dienen, bei gegebenem Endkapital den Barwert des Kapitals, also seinen Wert *vor* n Zinsperioden, zu errechnen. Aufgaben dieser Art treten nicht nur auf, wenn der Betrag ermittelt werden soll, der heute angelegt werden müßte, um nach einer gewissen Zeit durch die Verzinsung einen angestrebten Wert zu erreichen, sondern auch dann, wenn eine zu einem späteren Zeitpunkt fällige Forderung vorzeitig abgelöst oder veräußert werden soll. In diesem Fall wird der Schuldner bzw. der Käufer die Forderung um die zu erwartenden Zinsen kürzen, da diese ja nunmehr dem Gläubiger bzw. dem Verkäufer der Forderung zugute kommen. Durch Auflösen von Formel (5) nach K_0 erhält man ihre zur Lösung solcher Aufgaben geeignete Gestalt, die *Barwertformel*:

$$K_0 = \frac{K_n}{1 + in}. \tag{6}$$

Beispiel 10: Eine in 8 Jahren fällige Forderung in Höhe von 25000 DM soll durch sofortige Zahlung abgelöst werden. Wie hoch ist diese zu bemessen, wenn 5% Zinsen p. a. gerechnet werden? — Mit Hilfe von Formel (6) ergibt sich $K_0 = \frac{25\,000}{1 + \frac{5}{100} \cdot 8}$ $= 25000 : 1{,}4 = 250000 : 14 = 17857{,}14$ DM. Man überzeugt sich leicht, daß der Gläubiger dadurch, daß er über sein Geld 8 Jahre früher verfügen kann, einen genau dem Unterschied zwischen 25000 DM und 17857,14 DM entsprechenden Zinsvorteil hat.

Faßt man die rechten Seiten der Gleichungen (5) bzw. (6) als Funktionen der Laufzeit n auf, so sieht man, daß sie von ganz verschiedenem Typ sind. Der Endwert ist eine *lineare* Funktion von n (man nennt die den bisher entwickelten Formeln zugrunde liegende *einfache* Verzinsung deshalb auch *lineare* Verzinsung), während die Barwertfunktion als Bild eine gleichseitige *Hyperbel* ergibt. Fig. 1 bzw. Fig. 2 zeigt dies für $i = 4\%$ und K_0 bzw. $K_n = 1000$ DM.

Man nennt die Rechenoperation, die von K_0 zu K_n, also vom Barwert zum Endwert des Kapitals führt, *Aufzinsen*, die umgekehrte von K_n zu K_0, d. h, vom Endwert zum Barwert des Kapitals führende Rechenoperation *Abzinsen* oder auch *Diskontieren*. Der zum Abzinsen verwandte Zinssatz heißt auch *Diskontsatz*.

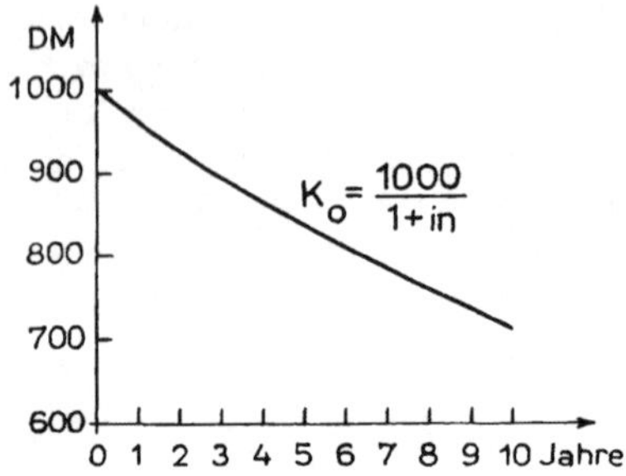

Fig. 1

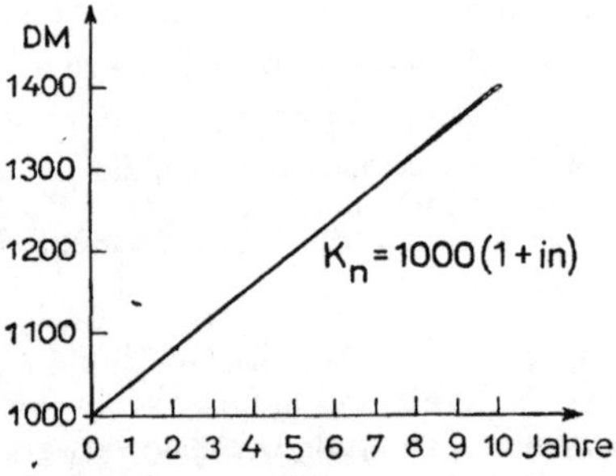

Fig. 2

5. Das Diskontieren von Wechseln

Eine wichtige Anwendung finden die in Abschnitt 4 entwickelten Gedankengänge beim *Wechseldiskontieren.* Es ist hier nicht der Ort, auf die wirtschaftlichen und juristischen Grundlagen des „Wechsel" genannten Kreditinstruments in allen Einzelheiten einzugehen. Doch muß das zum Verständnis unbedingt Notwendige gesagt werden.

Der Wechsel ist ein schriftliches Zahlungsversprechen, welches entweder den Aussteller selbst (sogenannter *Sola-*

wechsel) oder eine von ihm namentlich bezeichnete Person, den *Bezogenen*, (*gezogener* Wechsel oder *Tratte*) verpflichtet, zu einem bestimmten Zeitpunkt einen im Wechsel angegebenen Betrag (die *Wechselsumme*) an den Wechselgläubiger (den *Begünstigten*) zu zahlen.

Der Wechsel untersteht einem eigenen im *Wechselgesetz* festgelegten Recht, das besonders strenge Sicherheitsbestimmungen enthält. Was ihn aber vor allem als Kreditgrundlage geeignet macht und Ursache seiner Wichtigkeit im kaufmännischen Verkehr ist, ist, daß er ein sogenanntes *abstraktes* Zahlungsversprechen darstellt, d. h. daß die durch ihn begründete Schuld unabhängig vom materiellen Schuldgrund besteht. Der Wechsel kann deshalb ähnlich einer Banknote von Hand zu Hand weitergegeben werden: Er wird am Fälligkeitstage an den bezahlt, der ihn präsentiert. Die Sicherheit wird noch dadurch erhöht, daß jeder, der den Wechsel im Besitz gehabt und sich durch Vollzug seiner Unterschrift auf dessen Rückseite durch das sogenannte „Indossament" verpflichtet hat, für die Wechselsumme haftet.

Der Besitzer eines Wechsels hat ferner die Möglichkeit, ihn, ehe er fällig wird, von einer Bank diskontieren zu lassen, d. h. sich den Barwert der Wechselsumme sofort auszahlen zu lassen. Der Wechsel geht dabei in den Besitz der Bank über, die ihn am Fälligkeitstermin zum Einzug bringt, d. h. dem Bezogenen zur Einlösung vorlegt. Die Differenz zwischen Wechselsumme und ausgezahltem Barwert stellt den Ertrag der Bank dar. Das hierauf beruhende Wechselgeschäft ist eine der wichtigsten Sparten der Tätigkeit der Kreditbanken. Selbstverständlich wird eine Bank nur solche Wechsel diskontieren, die in der Person des Bezogenen bzw. der Indossanten die Gewähr für ordnungsgemäße Einlösung bei Fälligkeit bieten. Nach den Anforderungen, die in dieser Hinsicht an die Güte oder „Bonität" des Wechsels gestellt werden, kann man verschiedene Bankkategorien unterscheiden, was auch in der Höhe des verlangten Diskontsatzes zum Ausdruck kommt.

Die finanzmathematisch richtige Methode, den Barwert der Wechselsumme zu berechnen, also den Wechsel zu diskontieren, ist die in Abschnitt 4 geschilderte. D. h. es ist Formel (6) anzuwenden, wobei für K_n die Wechselsumme, für i der Diskontsatz und für n die Zeit vom Termin der Diskontierung bis zur Fälligkeit einzusetzen ist.

Statt dessen bedienen sich die Kreditinstitute eines anderen Verfahrens: Sie ermitteln den auszuzahlenden (diskontierten) Betrag $\mathfrak{K}_0$, indem sie von der Wechselsumme K_n die auf die Wechselsumme bezogenen Zinsen $K_n in$ abziehen. Es ergibt sich $\mathfrak{K}_0 = K_n - K_n in$ oder — nach Ausklammern von K_n —:

$$\mathfrak{K}_0 = K_n(1 - in). \tag{7}$$

Der nach dieser bankmäßigen Methode des Wechseldiskontierens ermittelte Wert $\mathfrak{K}_0$ ist *kleiner* als der mit Hilfe von Formel (6) errechnete Wert K_0. Die Differenz
$K_0 - \mathfrak{K}_0 = \frac{K_n}{1 + in} - K_n(1 - in) = K_n\left[\frac{1}{1 + in} - (1 - in)\right]$
$= K_n \frac{1 - (1 - in)(1 + in)}{1 + in} = K_n \frac{i^2 n^2}{1 + in}$ stellt einen zusätzlichen Gewinn der Kreditinstitute aus dem Wechselgeschäft dar. Der bankmäßig errechnete Wert $\mathfrak{K}_0$ wächst zum Fälligkeitstermin nicht auf die Wechselsumme K_n an, sondern auf die Summe $K_n(1 - in)(1 + in) = K_n(1 - i^2 n^2)$, die um den Betrag $K_n i^2 n^2$ hinter der Wechselsumme zurückbleibt. Die bankmäßige Methode liefert deshalb im finanzmathematischen Sinne nicht die Lösung der der Wechselrechnung gestellten Aufgabe.

Beispiel 11: Ein Wechsel über 20000 DM wird 6 Monate vor Fälligkeit bei einer Bank zur Diskontierung eingereicht. Welcher Betrag gelangt an den Einreicher zur Auszahlung, wenn ein Diskontsatz von 4% p. a. zugrunde gelegt wird? — Der auszuzahlende Betrag bestimmt sich nach Formel (7) zu $\mathfrak{K}_0 = 20000\left(1 - \frac{4}{100}\cdot\frac{1}{2}\right) = 20000 \cdot 0{,}98 = 19600$ DM. Nach der finanzmathematisch richtigen Methode würde sich $K_0 = \frac{20\,000}{1+\frac{4}{100}\cdot\frac{1}{2}} = 20000 : 1{,}02 = 19607{,}84$ DM ergeben. Die Differenz beider Beträge hätte sich auch unmittelbar aus

$$K_n \frac{(in)^2}{1+in} = 20000 \frac{\left(\frac{4}{100}\cdot\frac{1}{2}\right)^2}{1+\frac{4}{100}\cdot\frac{1}{2}} = \frac{0{,}0004 \cdot 20\,000}{1{,}02} = 7{,}84 \text{ DM}$$

ergeben. Der von der Bank ausgezahlte Betrag wächst bis zum Fälligkeitstermin des Wechsels auf $19600\left(1 + \frac{4}{100}\cdot\frac{1}{2}\right) = 19992$ DM an, bleibt also um 8 DM hinter der Wechselsumme zurück.

Soll die zum Wechseldiskontieren inverse Aufgabe gelöst werden, nämlich die Summe K_n zu bestimmen, auf die ein Wechsel ausgestellt werden muß, damit sein diskontierter Wert eine vorgegebene Höhe K_0 hat, so ist bei finanzmathematisch richtigem Vorgehen natürlich die Endwertformel (5) $K_n = K_0(1 + in)$ zu benutzen. Nach der bankmäßigen Methode ergibt sich durch Auflösen von Formel (7) nach K_n dagegen

$$\mathfrak{K}_n = \frac{K_0}{1-in}. \tag{8}$$

Das so gefundene $\mathfrak{K}_n$ ist gegenüber dem finanzmathematisch richtigen K_n um den Betrag $K_0 \frac{i^2n^2}{1-in}$ zu groß.

Beispiel 12: Wie muß die Wechselsumme lauten, wenn ein Wechsel beim Diskontieren mit 6% p. a. 7 Monate vor Fälligkeit 12500 DM erbringen soll? — Nach Formel (8) ergibt sich bankmäßig $\mathfrak{K}_n = \frac{12\,500}{1-\frac{6}{100}\cdot\frac{7}{12}} = 12500 : 0{,}965 = 12953{,}37$ DM.

Finanzmathematisch hätte sich $K_n = 12500\left(1 + \frac{6}{100}\cdot\frac{7}{12}\right) = 12500 \cdot 1{,}035 = 12937{,}50$ DM ergeben.

Man kann nun versuchen, denjenigen Diskontsatz zu finden, der bei der finanzmathematisch richtigen Methode angewandt werden müßte, damit das Ergebnis des Diskontierens dem bei der bankmäßigen Methode gleichkommt. Dieser Diskontsatz würde dem von den Banken im finanzmathematischen Sinne wirklich — effektiv — zur Anwendung gebrachten Diskontsatz entsprechen. Da der Barwert nach der bankmäßigen Methode kleiner ist, muß dieser Diskontsatz höher sein als der von den Banken angegebene, im finanzmathematischen Sinne *nominelle* Diskontsatz.

Man erhält den effektiven Diskontsatz i', indem man das Ergebnis der mit i' angesetzten Formel (6) gleich dem Ergebnis der mit dem nominellen Diskontsatz i angesetzten Formel (7) setzt und die entstehende Gleichung nach i' auflöst. Er ergibt sich $\frac{K_n}{1+i'n} = K_n(1 - in)$ oder — da sich K_n auf beiden Seiten kürzen läßt — $\frac{1}{1+i'n} = 1 - in$ oder schließlich nach einigen Umformungen (der Leser führe diese durch!)

$$i' = \frac{i}{1 - in}. \tag{9}$$

Umgekehrt stellt — man löse die Formel (9) nach i auf —

$$i = \frac{i'}{1 + i'n} \tag{10}$$

den bankmäßigen Diskontsatz i dar, der zum gleichen Ergebnis führt wie der finanzmathematische Diskontsatz i'; i ist natürlich *kleiner* als i'.

Man sieht, daß die Höhe der Wechselsumme ohne Einfluß auf den Unterschied der beiden Diskontsätze i' und i ist. Dagegen spielt die Laufzeit n eine Rolle. Das Verhältnis zwischen i' und i nimmt bei gegebenem i je nach der Laufzeit des Wechsels verschiedene Werte an — es wird mit wachsendem n größer — und muß im Einzelfall errechnet werden.

Beispiel 13: Eine Bank berechnet für das Diskontieren von Wechseln 6% p. a. Welcher effektive Diskontsatz im finanzmathematischen Sinne kommt zur Anwendung, wenn Wechsel a) $\frac{1}{4}$ Jahr, b) $\frac{3}{4}$ Jahr, c) 1 Jahr vor Fälligkeit eingereicht werden? — Formel (9) liefert im Fall a) $i' = \frac{0{,}06}{1 - \frac{6}{100} \cdot \frac{1}{4}} =$ $0{,}06 : 0{,}985 = 0{,}060914 = 6{,}0914\%$, im Fall b) $i' = \frac{0{,}06}{1 - \frac{6}{100} \cdot \frac{3}{4}}$ $= 0{,}06 : 0{,}955 = 0{,}062827 = 6{,}2827\%$ und im Fall c) $i' = \frac{0{,}06}{1 - \frac{6}{100}} = 0{,}06 : 0{,}94 = 0{,}06383 = 6{,}383\%$.

Beispiel 14: Welchen Diskontsatz muß eine Bank beim Wechseldiskontieren anwenden, wenn sie bei einer viermonatigen Laufzeit des Wechsels einen finanzmathematischen Diskontsatz von 7,69% erreichen will? — Nach Formel (10) ergibt sich: $i = \frac{0{,}0769}{1 + 0{,}0769 \cdot \frac{4}{12}} = 0{,}075 = 7\frac{1}{2}\%$.

Die bankmäßige Methode des Wechseldiskontierens läßt sich überhaupt nur bei den kurzen Laufzeiten anwenden, die im Wechselgeschäft in Frage kommen und die kaum jemals 1 Jahr übersteigen. Wie sich aus Formel (7) $\mathfrak{K}_0 = K_n(1 - in)$ ergibt, wird nämlich der Barwert $\mathfrak{K}_0$ gleich 0, wenn $n = \frac{1}{i}$ ist, also z. B. wenn bei einem Diskontsatz von 4% die Laufzeit 25 Jahre beträgt. Ist n größer als $\frac{1}{i}$, so kommen sogar negative Barwerte $\mathfrak{K}_0$ heraus, der Einreicher müßte in diesem Fall also noch etwas zuzahlen.

Es wäre wünschenswert, wenn die Kreditinstitute von der bankmäßigen Methode des Wechseldiskontierens abgingen, die ein störendes Element in den sonst so einheitlichen und in sich geschlossenen Aufbau der Finanzmathematik hineinträgt, weil dadurch die sich aus den Ableitungen zwingend ergebende Gleichheit von Zinssatz und Diskontsatz durchbrochen wird. Dies gibt zu zahlreichen Anomalien Veranlassung. So wird beispielsweise, wenn einem Kreditgeschäft der weithin als Richtsatz betrachtete Diskontsatz der Bundesbank zugrunde gelegt wird, dieser Diskontsatz als Zinssatz behandelt. Im Sinne des bankmäßigen Diskontierungsverfahrens wird das Kreditgeschäft dann aber gar nicht mit dem *Diskontsatz* der Bundesbank, sondern mit einem darunter liegenden Diskontsatz abgewickelt! (Der Leser mache sich klar, daß hier der Fall des Beispiels 14 vorliegt.) Es besteht allerdings wenig Aussicht, daß eine so fest in der Praxis verwurzelte Gepflogenheit des internationalen Kreditwesens zugunsten finanzmathematischer Erwägungen aufgegeben wird.

Man pflegt das Ergebnis des bankmäßigen Diskontierens auch als Diskont *von* 100, das des finanzmathematisch richtigen als Diskont *auf* 100 zu bezeichnen. Die Errechnung der Wechselsumme nach der bankmäßigen Methode gemäß Formel (8) heißt Diskont *in* 100. Es empfiehlt sich jedoch nicht, sich diese das Gedächtnis nur unnütz belastenden Ausdrücke einzuprägen, da der Tatbestand, so wie es hier geschehen ist, weit einfacher gekennzeichnet wird.

6. Die Umformungen der Endwertformel

Sind der Endwert K_n und der Barwert K_0 unter den bei einer Aufgabe gegebenen Größen, so lassen sich der Zinssatz i oder die Laufzeit n berechnen, indem man zunächst K_n in den Kapital- und den Zinsteil spaltet: $K_n = K_0 + Z_n$, also $Z_n = K_n - K_0$. Die Zinsen Z_n bzw. die Laufzeit n werden dann weiter entsprechend den Formeln (3) bzw. (4) behandelt. Man kann i bzw. n aber auch unmittelbar durch entsprechende Umformung von Formel (5) erhalten. Es ergibt sich aus $K_n = K_0(1 + in)$ zuerst $1 + in = \frac{K_n}{K_0}$ oder schließlich $in = \frac{K_n}{K_0} - 1$.

Ist nun n gegeben und i gesucht, so erhält man

$$i = \frac{1}{n}\left(\frac{K_n}{K_0} - 1\right); \qquad (11)$$

ist dagegen i gegeben und n gesucht,

$$n = \frac{1}{i}\left(\frac{K_n}{K_0} - 1\right) \qquad (12)$$

Beispiel 15: In welcher Zeit wächst ein mit $i = 7\%$ p. a. angelegtes Kapital von 10000 DM auf 15000 DM an? — Man erhält entweder aus $Z_n = 15000 - 10000 = 5000$ mit Hilfe von Formel (4) $n = \frac{Z_n}{Ki}$, $n = \frac{5000}{10\,000 \cdot \frac{7}{100}} = 5000 : 700 =$ 7,143 Jahre oder mit Hilfe von Formel (12) den gleichen Wert: $n = \frac{1}{\frac{7}{100}}\left(\frac{15\,000}{10\,000} - 1\right) = \frac{100}{7} \cdot 0{,}5 = 50 : 7 = 7{,}143$ Jahre.

$\frac{143}{1000}$ Jahre sind gleich $0{,}36 \cdot 143 = 51{,}48$ Tage, gleich 1 Monat und 21 Tage. Der Anstieg des Kapitals von 10000 auf 15000 DM erfolgt also in 7 Jahren, 1 Monat und 21 Tagen.

7. Der mittlere Zahlungstermin

Wenn eine Schuld K vereinbarungsgemäß in ν Teilbeträgen ${}_1K, {}_2K, \ldots {}_\nu K$ nach jeweils $n_1, n_2, \ldots, n_\nu$ Zinsperioden zu begleichen ist, so ist der Barwert aller Teilbeträge und somit der gegenwärtige Wert der Verpflichtung nach Formel (6) $K_0 = \frac{{}_1K}{1 + in_1} + \frac{{}_2K}{1 + in_2} + \cdots + \frac{{}_\nu K}{1 + in_\nu}$. Wenn der Schuldner nun seine Verpflichtung dadurch erfüllen will, daß er die Summe $K = {}_1K + {}_2K + \cdots + {}_\nu K$ *auf einmal* bezahlt, so muß dies, damit dem Vertragspartner kein Nachteil daraus entsteht, zu einem Zeitpunkt n, dem sogenannten „mittleren" Zahlungstermin, geschehen, wo K_0 auf K angewachsen ist. Es muß also $K_0(1 + in) = K$ oder $K_0 = \frac{K}{1 + in}$ oder schließlich $\frac{{}_1K}{1 + in_1} + \frac{{}_2K}{1 + in_2} + \cdots + \frac{{}_\nu K}{1 + in_\nu} = \frac{{}_1K + {}_2K + \cdots + {}_\nu K}{1 + in}$ sein.

Aus letzterer Gleichung ergibt sich durch Umformung

$$1 + in = \frac{{}_1K + {}_2K + \cdots + {}_\nu K}{\frac{{}_1K}{1 + in_1} + \frac{{}_2K}{1 + in_2} + \cdots + \frac{{}_\nu K}{1 + in_\nu}}$$ und weiter

$$in = \frac{{}_1K + {}_2K + \cdots + {}_\nu K}{\frac{{}_1K}{1+in_1} + \frac{{}_2K}{1+in_2} + \cdots + \frac{{}_\nu K}{1+in_\nu}} - 1\,,$$

$$in = \frac{{}_1K + {}_2K + \cdots + {}_\nu K - \frac{{}_1K}{1+in_1} - \frac{{}_2K}{1+in_2} - \cdots - \frac{{}_\nu K}{1+in_\nu}}{\frac{{}_1K}{1+in_1} + \frac{{}_2K}{1+in_2} + \cdots + \frac{{}_\nu K}{1+in_\nu}}$$

oder, da ${}_lK - \frac{{}_lK}{1+in_l} = {}_lK\left(1 - \frac{1}{1+in_l}\right) = \frac{{}_lK\,in_l}{1+in_l}$ ist,

$$in = \frac{\frac{{}_1Kin_1}{1+in_1} + \frac{{}_2Kin_2}{1+in_2} + \cdots + \frac{{}_\nu Kin_\nu}{1+in_\nu}}{\frac{{}_1K}{1+in_1} + \frac{{}_2K}{1+in_2} + \cdots + \frac{{}_\nu K}{1+in_\nu}}\,.$$

Man erhält somit zur Bestimmung des mittleren Zahlungstermins n die Formel

$$n = \frac{\frac{{}_1Kn_1}{1+in_1} + \frac{{}_2Kn_2}{1+in_2} + \cdots + \frac{{}_\nu Kn_\nu}{1+in_\nu}}{\frac{{}_1K}{1+in_1} + \frac{{}_2K}{1+in_2} + \cdots + \frac{{}_\nu K}{1+in_\nu}}\,. \tag{13}$$

Beispiel 16: Eine Schuld ist in 4 Teilbeträgen zu zahlen, von denen der erste im Betrage von 2000 DM nach 1 Jahr, der zweite im Betrage von 3000 DM nach 2 Jahren, der dritte im Betrage von 2500 DM nach 2½ Jahren und der vierte im Betrage von 4000 DM nach 3 Jahren fällig sind. Wann kann die Gesamtschuld von 11 500 DM durch eine einmalige Zahlung abgetragen werden, wenn 5% Zinsen p. a. gerechnet werden? — Hier ist der mittlere Zahlungstermin n gemäß Formel (13) zu bestimmen. Es ergibt sich:

$$n = \frac{\frac{2000 \cdot 1}{1+0{,}05 \cdot 1} + \frac{3000 \cdot 2}{1+0{,}05 \cdot 2} + \frac{2500 \cdot 2{,}5}{1+0{,}05 \cdot 2{,}5} + \frac{4000 \cdot 3}{1+0{,}05 \cdot 3}}{\frac{2000}{1+0{,}05 \cdot 1} + \frac{3000}{1+0{,}05 \cdot 2} + \frac{2500}{1+0{,}05 \cdot 2{,}5} + \frac{4000}{1+0{,}05 \cdot 3}}$$

$$= \frac{23\,349{,}63}{10\,332{,}51} = 2{,}26 \text{ Jahre.}$$

Die Zahlung hat also, vom Tage der Vereinbarung an gerechnet, nach 2 Jahren, 3 Monaten und 4 Tagen zu erfolgen.

8. Praktische Erleichterungen beim Rechnen mit einfachen Zinsen

In der Praxis der Kreditinstitute kommt überaus häufig die Aufgabe vor, Zinsen von Kapitalien wechselnder Höhe mit Laufzeiten von weniger als einem Jahr zu berechnen. Zur rascheren Lösung dieser Aufgabe formt man die Zinsformel (1) zweckmäßigerweise etwas um: Man drückt die Laufzeit statt in Jahren in Tagen aus, setzt also, wenn T die Anzahl der Tage bedeutet, $n = \frac{T}{360}$. In der so entstehenden Formel $Z_n = K \cdot \frac{p}{100} \cdot \frac{T}{360}$ ordnet man die Faktoren anders an: $Z_n = \frac{K}{100} \cdot T \cdot \frac{p}{360}$ und führt schließlich, statt mit $\frac{p}{360}$ zu multiplizieren, eine Division durch den reziproken Wert von $\frac{p}{360}$ aus. Man erhält:

$$Z_n = \frac{K}{100} \cdot T : \frac{360}{p} \tag{1a}$$

Man nennt den Ausdruck $\frac{K}{100} \cdot T$ die *Zinszahl*, den Ausdruck $\frac{360}{p}$ den *Zinsdivisor*. Wegen der vielen Teiler der Zahl 360 nimmt der Zinsdivisor für die gebräuchlichen Zinsfüße p meist einfache ganzzahlige Werte an, z. B.

p	3	$3\frac{1}{3}$	$3\frac{3}{4}$	4	$4\frac{1}{2}$	5	6	$7\frac{1}{2}$	8	9	10
Zinsdivisor	120	108	96	90	80	72	60	48	45	40	36

Ihren größten Vorzug entfaltet die Zinsberechnung mit Hilfe von Zinszahl und Zinsdivisor, wenn, wie beispielsweise beim Kontokorrent- oder Sparverkehr, ein sich durch Einzahlungen bzw. Abhebungen ständig verändernder Betrag mit dem gleichen Zinssatz verzinst werden soll. Seien

${}_1K, {}_2K, {}_3K, \ldots {}_lK$ die Werte, die das zu verzinsende Guthaben im Laufe des Jahres annimmt, $T_1, T_2, T_3, \ldots T_l$ die zugehörigen Laufzeiten in Tagen (es ist dann, wenn die Rechnung über ein volles Jahr erstreckt wird, $T_1 + T_2 + T_3 + \cdots + T_l = 360$), so ergeben sich am Jahresschluß nach Formel (1a) insgesamt die Zinsen

$$Z = \frac{{}_1K}{100} T_1 : \frac{360}{p} + \frac{{}_2K}{100} T_2 : \frac{360}{p} + \cdots + \frac{{}_lK}{100} T_l : \frac{360}{p}$$

$$\text{oder } Z = \left(\frac{{}_1K}{100} T_1 + \frac{{}_2K}{100} T_2 + \cdots + \frac{{}_lK}{100} T_l\right) : \frac{360}{p}. \quad (14)$$

Man braucht also nur einmal, am Jahresende, die Summe der Zinszahlen zu bilden und durch den Zinsdivisor zu teilen.

Es ist hier nicht der Ort, auf die verschiedenen in der Praxis gebräuchlichen Arten von Staffelrechnungen und Kontoabschlüssen einzugehen. Beides wird im kaufmännischen Rechnen und speziell im Bankrechnen behandelt. Auch die weiteren Möglichkeiten, das praktische Rechnen mit einfachen Zinsen zu erleichtern, müssen dort besprochen werden. Hier sei nur kurz erwähnt, daß zu diesen Möglichkeiten neben dem Einsatz von Rechenmaschinen und Spezial-Rechenschiebern die Verwendung von *Zinstabellen* und von sogenannten *Nomogrammen* gehört. Letztere sind graphische Darstellungen in der Art von Fig. 1 bzw. Fig. 2 (S. 22), die für gegebene Zinsfüße und Zinszahlen die Höhe der Zinsen abzulesen gestatten. Sie sind natürlich nicht so genau wie Zinstabellen, ermöglichen jedoch ein rascheres Arbeiten.

Beispiel 17: Jemand zahlt auf ein mit 4% p. a. verzinsliches Sparkonto am 2. Januar 1000 DM, am 15. Juni 2000 DM und am 1. Oktober 500 DM ein. Welcher Zinsbetrag wird ihm am Ende des Jahres gutgeschrieben, wenn die Wertstellung und damit der Beginn des Zinslaufs der einzelnen Posten jeweils zwei Wochen nach der Einzahlung erfolgen? — Die Zinszahlen sind hier nacheinander: $\frac{1000}{100} \cdot 163 = 1630$, $\frac{3000}{100} \cdot 106 = 3180$

und $\frac{3500}{100} \cdot 76 = 2660$, der Zinsdivisor 90. Nach Formel (14) ergibt sich: $Z = (1630 + 3180 + 2660) : 90 = 7470 : 90 = 83{,}00$ DM.

B. Die Zinseszinsrechnung

Die im Kapitel A behandelte Rechnung mit einfachen Zinsen betrachtet die Zinsen als neben dem — unverändert gelassenen — Kapital herlaufend. Im Gegensatz hierzu unterstellt die Zinseszinsrechnung, daß nach jeder Zinsperiode die aufgelaufenen Zinsen zum Kapital zugeschlagen und in der folgenden Zinsperiode mitverzinst werden. Während die Rechnung mit einfachen Zinsen nur Zinsen auf Kapital gelten läßt, berücksichtigt die Zinseszinsrechnung auch Zinsen auf Zinsen, Zinsen auf Zinsen von Zinsen usw. Das Inrechnungstellen von Zinseszinsen ist nach § 248 Abs. 1 BGB im Schuldverhältnis zwischen Privaten unzulässig[1]), dagegen nach Abs. 2 Kreditinstituten usw. gestattet und in deren Praxis üblich. Darüber hinaus ist die Zinseszinsrechnung das optimale Verfahren für alle kredit- und finanztheoretischen Überlegungen (Bewertungen, Kalkulationen, Planungen usw.), weil sie gegenüber dem Rechnen mit einfachen Zinsen eine Reihe von Vorteilen aufweist, wie sich in den folgenden Ausführungen — insbesondere im 2. Abschnitt — zeigen wird.

1. Die Zinseszinsformel

Bezeichnet man das zu Beginn des Zinslaufs vorhanden gewesene Kapital mit K_0 und das am Ende der *ersten* Zinsperiode vorhandene, um die Zinsen $Z_1 = K_0 i$ vermehrte Kapital mit K_1, so ist K_1 nach Formel (5) gleich $K_0(1 + i)$, da

[1]) BGB § 248/I: Eine im voraus getroffene Vereinbarung, daß fällige Zinsen wieder Zinsen tragen sollen, ist nichtig. BGB § 248/II/1: Sparkassen, Kreditinstitute und Inhaber von Bankgeschäften können im voraus vereinbaren, daß nicht erhobene Zinsen von Einlagen als neue verzinsliche Einlagen gelten sollen (s. a. HGB § 355).

$n = 1$ ist. Macht man nun die Voraussetzung, daß die Zinsen am Ende der Zinsperiode nicht abgehoben, sondern daß Zinsen und Kapital während der zweiten Zinsperiode gemeinsam weiter verzinst werden, so ist zur Bestimmung des Endkapitals K_2 am Ende der *zweiten* Zinsperiode in Formel (5) an Stelle des Anfangskapitals K_0 das um die Zinsen der ersten Zinsperiode vermehrte Kapital K_1 als Anfangskapital einzusetzen. Man erhält dann $K_2 = K_1(1 + i)$, oder, da $K_1 = K_0(1 + i)$ ist, $K_2 = K_0(1 + i)(1 + i)$. Bezeichnet man nun noch zur Abkürzung den Ausdruck $(1 + i)$ mit r, so ergibt sich für die zuletzt abgeleitete Beziehung, die es gestattet, K_2 unmittelbar auf K_0 zurückzuführen, die Form $K_2 = K_0 \cdot r \cdot r = K_0 \cdot r^2$.

Man nennt den Ausdruck $r = 1 + i = 1 + \frac{p}{100}$ den *Aufzinsungsfaktor*. Wegen seiner Wichtigkeit für alle finanzmathematischen Berechnungen ist es unbedingt nötig, sich die Werte von r, die häufig vorkommenden Zinsfüßen bzw. Zinssätzen entsprechen, soweit einzuprägen, daß man sie sofort niederschreiben kann. So gehört z. B. zum Zinsfuß $p = 4$ der Zinssatz $i = 0{,}04$ und der Aufzinsungsfaktor $r = 1{,}04$ usw. Will man umgekehrt das zu einem bestimmten r gehörige p finden, so ziehe man von r die Zahl 1 ab und multipliziere das Ergebnis — den Zinssatz i — mit 100: $r = 1 + i = 1 + \frac{p}{100}$, $(r - 1) \cdot 100 = p$. Z. B. $r = 1{,}03875$, $i = 0{,}03875$, $p = 3{,}875 = 3^7/_8$.

Wiederholt man den Schritt, der oben von K_1 zu K_2 geführt hat, für die dritte Zinsperiode, so muß man in Formel (5) statt K_0 nunmehr K_2 einführen. Man erhält als Endwert des Kapitals nach 3 Zinsperioden $K_3 = K_2(1 + i) = K_0 \cdot r^2(1 + i) = K_0 \cdot r^2 \cdot r = K_0 \cdot r^3$. In Fortsetzung dieses Verfahrens ergibt sich $K_4 = K_0 \cdot r^4$, $K_5 = K_0 \cdot r^5$, schließlich für das Endkapital K_n nach n Zinsperioden

$$K_n = K_0 \cdot r^n . \tag{15}$$

Formel (15) ist die sogenannte „Zinseszinsformel", von der ausgehend sich die gesamte Finanzmathematik ableiten läßt. Die Zinseszinsformel (15) hat dieselbe Bedeutung für die Zinseszinsrechnung wie die Formel (1), die Zinsformel, für das Rechnen mit einfachen Zinsen. Hierbei ist jedoch zu beachten, daß die Zinseszinsformel im Gegensatz zur Zinsformel eine *Endwertformel* ist, inhaltlich also nicht Formel (1), sondern Formel (5) entspricht. Der Endwert K_n, der sich aus Formel (15) ergibt, umfaßt das Anfangskapital K_0 samt den Zinsen auf dieses Anfangskapital, den Zinsen auf die Zinsen, den Zinsen auf die Zinsen von den Zinsen usw. Es ist ein den Anfänger immer wieder verblüffendes Ergebnis, daß dieser so überaus kompliziert erscheinende Tatbestand eine so kurze und elegante mathematische Formulierung findet, wie sie Formel (15) darstellt, die in ihrer praktischen Handhabung, wie sich herausstellen wird, noch wesentlich einfacher ist als die entsprechende Formel der einfachen Zinsrechnung $K_n = K_0(1 + in)$.

Man kann die in (15) enthaltenen Zinsen in einen nur die einfachen Zinsen umfassenden Teil und in einen Teil zerspalten, der Zinseszinsen, Zinseszinseszinsen usw. zusammenfaßt, wenn man den Ausdruck $r^n = (1 + i)^n$ in die binomische Reihe entwickelt. Man erhält $K_0(1 + i)^n = K_0 + K_0 in + K_0\left\{\binom{n}{2} i^2 + \binom{n}{3} i^3 + \cdots + \binom{n}{n-1} i^{n-1} + i^n\right\}$. Das zweite Glied auf der rechten Seite dieser Gleichung stellt die einfachen Zinsen, die Summe der folgenden Glieder die zusammengefaßten Zinseszinsen, Zinsen von Zinseszinsen usw. dar. Man sieht aus der Entwicklung, daß — was schon auf Grund der sachlichen Gegebenheiten selbstverständlich ist — die zinseszinsliche Berechnungsweise auf *höhere* Endwerte führt als die Rechnung mit einfachen Zinsen[1]). Weil in der Zinses-

[1]) Für $n > 1$ ist $(1 + in) < (1 + i)^n$. Vgl. dagegen S. 55.

zinsformel die Laufzeit n im *Exponenten* steht (die Zinseszinsfunktion ist eine *Exponentialfunktion* von n, während der Endwert beim Rechnen mit einfachen Zinsen eine *lineare* Funktion von n ist, vgl. Fig. 3 und Seite 22), nimmt der Unterschied zwischen den Ergebnissen beider Berechnungsweisen schnell zu, wenn n größer wird. Für sehr lange Laufzeiten können sich zinseszinslich ungeheure, praktisch nicht mehr zu realisierende Endwerte ergeben. Bekannt ist das Beispiel des Pfennigs, der, zu Beginn unserer Zeitrechnung zinseszinslich angelegt, im Jahre 1958 bei einem Zinssatz von 4% p.a. und bei jährlicher Verzinsung auf einen Betrag in DM angewachsen wäre, der einer Zahl mit 32 Stellen entspricht[1]).

Nachstehende Fig. 3 zeigt den Endwert des Kapitals 1000 DM beim Zinssatz $i = 4\%$ für einfache Verzinsung und für Zinseszinsen:

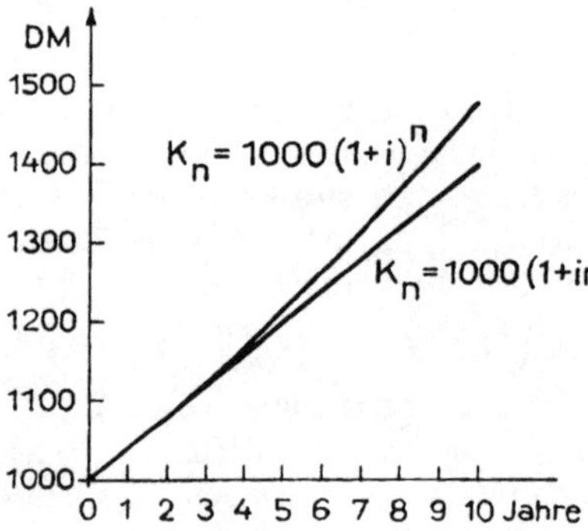

Fig. 3

[1]) Der Zinssatz spielt hierbei, da i in Formel (15) nicht im Exponenten, sondern in der Basis steht, eine nur untergeordnete Rolle gegenüber der entscheidenden Laufzeit. Auch bei niedrigeren Zinssätzen ist das Ergebnis deshalb außerordentlich hoch, wenn die Laufzeit genügend lang ist.

Zum wirklichen Ausrechnen von K_n bedient man sich am besten des Rechenhilfsmittels der *Logarithmen*, da die Faktoren r^n mit zunehmendem n sehr umständlich zu berechnen sind. (Beispielsweise ist für $p = 5$ $r^2 = 1{,}05 \cdot 1{,}05 = 1{,}1025$, $r^3 = 1{,}05 \cdot 1{,}05 \cdot 1{,}05 = 1{,}157625$, $r^4 = 1{,}05 \cdot 1{,}05 \cdot 1{,}05 \cdot 1{,}05 = 1{,}21550625$ usw.). Man findet in diesem Fall K_n — wegen $\log K_n = \log K_0 + n \cdot \log r$ — als Numerus zur Summe des Logarithmus von K_0 und des n-fachen des Logarithmus von r. Wie das Beispiel erkennen läßt, wird die Stellenzahl von r^n bei großem n sehr groß. Das Ergebnis der logarithmischen Rechnung kann deshalb nicht völlig genau sein. Es wird jedoch um so genauer, mit je höherstelligen Logarithmentafeln man arbeitet. Für die eigentlichen finanzmathematischen Aufgaben der Bewertung, Kalkulation und Planung ist, im Gegensatz etwa zur banktechnischen Aufgabe des Abschlusses eines Kontos, hundertprozentige Genauigkeit nicht erforderlich. Es genügen deshalb siebenstellige, in vielen Fällen auch schon fünfstellige Logarithmentafeln[1]).

Betrachtet man die Formel (15) $K_n = K_0 \cdot r^n$, so sieht man, daß sich der rechts stehende Ausdruck aus zwei Faktoren zusammensetzt: aus dem Anfangskapital K_0 und aus dem nur vom Zinssatz i und von der Laufzeit n abhängigen Faktor r^n. Dies legt den Gedanken nahe, die r^n für eine Reihe von gebräuchlichen Zinssätzen und für eine Anzahl von Zinsperioden ein für allemal auszurechnen und in Tabellenform anzuordnen. Man braucht dann nur die betreffende Zahl r^n in der Tabelle aufzuschlagen und mit dem gegebenen Anfangskapital zu multiplizieren, um das Endkapital K_n zu erhalten. Dies geht schneller, als die Ausrechnung des ganzen Ausdrucks mittels Logarithmen, zumal wenn eine Rechenmaschine zur Verfügung steht. Derartige „Zinseszinstabel-

[1]) Die meisten Logarithmentafeln gehen übrigens zur Erhöhung der Genauigkeit finanzmathematischer Rechnungen in dem zur Bestimmung der r^n vorzugsweise in Betracht kommenden Zahlenbereich von etwa 1,0 bis 1,1 über ihre sonstige Stellenzahl hinaus.

len" gibt es eine ganze Reihe (vgl. Literaturverzeichnis), auch ist im Tabellenanhang auf S. 167 als Tabelle I eine Tabelle der Aufzinsungsfaktoren r^n wiedergegeben, die infolge des knappen zur Verfügung stehenden Raumes jedoch nur wenige Zinsfüße und Laufzeiten umfaßt. Die Zinseszinstabellen müssen sich bei der oft sehr großen Stellenzahl der r^n ähnlich den Logarithmentafeln mit einer bestimmten festen Stellenzahl begnügen, die bei der im Anhang abgedruckten Tabelle vier Dezimalstellen, bei großen Tabellenwerken acht oder zehn Stellen beträgt. Auch die Zinseszinstabellen gestatten deshalb keine völlige Genauigkeit des Ergebnisses. Man vernachlässige jedoch über der Benutzung finanzmathematischer Tabellen nicht das Üben der unmittelbaren Berechnung mittels Logarithmen. Die Tabellen können immer nur eine beschränkte Zahl von Zinsfüßen und Laufzeiten bringen, die für die finanzmathematische Praxis bei weitem nicht ausreichen.

Beispiel 18: Jemand legt 50000 DM zu 4% p. a. bei einer Bank an. Über welches Guthaben verfügt er nach 10 Jahren, wenn die Bank, wie es üblich ist, die anfallenden Zinsen jeweils am Ende jedes Jahres mit dem bis dahin vorhandenen Kapital verrechnet? — Hier ist $i = 0{,}04$, r also $= 1{,}04$. Formel (15) ergibt, wenn r^{10} der Tabelle I (S. 167) entnommen wird: $K_{10} = 50000 \cdot 1{,}4802 = 74010$ DM. Bei logarithmischer Berechnung mit fünfstelligen Logarithmen hätte sich ebenfalls ergeben: $\log K_{10} = \log 50000 + 10 \cdot \log 1{,}04 = 4{,}69897 + 0{,}01703 \cdot 10 = 4{,}69897 + 0{,}17030 = 4{,}86927$; $K_{10} = \text{num} \log K_{10} = 74010$ DM. Bei Unterstellung einfacher Zinsen erhält man nach Formel (5) $K_{10} = 50000\ (1 + 10 \cdot 0{,}04) = 50000 \cdot 1{,}4 = 70000$ DM. Das zinseszinsliche Endkapital $K_{10} = 74010$ DM setzt sich also aus dem Anfangskapital 50000 DM, den einfachen Zinsen 20000 DM und den Zinseszinsen 4010 DM zusammen.

Die umgekehrte Aufgabe, nämlich das Anfangskapital K_0 zu finden, das, zinseszinslich angelegt, nach n Zinsperioden auf das gegebene Endkapital K_n anwächst, wird durch entsprechende Umformung von Formel (15) gelöst. Nach (15) ist $K_n = K_0 \cdot r^n$, also

$$K_0 = \frac{K_n}{r^n}. \tag{16}$$

Nach den Regeln des Rechnens mit Potenzen kann man für $\frac{K_n}{r^n} = K_n \cdot \frac{1}{r^n}$ auch $K_n\left(\frac{1}{r}\right)^n$ schreiben. Da die Operation der Bestimmung des Barwerts aus dem Endwert „Abzinsen" genannt wird (vgl. S. 22), bezeichnet man den Faktor $\frac{1}{r}$, also den reziproken Wert des Aufzinsungsfaktors r, häufig auch als *Abzinsungsfaktor* und gibt ihm als besonderes Symbol den Buchstaben v. Mit Hilfe dieser abgekürzten Schreibweise läßt sich Formel (16) in folgender Gestalt darstellen: $K_0 = K_n \cdot v^n$. Um das Gedächtnis des Lesers nicht zu überlasten, soll von dieser Schreibweise der Formel (16) und überhaupt vom Symbol v nur gelegentlich neben der Schreibweise $\frac{1}{r}$ Gebrauch gemacht werden.

Zur praktischen Auswertung von Formel (16) können wieder Logarithmen herangezogen werden. Es ist $\log K_0 = \log K_n - n \cdot \log r$. Man findet also K_0 als Numerus der Differenz des Logarithmus von K_n und des n-fachen des Logarithmus von r. Außerdem setzt sich die rechte Seite von (16) wie bei der Endwertformel (15) aus zwei Faktoren zusammen, von denen der zweite, der Ausdruck $\left(\frac{1}{r}\right)^n = v^n$ nur vom Zinsfuß p und von der Laufzeit n abhängt, also ähnlich wie die Potenzen des Aufzinsungsfaktors r tabellarisch dargestellt werden kann. Die Zinseszinstabellen enthalten deshalb stets auch eine besondere Tabelle der Abzinsungsfaktoren v^n, die die Berechnung des zinseszinslichen Barwerts wesentlich erleichtert, da sie die sonst nötige Division (Endwert durch Aufzinsungsfaktor geteilt) durch die einfachere Multiplikation (Endwert mal Abzinsungsfaktor genommen) zu ersetzen gestattet. Der Tabellenanhang bringt als Tabelle II auf S. 168 eine kurzgefaßte Übersicht von Abzinsungsfaktoren. Die Werte der Tabelle II gehen aus den Werten der Tabelle I hervor, indem man die Zahl 1 durch letztere teilt und umgekehrt (symbolisch geschrieben: $\mathrm{II} = \frac{1}{\mathrm{I}}$ bzw. $\mathrm{I} = \frac{1}{\mathrm{II}}$).

Der Endwert eines Kapitals ist bei zinseszinslicher Berechnung *größer* als beim Inrechnungstellen einfacher Zinsen. Deshalb führen Zinseszinsen zu *niedrigeren* Barwerten als einfache Zinsen.

Beispiel 19: Ein in 20 Jahren fälliges Kapital von 50000 DM hat heute bei Berechnung mit 4½% Zinseszinsen den Wert K_0 nach Formel (16):

a) $K_0 = \frac{K_n}{r^n} = \frac{50000}{2{,}4117} = 20\,732$ DM oder
$K_0 = K_n \cdot v^n = 50000 \cdot 0{,}41464 = 20\,732$ DM.

b) Bei logarithmischer Berechnung ergäbe sich
$\log K_0 = \log K_n - n \log r =$
$4{,}69897 - 20 \cdot 0{,}019116 = 4{,}31665;$
$K_0 = 20\,732$ DM.

c) Wären an Stelle der Zinseszinsen nur einfache Zinsen vereinbart worden, so wäre der Wert K_0 nach Formel (6)
$K_0 = \frac{K_n}{1 + in} = 50000 : 1{,}9 = 26\,316$ DM. Der Unterschied gegenüber der zinseszinslichen Berechnung beträgt 5584 DM.

2. Die Hauptsätze der Zinseszinsrechnung

Nach den Regeln des Rechnens mit Potenzen gilt, wenn $n = n_1 + n_2 + n_3 + \cdots + n_\nu$, $r^n = r^{n_1 + n_2 + n_3 + \cdots + n_\nu} = r^{n_1} \cdot r^{n_2} \cdot r^{n_3} \cdot \cdots \cdot r^{n_\nu}$. Man sieht hieraus, daß man das Aufzinsen (und wegen $v = \frac{1}{r}$ auch das Abzinsen) durch Zerlegung des Aufzinsungs- bzw. Abzinsungsfaktors in beliebig viele Stufen zerlegen kann; das Ergebnis bleibt stets das gleiche. Auf diese Weise lassen sich auch die End- und Barwerte für längere, in den Zinseszinstabellen nicht mehr enthaltene Laufzeiten durch Zusammensetzung gewinnen. So kann man, um den Endwert nach zwanzig Jahren zu erhalten, ein Kapital zunächst um zehn und dann nochmals um zehn Jahre aufzinsen usw.

In der Potenzrechnung definiert man ferner Potenzen mit negativen Exponenten durch die Festsetzung $r^{-n} = \frac{1}{r^n}$. (In Worten: eine Potenz mit negativem Exponenten ist gleich dem reziproken Wert derselben Potenz mit positivem Exponenten.) Unter Benutzung dieser Definition kann man die Barwertformel (16) $K_0 = K_n \cdot \frac{1}{r^n}$ auch folgendermaßen schreiben: $K_0 = K_n \cdot r^{-n}$ und erkennt, daß die Endwertformel (15) und die Barwertformel (16) bis auf die Vertauschung von K_n und K_0 und bis auf das Vorzeichen von n übereinstimmen; sie sind nur verschiedene Fassungen ein und derselben *Zinseszinsformel.* Auf- und Abzinsen geschieht bei der Zinseszinsrechnung durch die gleiche Rechenoperation, nur die Richtung ist verschieden: Beim Aufzinsen, also bei der Berechnung des Kapitalwerts zu einem *späteren* Zeitpunkt als dem gegebenen, ist *n positiv* zu nehmen, beim Abzinsen, also bei der Berechnung des Kapitalwerts zu einem *früheren* als dem gegebenen Zeitpunkt, ist *n negativ* zu nehmen. In Verbindung mit der schon erwähnten Möglichkeit des Zerlegens des Auf- und Abzinsens in Stufen ergibt sich als wesentlicher Vorteil der Zinseszinsrechnung, den beispielsweise das Rechnen mit einfachen Zinsen nicht hat: Von welchem Wert des Kapitals man auch ausgeht, ob vom Anfangs- oder vom Endkapital, und in wieviel Schritten, vor- oder rückwärts, und in welcher Reihenfolge man die Rechnung ausführt, man erhält für den *gleichen* Zeitpunkt stets den gleichen Wert.

Beispiel 20: Bei 5%iger Verzinsung wachsen 10000 DM in 5 Jahren auf $10000 \cdot 1{,}05^5 = 10000 \cdot 1{,}2763 = 12763$ DM an.

Auf denselben Wert kommt man, wenn man zunächst um 3 Jahre auf $10000 \cdot 1{,}05^3 = 10000 \cdot 1{,}1576 = 11576$ DM und dann um weitere 2 Jahre auf $11576 \cdot 1{,}05^2 = 11576 \cdot 1{,}1025 = 12763$ DM aufzinst, oder zunächst um 3 Jahre auf $10000 \cdot \frac{1}{1{,}05^3} = 10\,000 \cdot 0{,}8638 = 8638$ DM abzinst und anschließend um 8 Jahre auf $8638 \cdot 1{,}05^8 = 8638 \cdot 1{,}4775 = 12763$ DM aufzinst. Wenn mit einfachen Zinsen gerechnet wird, würden sich nach Formel (5) bzw. (6) dagegen drei verschiedene Beträge ergeben, nämlich $10000 \cdot (1 + 0{,}25) = 12500$ DM, $10000 (1 + 0{,}15)(1 + 0{,}10) = 12650$ DM und $10000 \cdot \frac{1}{1{,}15} \cdot 1{,}4 = 12173$ DM.

Auf Grund des geschilderten Tatbestandes lassen sich nun folgende für die Zinseszinsrechnung und damit für die gesamte Finanzmathematik grundlegende Sätze aussprechen:

Die gegebene Höhe eines Geldbetrages heiße sein *Nominalbetrag* oder *Nennwert*, der auf einen bestimmten Termin bezogene Wert dagegen sein *Zeitwert.* Der Zeitwert ist nur am Tage der Anlage (bzw. Zahlung bzw. Fälligkeit) des Geldbetrages gleich dem Nominalbetrag. Vor bzw. nach diesem Tage hat der Geldbetrag durch die Verzinsung einen anderen, vom Nominalbetrag abweichenden Zeitwert, und zwar ist der Zeitwert *nach* dem Anlagetermin höher als der Nominalbetrag und wird nach der Endwertformel (15) bestimmt, *vor* dem Anlagetermin ist er niedriger und wird nach Formel (16) bestimmt.

Man kann sich diese Gedankengänge durch ein der Physik entlehntes Bild noch deutlicher machen[1]): Man denke sich ein „Verzinsungsfeld" gegeben (d. h. ein Gebiet, in dem „Verzinsung herrscht"). Die Richtung dieses Verzinsungsfeldes wird durch die *Zeitgerade* bestimmt, die zeitlich nach beiden Seiten ins Unendliche sich erstreckend gedacht wird. Dann gilt: Jeder Geldbetrag nimmt, wenn er in das Verzinsungsfeld eingebracht und damit finanzmathematischer Behandlung

[1]) Es ist dem Leser dringend anzuraten, sich mit dieser Darstellungsweise vertraut zu machen, da sie alles Folgende sehr erleichtert.

unterworfen wird, Zeitwerte an. Der Zeitwert ist nur im Zeitpunkt der Einbringung in das Verzinsungsfeld, der dem Zeitpunkt der Anlage (Zahlung, Fälligkeit usw.) entspricht, gleich seinem Nominalbetrag. Der Zeitpunkt des Einbringens in das Verzinsungsfeld ist der Nullpunkt der Zeitgeraden. Jede Verschiebung in Richtung eines anderen Zeitpunktes im Verzinsungsfeld verändert den Zeitwert. Die verschiedenen Zeitwerte können mit Hilfe der Zinseszinsformel errechnet werden und hängen nur von der Höhe des im Verzinsungsfeld angenommenen Zinsfußes und von ihrem zeitlichen Abstand vom Einbringungstermin (dem Nullpunkt der Zeitgeraden) ab[1]). Dagegen ist ein Zeitwert unabhängig davon, auf welchem Wege oder Umwege und nach wieviel Schritten man zu ihm gelangt.

Um zu verschiedenen Zeitpunkten angelegte (gezahlte, fällige) Geldbeträge wertmäßig miteinander vergleichen zu können, muß man sie zunächst durch entsprechendes Auf- bzw. Abzinsen auf ein und denselben Zeitpunkt beziehen. Dieser Vergleichszeitpunkt kann an und für sich beliebig gewählt werden, da bei gleichem Zinsfuß das Verhältnis der Zeitwerte in jedem beliebigen Zeitpunkt das gleiche ist. Stimmen auf den gleichen Zeitpunkt bezogene Zeitwerte von zu unterschiedlichen Terminen fälligen Geldbeträgen überein, so sind die Geldbeträge gleichwertig (*äquivalent*), auch wenn ihre Nominalbeträge differieren. Der letztgenannte Satz heißt „Äquivalenzprinzip der Finanzmathematik". (Er schließt, wovon sich der Leser überzeugen möge, die vorher genannten Sätze ein.)

Nachstehende Zeichnung (Fig. 4) soll das soeben Ausgeführte illustrieren.

Auf Grund des Äquivalenzprinzips muß beispielsweise ein Anfang 1962 fälliger Betrag, um mit einem Betrag verglichen

---

[1]) Wegen des Einflusses der Zahlungsweise der Zinsen ist dieser Abstand in Zinsperioden zu messen (vgl. auch Abschnitt 3, S. 45ff.).

werden zu können, der bereits Anfang 1959 fällig ist, um 3 Jahre abgezinst werden. Unterstellt man, daß beide Beträge gleich sind (nämlich gleich K), so ist also der Zeitwert

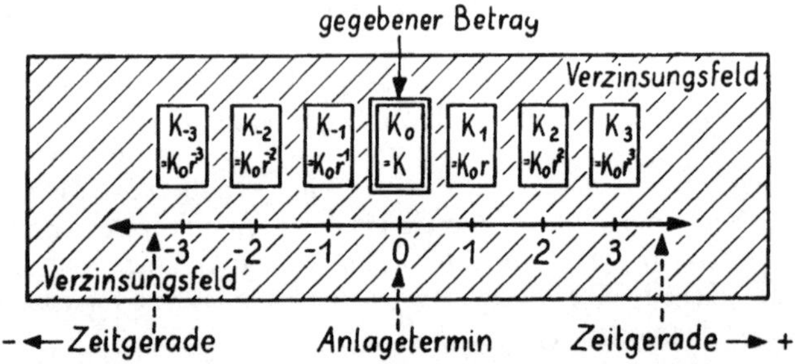

Fig. 4

des später fälligen zum Fälligkeitstermin des früher fälligen gleich $K \cdot r^{-3} = K \cdot \frac{1}{r^3}$. Man kann dieses Ergebnis verallgemeinern zu dem Satz: Ein Kapital ist um so weniger wert, je später es zahlbar ist, und um so mehr wert, je früher es zahlbar ist.

Beispiel 21: Es seien zu vergleichen die Forderung A = 6000 DM, fällig am 1.1.1960 und die Forderung B = 10000 DM, fällig am 1.1.1970. Der Zinssatz sei 5%. Am 1.1.1960 hat A den Wert 6000 DM, B den Wert $10000 \cdot \left(\frac{1}{1{,}05}\right)^{10} = 6139{,}13$ DM. B ist also 1,023 mal soviel wert wie A. — Dieses Wertverhältnis der beiden Forderungen bleibt zu jedem Termin das gleiche. Z.B. ist am 1.1.1957 $A = 6000 \cdot \left(\frac{1}{1{,}05}\right)^{3} = 5183{,}03$ DM, $B = 10000 \cdot \left(\frac{1}{1{,}05}\right)^{13} = 5303{,}21$ DM, A : B also gleich 1 : 1,023. Am 1.1.1980 ist $A = 6000 \cdot 1{,}05^{20} = 15919{,}79$ DM, $B = 10000 \cdot 1{,}05^{10} = 16288{,}95$ DM, A : B = 1 : 1,023 usw.

3. Unterjährige Zinszahlung

In den Beispielen *18* bis *21* ist angenommen worden, daß die Länge der Zinsperiode ein Jahr beträgt. Selbstverständlich bleiben die Ausführungen aber auch gültig, wenn Zinsperioden von anderer Länge vereinbart sind. In der Praxis kommen nur Zinsperioden vor, die gleich einem Jahr oder kürzer als ein Jahr sind.

Die Länge der Zinsperioden ist für die Zinseszinsrechnung im Gegensatz zur Rechnung mit einfachen Zinsen von großer Wichtigkeit, da sie die Zeitabschnitte festlegt, nach denen jeweils eine Verrechnung der Zinsen mit dem Kapital und anschließende Mitverzinsung stattfindet. Wenn z. B. halbjährliche Zinszahlung vereinbart ist, so werden die Zinsen schon nach einem halben Jahr zum Kapital zugeschlagen und während des zweiten halben Jahres mitverzinst. Es ist klar, daß der Endwert in diesem Fall größer ist, als wenn die Verrechnung nur am Ende jedes Jahres erfolgte. Unterjährige Zinszahlung führt also bei sonst gleichen Bedingungen zu höheren Kapitalwerten (und umgekehrt natürlich zu niedrigeren Barwerten) als jährliche Zinszahlung. Und zwar ist — bis zu einer gewissen Grenze (vgl. weiter unten) — der Endwert um so höher und der Barwert um so niedriger, je kürzer die zugrunde liegenden Zinsperioden sind.

Werden beispielsweise Zinsperioden von der Länge eines m-ten Teiles eines Jahres vereinbart, so liegen innerhalb eines Zeitraums von n Jahren $m \cdot n$ Zinsperioden. Ist i der nominelle Jahreszinssatz, so ist der auf die Zinsperiode bezogene effektive Zinssatz (vgl. S. 48ff.) gleich $\frac{i}{m}$. Nach Formel (15) ist dann der Endwert des Kapitals K_0 nach n Jahren oder mn Zinsperioden

$$K_{mn} = K_0\left(1 + \frac{i}{m}\right)^{mn}, \tag{17}$$

nach Formel (16) der Barwert des Kapitals K_{mn} vor n Jahren oder mn Zinsperioden

$$K_0 = \frac{K_{mn}}{\left(1 + \frac{i}{m}\right)^{mn}}. \tag{18}$$

Der Ausdruck $\left(1 + \frac{i}{m}\right)$ in Formel (17) bzw. (18) entspricht dem Aufzinsungsfaktor $r = (1 + i)$ bei unterjähriger Verzinsung. Er wird deshalb in der Folge auch mit $r_{\frac{1}{m}}$ bezeichnet werden, wobei der Index $\frac{1}{m}$ darauf hinweisen soll, daß er mit dem m-ten Teil des Jahreszinssatzes zu bilden ist.

Verkleinert man die Zinsperioden, so wird m in Formel (17) größer und damit auch, wie bereits erwähnt, K_{mn}. Doch kann K_{mn} dabei einen festen Wert nicht überschreiten, der bei sogenannter *Augenblicksverzinsung* oder *kontinuierlicher Verzinsung* erreicht wird. Die Augenblicksverzinsung setzt unendlich kleine — in der Praxis sehr kleine — Zinsperioden voraus.

Läßt man nämlich in Formel (17) m sehr groß werden (es genügt dabei der Einfachheit halber $n = 1$ zu setzen, also den Endwert nach einem Jahr zu betrachten), so wird $\frac{i}{m}$ sehr klein, und man erhält aus Formel (17) durch Grenzübergang $\lim\limits_{m \to \infty} K_m = \lim\limits_{m \to \infty} K_0 \left(1 + \frac{i}{m}\right)^m = K_0 \cdot e^i$, worin e die Wachstumskonstante ist, die allgemein als Basis des sogenannten „natürlichen" Logarithmensystems bekannt ist; also eine feste, wenn auch irrationale und deshalb stets nur näherungsweise anzugebende Zahl. (Auf 7 Stellen genau ist $e = 2{,}7182818$). Bei Augenblicksverzinsung ergibt sich also $K_m = K_0 \cdot e^i$ oder als Endwert nach n Jahren:

$$K_n = K_0 \cdot e^{in} \tag{19}$$

In der Praxis wird der Grenzwert, der durch weitere Verkürzung der Zinsperioden nicht überschritten werden kann, im allgemeinen nicht erst bei Augenblicksverzinsung im wörtlichen Sinne, sondern schon bei Zinsperioden von zwar kurzer, einen Augenblick jedoch erheblich übersteigender Länge erreicht.

Für mathematisch genügend vorgebildete Leser sei nachstehend die Ableitung von Formel (19) in extenso gebracht: Es ist, wenn man in die binomische Reihe entwickelt,

$$\left(1+\frac{1}{h}\right)^h = 1 + \binom{h}{1}\frac{1}{h} + \binom{h}{2}\left(\frac{1}{h}\right)^2 + \binom{h}{3}\left(\frac{1}{h}\right)^3 + \cdots + \binom{h}{h}\left(\frac{1}{h}\right)^h$$

$$= 1 + 1 + \frac{h(h-1)}{1\cdot 2\cdot h^2} + \frac{h(h-1)(h-2)}{1\cdot 2\cdot 3\cdot h^3} + \cdots$$

$$= 2 + \frac{h^2-h}{2!\,h^2} + \frac{h^3-3h^2+2h}{3!\,h^3} + \cdots$$

$$= 2 + \frac{1}{2!}\left(1-\frac{1}{h}\right) + \frac{1}{3!}\left(1-\frac{3}{h}+\frac{2}{h^2}\right) + \cdots.$$

Läßt man hierin $h \to \infty$ gehen, so werden alle Brüche, in deren Nenner eine Potenz von h steht, zu 0. Man erhält also $\lim\limits_{h\to\infty}\left(1+\frac{1}{h}\right)^h = 1 + \frac{1}{1!} + \frac{1}{2!} + \frac{1}{3!} + \cdots$. Die rechts stehende Reihe ist konvergent zum Werte e, d. h. es ist $\lim\limits_{h\to\infty}\left(1+\frac{1}{h}\right)^h = e$. Man betrachtet nun den Ausdruck $\left(1+\frac{i}{m}\right)^m$ und setzt darin $\frac{i}{m} = \frac{1}{h}$, also $m = ih$; dann geht m mit h zusammen gegen ∞, und es ist

$$\lim_{m\to\infty}\left(1+\frac{i}{m}\right)^m = \lim_{h\to\infty}\left(1+\frac{1}{h}\right)^{ih} = \lim_{h\to\infty}\left\{\left(1+\frac{1}{h}\right)^h\right\}^i$$

$$= \left\{\lim_{h\to\infty}\left(1+\frac{1}{h}\right)^h\right\}^i = e^i \text{ w. z. b. w.}$$

Beispiel 22: Auf welchen Betrag wachsen 100000 DM zum Zinssatz 12% p.a. in 10 Jahren an, wenn die Verzinsung a) jährlich, b) halbjährlich, c) vierteljährlich, d) monatlich, e) täglich und f) kontinuierlich erfolgt? — Lösung zu a): $K_{10} = K_0 (1 + i)^{10} = 100000 \cdot 1{,}12^{10} = 100000 \cdot 3{,}105848 =$ 310584,80 DM. Lösung zu b): $K_{20} = K_0 \left(1 + \frac{i}{2}\right)^{20} = 100000 \cdot 1{,}06^{20} = 100000 \cdot 3{,}207135 =$ 320713,50 DM. Lösung zu c): $K_{40} = K_0 \left(1 + \frac{i}{4}\right)^{40} = 100000 \cdot 1{,}03^{40} = 100000 \cdot 3{,}262038$ $= 326203{,}80$ DM. Lösung zu d): $K_{120} = K_0 \left(1 + \frac{i}{12}\right)^{120} = 100000 \cdot 1{,}01^{120} = 100000 \cdot 3{,}300411 =$ 330041,10 DM. Lösung zu e): $K_{3600} = K_0 \left(1 + \frac{i}{360}\right)^{3600} = 100000 \cdot 1{,}0003\bar{3}^{3600} = 100000 \cdot 3{,}31904 =$ 331904 DM. Lösung zu f): Formel (19) gibt logarithmiert $\log K_n = \log K_0 + in \cdot \log e$. Den $\log e$ findet man in allen Logarithmentafeln. Er ist auf sieben Stellen gleich 0,4342945. Man erhält $\log K_n = 5{,}0000000 + \frac{12}{100} \cdot 10 \cdot 0{,}4342945 = 5{,}521\,1534$; $K_n = \text{num} \log K_n = 332012$ DM. Die Unterschiede der Endwerte bei jährlicher, halbjährlicher, vierteljährlicher, täglicher und kontinuierlicher Verzinsung betragen nacheinander 10128,70 DM, 5490,30 DM, 3837,30 DM, 1862,90 DM und 108 DM. Tägliche Verzinsung nähert sich also schon sehr stark dem Grenzfall der Augenblicksverzinsung.

4. Konforme Zinssätze

Unterjährige Zinszahlung führt, wie in Abschnitt 3 festgestellt, zu höheren Kapitalendwerten und zu niedrigeren Kapitalbarwerten als jährliche Zinszahlung. Dies zeigt, daß in Wirklichkeit bei unterjähriger Zinszahlung per annum mehr Zinsen aufgebracht werden müssen als der betreffende Jahreszinsfuß angibt. So wächst z. B. ein Kapital von 100 DM zu 6% p. a. bei halbjährlicher Verrechnung in einem Jahr auf 106,09 DM an. Auf letzteren Wert wäre man auch gekommen, wenn man 100 DM mit dem jährlich zahlbaren Zinssatz 6,09 aufgezinst hätte. Man nennt $i' = 6{,}09\%$ den „wirklichen“ oder effektiven Jahreszinssatz, der dem „nominellen", halbjährlich zahlbaren Jahreszinssatz 6% p. a. *konform* ist, d. h. dieselbe Wirkung hervorbringt[1]).

Um den zu einem beliebigen nominellen, unterjährig zahlbaren Jahreszinssatz i konformen effektiven Jahreszinssatz i' zu erhalten, kann man folgendermaßen vorgehen: Der jährlich zahlbar gedachte Zinssatz i' soll bei sonst gleichen Bedingungen auf den gleichen Kapitalendwert führen wie der gegebene $\frac{1}{m}$ jährlich zahlbare Zinssatz i. Man braucht deshalb den mit dem Zinssatz i' nach Formel (15) errechneten Kapitalendwert K_n nur gleich dem mit dem Zinssatz $\frac{i}{m}$ nach Formel (17) errechneten Kapitalendwert K_{mn} zu setzen und die entstandene Gleichung nach i' aufzulösen. Dies gibt $K_0\left(1 + i'\right)^n = K_0\left(1 + \frac{i}{m}\right)^{mn}$, oder, wenn man auf beiden Seiten durch K_0 dividiert und die n-te Wurzel zieht: $1 + i' = \left(1 + \frac{i}{m}\right)^m$ oder schließlich

$$i' = \left(1 + \frac{i}{m}\right)^m - 1\,. \qquad (20)$$

Der effektive Jahreszinssatz ist also stets höher als der ihm konforme nominelle Jahreszinssatz, und zwar ist die Differenz um so größer, in je kleineren Abständen der nominelle Zinssatz gezahlt wird.

Die vorstehend immer auf jährliche und unterjährige Zinszahlung abgestellten Ausführungen gelten analog selbstverständlich auch, wenn statt des Jahres eine Zinsperiode anderer Länge angenommen wird und diese Zinsperiode mit kürzeren Zinsperioden verglichen werden soll. So errechnet sich beispielsweise der zum halbjährlichen, vierteljährlich

[1]) „Nominell" heißt der Zinssatz i, weil er nur „dem Namen nach" in der Rechnung erscheint, „effektiv", d. h. wirklich in der Rechnung verwendet wird entweder der Zinssatz $\frac{i}{m}$ oder der konforme Jahreszinssatz i'.

zahlbaren Zinssatz 3% konforme effektive Halbjahreszinssatz i' nach Formel (20) mit $i' = \left(1 + \frac{3}{100} \cdot \frac{1}{2}\right)^2 - 1 = 1{,}015^2 - 1 = 0{,}030225 = 3{,}0225\%$.

Aus der Herleitung der Formel (20) folgt, daß man den End- oder Barwert eines Kapitals *sowohl* mit dem unterjährigen Zinssatz $\frac{i}{m}$ *als auch* mit dem konformen Jahreszinssatz i' berechnen kann. Gewöhnlich ist aber der meist unrunden konformen Zinssätze wegen die Berechnung mit $\frac{i}{m}$ bequemer. Die große Bedeutung der konformen Zinssätze für die Finanzmathematik liegt auf einem anderen Gebiet: Kreditgeschäfte, deren Zinszahlungsbedingungen unterschiedlich sind, können erst dann miteinander verglichen und damit bewertet werden, wenn die Bedingungen durch Umrechnung auf Zinsperioden gleicher Länge vergleichbar gemacht worden sind. Als Vergleichsperiode ist an und für sich jede beliebige Zinsperiode geeignet. Doch empfiehlt sich aus praktischen Gründen das Jahr.

Beispiel 23: a) Auf welchen Betrag wachsen 20000 DM zu 6% p.a., halbjährlich zahlbar, in 5 Jahren an? Welchen Wert hatte diese Summe vor 5 Jahren? — Hier kann man entweder direkt nach Formel (17) bzw. (18) oder durch Umrechnen des gegebenen nominellen in den konformen effektiven Jahreszinssatz $i' = \left(1 + \frac{0{,}06}{2}\right)^2 - 1 = 0{,}0609 = 6{,}09\%$ und Einsetzen in Formel (15) bzw. (16) verfahren. Ergebnis für a) $K_{2 \cdot 5} = 20000 \left(1 + \frac{0{,}06}{2}\right)^{2 \cdot 5} = 26878$ DM oder $20000 \cdot 1{,}0609^5 = 26878$ DM, für b) $K_{-2 \cdot 5} = \frac{20000}{\left(1 + \frac{0{,}06}{2}\right)^{2 \cdot 5}} = 14882$ DM oder $K_{-2 \cdot 5} = \frac{20000}{1{,}0609^5} = 14882$ DM.

Gelegentlich ist auch die zur vorstehenden inverse Aufgabe zu lösen: Es ist der in m gleichen unterjährigen Abständen zahlbare nominelle Jahreszinssatz i zu finden, der

dem gegebenen effektiven Jahreszinssatz i' entspricht. Man löst Formel (20) nach i auf und erhält $\left(1 + \frac{i}{m}\right)^m = i' + 1$,
$1 + \frac{i}{m} = \sqrt[m]{1 + i'}$, $\frac{i}{m} = \sqrt[m]{1 + i'} - 1$ oder

$$i = m\left(\sqrt[m]{1 + i'} - 1\right). \qquad (21)$$

Beispiel 24: Dem effektiven Jahreszinssatz $i' = 10\%$ entspricht der vierteljährlich zahlbare nominelle Jahreszinssatz $i = 4\left(\sqrt[4]{1 + 0{,}10} - 1\right) = 4\ (1{,}024114 - 1) = 0{,}096456 =$ 9,6456%. (Beim logarithmischen Rechnen hat man zunächst den $\log \sqrt[4]{1 + 0{,}10} = \frac{1}{4} \log 1{,}10 = \frac{1}{4} \cdot 0{,}041\,3927 = 0{,}010\,3482$ zu bilden und dann den Numerus dieses Logarithmus zu bestimmen.)

Für Augenblicksverzinsung gehen Formeln (20) bzw. (21) in (20*) $i' = e^i - 1$ bzw. (21*) $i = \frac{\log (1 + i')}{\log e}$ über. Formel (20*) dient der Errechnung des konformen effektiven Jahreszinssatzes i', wenn i der nominelle Jahreszinssatz bei kontinuierlicher Zinsverrechnung ist, Formel (21*) der Errechnung des kontinuierlich zahlbaren nominellen Jahreszinssatzes i, wenn der jährlich zahlbare Zinssatz i' gegeben ist. Man nennt den nominellen kontinuierlich zahlbaren Jahreszinssatz i, der dem effektiven jährlichen Zinssatz i' konform ist, auch die *Zinsintensität.* Der effektive Zinssatz i' gibt im Falle kontinuierlicher Verzinsung die größte Wirkung an, die sich aus dem gegebenen Zinssatz i durch Verkleinerung der Zinsperioden herausholen läßt.

Auf Seite 52 sind eine Reihe nomineller und effektiver Zinssätze einander gegenübergestellt.

Mit Hilfe konformer Zinssätze läßt sich ferner die S. 10 erwähnte *antizipative* Zahlungsweise der Zinsen auf die in diesem Band sonst stets vorausgesetzte, heute fast allein übliche

a) effektive Jahreszinssätze i' in %

Zahlungsweise der Zinsen	m	Nomineller Jahreszinssatz i				
		3%	3½%	4%	4½%	5%
halbjährlich . . .	2	3,0225	3,5306	4,0400	4,5506	5,0625
vierteljährlich . . .	4	3,0339	3,5462	4,0604	4,5765	5,0945
monatlich	12	3,0416	3,5567	4,0742	4,5940	5,1162
kontinuierlich . .	∞	3,0455	3,5620	4,0811	4,6028	5,1271

b) nominelle Jahreszinssätze i in %

Zahlungsweise der Zinsen	m	Effektiver Jahreszinssatz i'				
		3%	3½%	4%	4½%	5%
halbjährlich . . .	2	2,9778	3,4699	3,9608	4,4505	4,9390
vierteljährlich . . .	4	2,9668	3,4550	3,9414	4,4260	4,9089
monatlich	12	2,9595	3,4451	3,9285	4,4098	4,8889
kontinuierlich . .	∞	2,9559	3,4401	3,9221	4,4017	4,8790

dekursive Zinszahlung zurückführen. Bei antizipativer Verzinsung erfolgt die Zinszahlung am Anfang statt am Ende der Zinsperiode. Um den antizipativen Zinssatz $\mathfrak{i}$ mit dem dekursiven Zinssatz i vergleichen zu können, muß man letzteren deshalb um eine Zinsperiode abzinsen. Man erhält mit Hilfe der Barwertformel

$$\mathfrak{i} = \frac{i}{1+i} \tag{22}$$

oder nach i aufgelöst

$$i = \frac{\mathfrak{i}}{1-\mathfrak{i}}\,. \tag{23}$$

Die Formel (23) gestattet, jede Aufgabe der Zinseszinsrechnung, bei der antizipative Zinszahlung unterstellt wird, durch das für dekursive Zinszahlung entwickelte Verfahren zu lösen, indem der antizipative Zinssatz $\mathfrak{i}$ durch den konformen dekursiven Zinssatz i ersetzt wird.

Beispiel 25: Auf welchen Betrag wächst eine Forderung über 10000 DM in 12 Jahren an, wenn bei vorschüssiger Zinszahlung ein Zinssatz von 5% p.a. vereinbart wird? — Hier ist der antizipative Zinssatz i = 5% gegeben. Um Formel (15) benutzen zu können, muß man zunächst i mit Hilfe von Formel (23) in den konformen dekursiven Zinssatz $i = \frac{0{,}05}{1 - 0{,}05} = 5{,}263\%$ verwandeln. Ergebnis: $10000 \cdot 1{,}05263^{12} = 18506{,}18$ DM.

5. Gemischte Zinsen

Die Zinseszinsformeln (15) bzw. (16) gelten ihrer Herleitung nach nur für Laufzeiten, die aus einer *ganzen* Zahl von Zinsperioden bestehen. Denn da die Zinsen erst am Ende jeder Zinsperiode zum Kapital zugeschlagen und anschließend mitverzinst werden, können *innerhalb* einer Zinsperiode keine Zinseszinsen entstehen. Soll der Endwert eines Kapitals zu einem Zeitpunkt bestimmt werden, der *innerhalb* einer Zinsperiode liegt, so ist deshalb die Zinseszinsrechnung am Ende der letzten ganzen Zinsperiode abzubrechen. In dem Ergebnis sind sodann die dem gegebenen Bruchteil der nächsten Zinsperiode entsprechenden *einfachen* Zinsen hinzuzufügen. Man nennt dieses Verfahren das Rechnen mit *gemischten* Zinsen.

Es sei nun eine Laufzeit n gegeben, die aus einer gemischten Zahl, d. h. aus einer ganzen Zahl und einem Bruch besteht. Die größte in n enthaltene ganze Zahl werde mit N bezeichnet, der nach Ausführung der Substraktion $(n - N)$ übrigbleibende Rest mit t[1]). Dann ist der Endwert des Kapitals K_0 nach N Zinsperioden gemäß Formel (15) $K_N = K_0 \cdot r^N$. Zu diesem Wert sind die einfachen Zinsen von K_N für die restliche Laufzeit t gleich $K_N it = K_0 \cdot r^N \cdot i \cdot t$ hinzuzufügen. Man erhält als gesuchten Endwert K_n: $K_n = K_0 r^N + K_0 r^N it$ oder

[1]) t ist stets in Bruchteilen der der Rechnung zugrunde liegenden Zinsperiode auszudrücken. Sind z. B. die Zinsperioden Jahre und als Bruchteil sind T Tage gegeben, so ist $t = \frac{T}{360}$ zu setzen, für M Monate entspricht $t = \frac{M}{12}$. Sind die Zinsperioden Halbjahre, so gilt $t = \frac{T}{180} = \frac{M}{6}$ usw. (Vgl. auch Kapitel A).

$$K_n = K_0 r^N (1 + it) . \tag{24}$$

Zur Ermittlung des Barwertes bricht man die zinseszinsliche Rechnung zu Beginn der *ersten* ganzen Zinsperiode ab. Man erhält durch Umformung von Formel (24)

$$K_0 = \frac{K_n}{r^N (1 + it)} = \frac{K_n v^N}{1 + it} . \tag{25}$$

Durch die Einführung einfacher Zinsen geht man bei der Rechnung mit gemischten Zinsen des Vorteils verlustig, der einer der Hauptvorzüge der Zinseszinsrechnung ist (vgl. S. 40): Man kann die Laufzeit nicht mehr in beliebige Teile zerlegen und Auf- und Abzinsen wahlweise vornehmen. Dies bedeutet, daß man, wenn die Laufzeit innerhalb einer Zinsperiode beginnt und auch innerhalb einer anderen Zinsperiode endet, vom Anfang der Laufzeit bis zum Anfang der ersten vollständigen Zinsperiode mit einfachen Zinsen, dann für die in der Laufzeit enthaltenen ganzen Zinsperioden zinseszinslich und vom Ende der letzten vollständigen Zinsperiode bis zum Ende der Laufzeit wieder mit einfachen Zinsen rechnen muß. Es ist also Formel (24) auf — da es auf die Reihenfolge der Faktoren im Produkt nicht ankommt — $K_n = K_0 r^N (1 + it_1)(1 + it_2)$, Formel (25) auf $K_0 = \frac{K_n}{r^N (1 + it_1)(1 + it_2)}$ zu erweitern, worin t_1 die Zeit bis zum Beginn der ersten vollen Zinsperiode, t_2 die Zeit nach Ende der letzten vollen Zinsperiode bedeutet, beides in Bruchteilen einer Zinsperiode ausgedrückt.

Beispiel 26: Ein Kapital von $K_0 = 15000$ DM wird am 18. Juli 1958 bei einem Kreditinstitut angelegt, das 4% p. a. vergütet. Auf welchen Betrag ist das Kapital am 20. April 1965 angewachsen, wenn die Zinsverrechnung jeweils am Jahresende erfolgt? — Hier besteht die Laufzeit n aus $t_1 = \frac{162}{360}$ Jahren bis zum Jahresende 1958, aus $N = 6$ Jahren von 1959 bis 1964 einschließlich und aus $t_2 = \frac{110}{360}$ Jahren vom Jahresanfang 1965 bis zum 20. April 1965. Man erhält

$$K_n = 15000 \cdot 1{,}04^6 \left(1 + \frac{4}{100} \cdot \frac{162}{360}\right)\left(1 + \frac{4}{100} \cdot \frac{110}{360}\right)$$
$$= 15000 \cdot r^6 \cdot 1{,}018 \cdot 1{,}0122 = 19557{,}10 \text{ DM.}$$

Die Rechnung mit gemischten Zinsen ist, wie man sieht, sehr umständlich. Um die Rechnung zu vereinfachen, wendet man deshalb auch bei Laufzeiten, die aus einer ganzen Anzahl von Zinsperioden und Bruchteilen einer solchen bestehen, häufig die Zinseszinsformeln formal auf die ganze Laufzeit an, obgleich man Zinseszinsen innerhalb einer Zinsperiode keinen wirtschaftlichen Sinn beilegen kann. Man läßt in diesem Falle also auch gebrochene Zahlen als Exponenten zu. Außer der einfacheren Berechnungsweise ergibt sich dabei die Übertragung der Vorteile der Zinseszinsrechnung auch auf Bruchteile einer Zinsperiode. Das Ergebnis ist zwar mit einem Fehler behaftet: Der Endwert ist zu klein[1]), der Barwert zu groß, doch ist der Fehler meist so geringfügig, daß die Methode überall dort angewendet werden kann, wo nicht an die Genauigkeit Anforderungen gestellt werden, die bis zur letzten Stelle gehen, d. h. vor allem bei den Aufgaben der eigentlichen Finanzmathematik im Gegensatz zu den banktechnischen der Ermittlung von Kontoständen.

Beim Benutzen von Zinseszinstabellen beachte man, daß lineare Interpolation[2]) zwischen Aufzinsungsfaktoren, die aufeinanderfolgenden Laufzeiten entsprechen, zu gemischter Verzinsung führt, weil einfache Zinsen sich linear mit der Laufzeit verändern.

Beispiel 27: Welcher Betrag muß am 14. Mai 1958 zu 5% p. a. halbjährlich zahlbar angelegt werden, damit am 9. Oktober 1962 über ein Guthaben in Höhe von 20000 DM verfügt werden kann? — Als Zinsperioden sind hier Halbjahre zu nehmen. Soll durchweg mit Zinseszinsen gerechnet werden, so ist die gesamte Laufzeit $n = 4$ Jahre 145 Tage $= \frac{1585}{180}$ Halbjahre zu

[1]) Denn für $n < 1$ ist $(1 + in) > (1 + i)^n$. Vgl. S. 35.
[2]) Zu den Interpolationsverfahren vgl. Anhang S. 161ff.

setzen. Es ergibt sich $K_0 = 20000 \cdot \frac{1}{1{,}025^{\frac{1585}{180}}} = 16091{,}60$ DM.

(Bei Berechnung mit Hilfe von Logarithmen hat man, um log $\left(1{,}025^{\frac{1585}{180}}\right)$ zu erhalten, log 1,025 mit 1585 zu multiplizieren und anschließend durch 180 zu teilen.) Die Verwendung von gemischten Zinsen würde zu

$$K_0 = \frac{20000}{1{,}025^8\left(1 + \frac{2{,}5}{100} \cdot \frac{46}{180}\right)\left(1 + \frac{2{,}5}{100} \cdot \frac{99}{180}\right)} = 16087{,}44 \text{ DM}$$

führen. (Als Laufzeit t_1 ist die Zeit bis zum Beginn des ersten vollen Halbjahrs, d. h. bis zum 1. Juli 1958, als Laufzeit t_2 die Zeit vom 1. Juli 1962 an zu nehmen.) Die einheitlich zinseszinsliche Berechnung ergibt also einen Barwert, der um 4,16 DM zu groß ist.

6. Berechnung von Zinssatz und Laufzeit

Die Aufgabe, den Zinssatz zu berechnen, zu dem ein Kapital K_0 angelegt werden muß, damit es nach n Zinsperioden einschließlich Zinsen und Zinseszinsen auf den Betrag K_n anwächst, ist durch entsprechende Umformung von Formel (15) zu lösen. Aus $K_n = K_0 \cdot r^n$ folgt $r^n = \frac{K_n}{K_0}$ und schließlich

$$r = \sqrt[n]{\frac{K_n}{K_0}} \,. \tag{26}$$

Der Zinssatz i wird dann in üblicher Weise durch die Beziehung $i = r - 1$ gefunden.

Bei unterjähriger Zinszahlung ist darauf zu achten, daß, wenn n die Anzahl der unterjährigen Zinsperioden bedeutet, der errechnete Zinssatz i ebenfalls den unterjährigen Zinssatz darstellt.

Werden Logarithmen zum Ausrechnen des Zinssatzes benutzt, so ergibt sich dieser aus der logarithmierten Form von Formel (26), die $\log r = \frac{1}{n} \log \left(\frac{K_n}{K_0}\right)$ oder auch $\log r = \frac{1}{n} (\log K_n - \log K_0)$ lautet. Je nachdem, ob der Quotient $\frac{K_n}{K_0}$ eine leicht zu bildende Zahl ist oder nicht, ist die eine oder die andere Form empfehlenswerter. Werden dagegen Zinseszinstabellen herangezogen, so bilde man zunächst den Quotienten $\frac{K_n}{K_0} = r^n$ und suche r^n bei der gegebenen Terminzahl. Findet r^n sich dort genau, so ist der betreffende Zinssatz der gesuchte. Andernfalls muß zwischen den nächstliegenden Werten interpoliert werden (vgl. Anhang).

Beispiel 28: Zu welchem Jahreszinssatz muß ein Kapital angelegt werden, damit es sich in 10 Jahren verdoppelt? — Es soll also $K_n = 2\,K_0$ sein oder $\frac{K_n}{K_0} = \frac{2\,K_0}{K_0} = 2$. Formel (26) liefert $r = \sqrt[10]{2} = 1{,}07177$, also $i =$ rd. 7,18%. (Es ist $\log r = \frac{1}{10} \log 2$ zu setzen.

Ist eine Laufzeit n gegeben, die außer einer Anzahl ganzer Zinsperioden N noch einen Bruchteil t einer solchen umfaßt, so führt die Anwendung von Formel (26), $n = N + t$ gesetzt, wegen der Vernachlässigung der gemischten Verzinsung zu kleinen Abweichungen vom richtigen Ergebnis. Wird sehr große Genauigkeit verlangt, läßt sich das Resultat verbessern, indem man zwischen den Endwerten interpoliert, die sich ergeben, wenn in die genaue Endwertformel (24) einerseits der gefundene und andrerseits ein etwas höherer (oder niedrigerer) Zinssatz eingesetzt wird.

Beispiel 29: Zu welchem jährlich zahlbaren Zinssatz muß ein Kapital von 25000 DM angelegt werden, damit es in 5 Jahren, 7 Monaten und 10 Tagen auf 30000 DM anwächst? — Die gegebene Laufzeit entspricht 2020 Tagen oder $\frac{2020}{360} = \frac{101}{18}$ Jahren. Nach Formel (26) ist also

$r = \sqrt[\frac{101}{18}]{\frac{30\,000}{25\,000}}$. Mit Hilfe siebenstelliger Logarithmen findet man $\log r = \frac{18}{101} \cdot \log 1{,}2 = 0{,}014\ 1149$, $r = 1{,}0330$, $i = 3{,}30\%$. Mit dem gefundenen Zinssatz angesetzt, ergibt die Endwertformel (24) bei gemischter Verzinsung einen Endwert $K_n = 25000 \cdot 1{,}033^5 \left(1 + 0{,}033 \cdot \frac{220}{360}\right) = 25000 \cdot 1{,}033^5 \cdot 1{,}02017$ $= 29999{,}50$ DM, der sich vom gegebenen Endwert 30000 DM so wenig unterscheidet, daß sich eine Verbesserung des gefundenen Zinssatzes $i = 3{,}30\%$ erübrigt.

Soll die Länge der Zeit bestimmt werden, innerhalb welcher das Kapital K_0 mit Zinsen und Zinseszinsen bei einem gegebenen Zinssatz i auf den Wert K_n anwächst, so ist Formel (15) nach n aufzulösen. Man erhält aus $K_n = K_0 \cdot r^n$ zunächst $r^n = \frac{K_n}{K_0}$ und weiter durch beiderseitiges Logarithmieren $n \cdot \log r = \log\left(\frac{K_n}{K_0}\right)$, was schließlich zu

$$n = \frac{\log\left(\frac{K_n}{K_0}\right)}{\log r} \qquad \text{oder} \qquad n = \frac{\log K_n - \log K_0}{\log r} \tag{27}$$

führt.

Es ist darauf zu achten, daß bei der Anwendung von Formel (27) die Logarithmen wirklich das *Ergebnis* der Rechnung liefern und nicht etwa nur als Rechenhilfsmittel dienen. Soll die Rechnung durch die Benutzung von Logarithmen vereinfacht werden, so sind deshalb Logarithmen von den Logarithmen zu verwenden.

Erhält man n nicht als ganze Zahl, so ist das Ergebnis wegen der durchweg zinseszinslichen Berechnungsweise mit einem kleinen Fehler behaftet. Wird sehr große Genauigkeit verlangt, so ist analog dem Verfahren bei der Ermittlung des Zinssatzes zunächst mit der größten in dem gefundenen n

enthaltenen ganzen Zahl N der Endwert $K_N = K_0 \cdot r^N$ zu bilden. Den genauen in n enthaltenen Periodenbruchteil t erhält man dann nach den Regeln des Rechnens mit einfachen Zinsen durch

$$t = \frac{1}{i}\left(\frac{K_n}{K_N} - 1\right). \tag{28}$$

Beispiel 30: In welcher Zeit verdoppelt sich ein Kapital von 100000 DM bei einem Zinssatz von 5% p.a.? — Hier ist $K_n = 2K_0$ zu setzen. Der Ausdruck $\frac{K_n}{K_0}$ in der ersten Gestalt von Formel (27) wird zu $\frac{2K_0}{K_0} = 2$. Man sieht, daß die Höhe des Kapitals ohne Einfluß auf das Ergebnis ist, und erhält $n = \frac{\log 2}{\log 1{,}05} = \frac{0{,}301\,0300}{0{,}021\,1893} = 3\,010\,300 : 211\,893 = 14{,}207 =$ 14 Jahre, 2 Monate und 15 Tage. Berücksichtigung gemischter Zinsen würde über $K_{14} = 100000 \cdot 1{,}05^{14} = 197993$ DM zu $t = \frac{1}{0{,}05}\left(\frac{200\,000}{197\,993} - 1\right) = 0{,}20274$, also zu $n =$ 14 Jahre, 2 Monate und 13 Tage führen.

C. Die Rentenrechnung

Die im vorhergehenden Kapitel abgeleiteten Formeln beziehen sich auf ein *einziges* Kapital K. Man kann mit ihrer Hilfe aber auch End- bzw. Barwert einer Summe von Kapitalien feststellen, die zu verschiedenen Terminen zahlbar sind. Es seien ${}_1K, {}_2K, \ldots, {}_\nu K$ die Beträge der Zahlungen $n_1, n_2, \ldots, n_\nu$ die zugehörigen Laufzeiten sämtlich bis zu dem — einheitlichen — Zeitpunkt gemessen, auf den der Zeitwert der Summe bezogen werden soll. Dann ist nach Formel (15) der Endwert E der Summe ${}_1K, {}_2K, {}_3K, \ldots, {}_\nu K$:

$$E = {}_1K \cdot r^{n_1} + {}_2K \cdot r^{n_2} + \cdots + {}_\nu K \cdot r^{n_\nu}, \tag{29}$$

ihr Barwert B:

$$B = {}_1K\left(\frac{1}{r}\right)^{n_1} + {}_2K\left(\frac{1}{r}\right)^{n_2} + \cdots + {}_\nu K\left(\frac{1}{r}\right)^{n_\nu}, \tag{30}$$

wenn die ${}_1K, {}_2K, \ldots, {}_\nu K$ nach $n_1, n_2, \ldots, n_\nu$ Zinsperioden fällig sind.

Die Rentenrechnung zeigt nun, daß sich unter bestimmten Voraussetzungen diese Formeln wesentlich vereinfachen lassen.

1. Der Rentenendwert

Unter dem aus dem Versicherungswesen übernommenen Ausdruck „Rente“ versteht man in der Finanzmathematik eine verzinsliche Zahlung, die in mehreren Teilbeträgen, den *Rentenraten* $R_1, R_2, \ldots, R_\nu$ erfolgt. Es sei nun zunächst die Voraussetzung gemacht, daß die Rentenraten sämtlich untereinander gleich, nämlich gleich R seien. Ferner wird vorausgesetzt, daß die Ratenzahlungen entweder am Ende (nachschüssige Rente) oder am Anfang (vorschüssige Rente) jeder Zinsperiode erfolgen.

Bei der nachschüssigen Rente erfolgt die erste Zahlung im Betrage R am Ende der ersten Zinsperiode. Ihr Zeitwert am Ende der n-ten Zinsperiode ist daher $R \cdot r^{n-1}$. Jede weitere Rentenrate R wird nach Voraussetzung im Abstand einer Zinsperiode gezahlt; die auf den gemeinsamen Endtermin bezogenen Zeitwerte der folgenden Rentenraten sind daher nacheinander $R \cdot r^{n-2}$, $R \cdot r^{n-3}$, ..., $R \cdot r$, R (die letzte Rentenrate wird bei der nachschüssigen Rente am Ende der letzten Zinsperiode fällig, sie wird deshalb überhaupt nicht mehr verzinst). Daraus ergibt sich als Endwert $S_{\overline{n}|}$ (gelesen „groß Kursiv-$S_{\overline{n}|}$“)[1]) der ganzen nachschüssigen, n-mal zahlbaren Rente: $S_{\overline{n}|} = R \cdot r^{n-1} + R \cdot r^{n-2} + R \cdot r^{n-3} + \cdots + R \cdot r + R$ oder, wenn man R ausklammert und die Reihenfolge der Summanden umkehrt,

$$S_{\overline{n}|} = R \cdot (1 + r + r^2 + \cdots + r^{n-1}). \tag{31}$$

Man erhält die in Klammern stehende Summe allein, wenn die Rentenrate R den Betrag von *einer* Währungseinheit hat.

---

[1]) S ist die Abkürzung von „Summe“ (der Endwerte).

Man nennt deshalb den Ausdruck $(1 + r + r^2 + \cdots + r^{n-1})$ den Endwert der nachschüssigen Rente 1 und bezeichnet ihn symbolisch mit $\boldsymbol{s}_{\overline{n}|}$ (gelesen „klein Kursiv-$\boldsymbol{s}_{\overline{n}|}$"). Es gilt also die Beziehung: $\boldsymbol{S}_{\overline{n}|} = R \cdot \boldsymbol{s}_{\overline{n}|}$.

Ist die Rente dagegen vorschüssig, so erfolgt die erste Zahlung der Rate R statt am Ende bereits am Anfang der ersten Zinsperiode. Ihr Endwert am Ende der n-ten Zinsperiode ist deshalb um eine Zinsperiode höher anzusetzen als bei der nachschüssigen Rente, nämlich gleich $R \cdot r^n$. Auch bei den Endwerten der weiteren Ratenzahlungen ist jeweils eine Zinsperiode mehr in Rechnung zu stellen, die letzte am Anfang des n-ten Jahres zahlbare ist noch um *eine* Zinsperiode aufzuzinsen. Der Endwert $\mathrm{S}_{\overline{n}|}$ (gelesen „groß Antiqua-$\mathrm{S}_{\overline{n}|}$") der ganzen vorschüssigen n-mal zahlbaren Rente R ist somit: $\mathrm{S}_{\overline{n}|} = R \cdot r^n + R \cdot r^{n-1} + R \cdot r^{n-2} + \cdots + R \cdot r^2 + R \cdot r$, oder — nach den gleichen Umformungen wie bei der nachschüssigen Rente —

$$\mathrm{S}_{\overline{n}|} = R \cdot (r + r^2 + r^3 \cdots + r^n)\,. \tag{32}$$

Auch bei der vorschüssigen Rente führt man für die in Formel (32) rechts stehende Summe $r + r^2 + \cdots + r^n$ (den Endwert der vorschüssigen Rente 1) eine besondere Bezeichnung $\mathrm{s}_{\overline{n}|}$ (gelesen „klein Antiqua-$\mathrm{s}_{\overline{n}|}$") ein und hat die der nachschüssigen Rente analoge Beziehung: $\mathrm{S}_{\overline{n}|} = R \cdot \mathrm{s}_{\overline{n}|}$.

Die Laufzeit n hat in der Rentenrechnung eine zweifache Bedeutung: Einerseits bedeutet sie, wie in der Zinseszinsrechnung, die Anzahl der Zinsperioden, andrerseits aber auch die Anzahl der Ratenzahlungen[1]). Da die Ratenzahlung zu einem *Zeitpunkt* erfolgt, die Zinsperiode dagegen eine *Zeitstrecke* darstellt, kommt es zur Unterscheidung vor- und nachschüssiger Renten, die in der Zinseszinsrechnung kein Analogon findet. Wie die in Fig. 5 dargestellte Strecke der Zeitgeraden deutlich zeigt, können die als Beispiel gewählten

[1]) Auf diese doppelte Bedeutung soll der Winkel am Index $n : \overline{n}|$ hindeuten.

vier Ratenzahlungen auf zweierlei Weise auf die vier Zinsperioden verteilt werden:

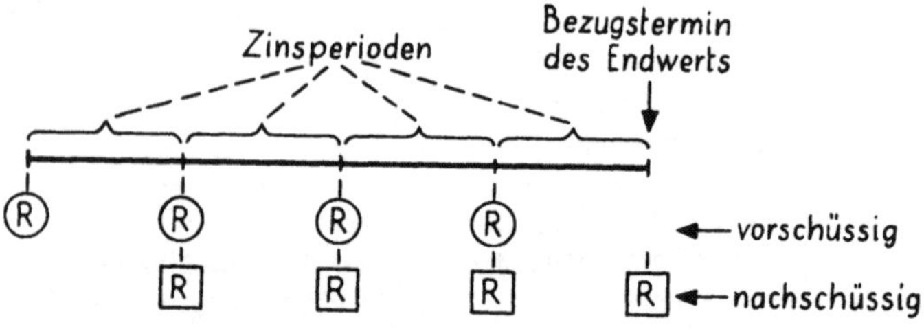

Fig. 5

Die Zeichnung läßt auch erkennen, daß sich der Endwert der vorschüssigen Rente auf den Zeitpunkt *eine* Zinsperiode *nach* der letzten Ratenzahlung, der Endwert der nachschüssigen Rente aber auf den Zeitpunkt der *letzten Ratenzahlung selbst* bezieht. Bei jeder Aufgabe aus der Rentenrechnung ist — auf dieses Kriterium gestützt — zu untersuchen, ob es sich um eine vorschüssige oder um eine nachschüssige Rente handelt, falls dies nicht bereits aus der Formulierung der Aufgabe einwandfrei hervorgeht.

In $\mathrm{s}_{\overline{n}|} = r + r^2 + r^3 + \cdots + r^n$ läßt sich ein Faktor r vor die Klammer ziehen. Man erhält $\mathrm{s}_{\overline{n}|} = r(1 + r + r^2 + \cdots + r^{n-1})$ und erkennt, daß der in Klammern stehende Ausdruck gleich $\boldsymbol{s}_{\overline{n}|}$ ist. Zwischen dem Endwert der vorschüssigen und dem der nachschüssigen Rente 1 besteht also die einfache Beziehung:

$$\mathrm{s}_{\overline{n}|} = r \cdot \boldsymbol{s}_{\overline{n}|} \quad \text{bzw.} \quad \boldsymbol{s}_{\overline{n}|} = \frac{\mathrm{s}_{\overline{n}|}}{r}. \tag{33}$$

Die Formeln (31) und (32) zeigen, daß — ähnlich den Verhältnissen bei der Zinseszinsrechnung — auch die Rentenendwerte aus zwei Faktoren bestehen: der Rentenrate R

und dem nur von Zinssatz und Laufzeit abhängigen Faktor $s_{\overline{n}|}$ bzw. $\mathrm{s}_{\overline{n}|}$. Dieser letztere Faktor wird in den Zinseszinstabellen in gleicher Weise wie der Aufzinsungsfaktor r^n bzw. der Abzinsungsfaktor $v^n = \left(\frac{1}{r}\right)^n$ für eine Reihe gebräuchlicher Zinssätze und Laufzeiten dargestellt, und zwar nur entweder $s_{\overline{n}|}$ *oder* $\mathrm{s}_{\overline{n}|}$, da der jeweils andere dieser beiden Faktoren sofort durch die Beziehung (33) erhalten werden kann. Es ist üblich, $\mathrm{s}_{\overline{n}|}$, also den Endwert der vorschüssigen Rente zu wählen, wie dies auch in dem kurzen Auszug im Tabellenteil dieses Bandes geschehen ist (Tabelle III, S. 169), da sich die in der Praxis vorkommenden Aufgaben in der Mehrzahl auf vorschüssige Renten beziehen.

Die an sich schon einfachen Beziehungen (33) lassen sich durch folgende Überlegung auf eine noch einfachere Form bringen, die jedes Rechnen unnötig macht: Für $(n-1)$ Ratenzahlungen ist der Endwert der vorschüssigen Rente 1 $\mathrm{s}_{\overline{n-1}|} = r + r^2 + \cdots + r^{n-1}$. Vergleicht man dies mit dem Endwert der nachschüssigen Rente 1 für n Ratenzahlungen $s_{\overline{n}|} = 1 + r + r^2 + \cdots + r^{n-1}$, so sieht man, daß $s_{\overline{n}|}$ aus $\mathrm{s}_{\overline{n-1}|}$ einfach durch Addition des Gliedes 1 hervorgeht. Es ist also

$$s_{\overline{n}|} = \mathrm{s}_{\overline{n-1}|} + 1\,. \tag{34}$$

D. h. man findet in einer Tabelle der vorschüssigen Rentenendwerte den jeweiligen nachschüssigen Rentenendwert, indem man zu dem Tabellenwert, der der um eins kleineren Terminzahl entspricht, die Zahl 1 hinzufügt.

Umgekehrt gilt wegen $s_{\overline{n+1}|} = 1 + r + r^2 + \cdots + r^{n-1} + r^n$ und $\mathrm{s}_{\overline{n}|} = r + r^2 + \cdots + r^n$ die Beziehung $\mathrm{s}_{\overline{n}|} = s_{\overline{n+1}|} - 1$, die die Bestimmung vorschüssiger Rentenendwerte aus einer Tabelle nachschüssiger Rentenendwerte gestattet. Sie hat jedoch wenig praktische Bedeutung, da, wie schon erwähnt, die Tabellenwerke fast immer vorschüssige Rentenendwerte bringen.

Die unmittelbare Berechnung von Rentenendwerten ohne Benutzung von Tabellen ist umständlich. Sie läßt sich jedoch ganz wesentlich vereinfachen. Multipliziert man nämlich beide Seiten der Gleichung $s_{\overline{n}|} = 1 + r + r^2 + \cdots + r^{n-1}$ mit dem Ausdruck $(r - 1)$, so ergibt sich $s_{\overline{n}|} \cdot (r - 1) = (r + r^2 + r^3 + \cdots + r^n) - (1 + r + r^2 + \cdots + r^{n-1})$. Führt man die Subtraktion der beiden Klammern auf der rechten Seite aus, so sieht man, daß sich alle Glieder bis auf r^n und (-1) fortheben. Man erhält also $s_{\overline{n}|} \cdot (r - 1) = r^n - 1$ oder schließlich als *Endwert der nachschüssigen Rente 1*

$$s_{\overline{n}|} = \frac{r^n - 1}{r - 1} = \frac{r^n - 1}{i}. \qquad (35)$$

Aus (33) $\mathrm{s}_{\overline{n}|} = r \cdot s_{\overline{n}|}$ folgt dann für den *Endwert der vorschüssigen Rente 1*

$$\mathrm{s}_{\overline{n}|} = r\,\frac{r^n - 1}{r - 1} = r\,\frac{r^n - 1}{i}. \qquad (36)$$

Die Formeln (35) und (36) eignen sich vorzüglich zur praktischen Berechnung von $s_{\overline{n}|}$ bzw. $\mathrm{s}_{\overline{n}|}$. Werden hierbei Logarithmen benutzt, so bedenke man, daß über ein Plus- oder Minuszeichen niemals logarithmisch weitergerechnet werden darf. Bei der Berechnung des im Zähler stehenden Ausdrucks $(r^n - 1)$ muß deshalb nach der Bestimmung des $\log(r^n) = n \cdot \log r$ zunächst der Numerus des $\log(r^n)$ aufgesucht werden. Dieser *Numerus* (und nicht etwa der Logarithmus) ist um 1 zu vermindern, und erst dann darf mit dem Nachschlagen von $\log(r^n - 1)$ die logarithmische Rechnung wiederaufgenommen werden.

Beispiel 31: a) Es werden 10 Jahre hindurch zu Beginn eines jeden Jahres 5000 DM zinseszinslich angelegt. Über welches Guthaben verfügt der Einleger am Ende des 10. Jahres, wenn 3½% Zinsen p.a. vereinbart worden sind? — Hier wird nach dem Wert des Guthabens eine Zinsperiode nach der letzten

Einzahlung gefragt. Es ist also der Endwert der vorschüssigen Rente zu bilden, und die Lösung ergibt sich als $S_{\overline{10}|} = 5000 \cdot s_{\overline{10}|}$. Stehen Zinseszinstabellen zur Verfügung, so erhält man (vgl. Anhang Tabelle III) $S_{\overline{10}|} = 5000 \cdot 12{,}1420 = 60\,710$ DM. Bei Berechnung mit Hilfe von Logarithmen muß $s_{\overline{10}|}$ nach Formel (36) in $r\frac{r^{10}-1}{i} = 1{,}035\frac{1{,}035^{10}-1}{0{,}035}$ aufgelöst werden. Man erhält das Ergebnis durch folgende Rechnung, die als Schema für alle derartigen Berechnungen dienen kann:

log 1,035	0,01494	log $(1{,}035^{10} - 1)$	0,61342 − 1
log $1{,}035^{10}$ = 10 · log 1,035	0,14940	+ log 1,035	0,01494
$1{,}035^{10}$ = num (log $1{,}035^{10}$)	1,4106	+ log 5000	3,69897
$1{,}035^{10} - 1$	0,4106	log Zähler	3,32733
		− log 0,035	− (0,54407 − 2)
			2,78326 + 2
		log $S_{\overline{10}|}$ =	4,78326

Auch bei dieser Art der Berechnung ergibt sich $S_{\overline{10}|} = 60\,710$ DM.

2. Der Rentenbarwert

Zur Bestimmung des Renten*barwerts*, also des Wertes der Rente zu *Beginn* der *ersten* Zinsperiode, hat man offenbar den Endwert jeder Rentenrate, der sich ja auf das Ende der n-ten Zinsperiode bezieht, um n Zinsperioden abzuzinsen und die so gewonnenen Einzelbarwerte zu summieren. Auf diese Weise erhält man aus dem Endwert der nachschüssigen, n-mal zahlbaren Rente $\boldsymbol{S}_{\overline{n}|} = R(1 + r + r^2 + \cdots + r^{n-1})$ den *Barwert* der *nachschüssigen*, n-mal zahlbaren Rente (die Reihenfolge der Summanden in der Klammer ist vertauscht):

$$\boldsymbol{A}_{\overline{n}|} = R\left(\frac{1}{r} + \frac{1}{r^2} + \cdots + \frac{1}{r^n}\right), \tag{37}$$

aus dem entsprechenden Endwert $S_{\overline{n}|} = R(r + r^2 + \cdots + r^n)$ den *Barwert* der *vorschüssigen*, n-mal zahlbaren Rente

$$A_{\overline{n}|} = R\left(1 + \frac{1}{r} + \frac{1}{r^2} + \cdots + \frac{1}{r^{n-1}}\right). \tag{38}$$

(Der Leser überzeuge sich von der Richtigkeit durch Ausführung der einzelnen Schritte!)

In der gleichen Weise wie beim Rentenendwert lassen sich also auch die Rentenbarwerte als Produkt von zwei Faktoren schreiben: $\boldsymbol{A}_{\overline{n}|} = R \cdot a_{\overline{n}|}$ bzw. $\mathrm{A}_{\overline{n}|} = R \cdot \mathrm{a}_{\overline{n}|}$, wobei $a_{\overline{n}|} = \frac{1}{r} + \frac{1}{r^2} + \cdots + \frac{1}{r^n}$ den Barwert der *nachschüssigen*, $\mathrm{a}_{\overline{n}|} = 1 + \frac{1}{r} + \frac{1}{r^2} + \cdots + \frac{1}{r^{n-1}}$ den Barwert der *vorschüssigen* Rente 1 (d. h. der Betrag der Rentenrate R ist eine Währungseinheit) darstellt. Die Symbole $\boldsymbol{A}$ bzw. a werden „kursiv-$\boldsymbol{A}$“, die Symbole A bzw. a „Antiqua-A“ ausgesprochen[1]).

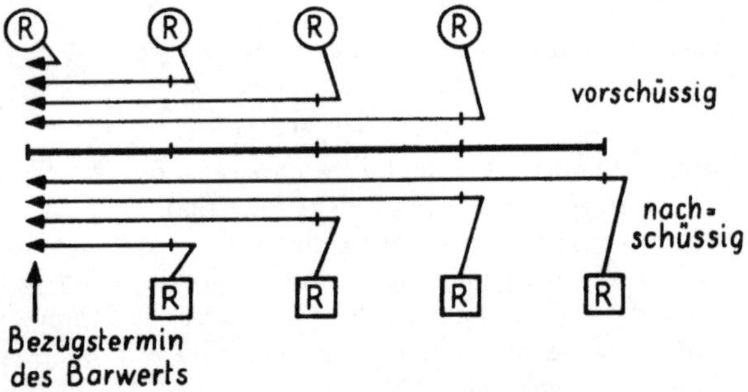

Fig. 6

Die Zeitgerade zeigt (vgl. Fig. 6), daß die Regeln, die S. 62 zur Entscheidung der Frage aufgestellt worden sind, ob eine vor- oder nachschüssige Rente vorliegt, für Rentenbarwerte wie folgt verändert werden müssen: Der Barwert der nachschüssigen Rente bezieht sich auf den Zeitpunkt eine Zinsperiode vor der ersten Ratenzahlung, der Barwert

[1]) „A“ ist die Abkürzung von „Anfangswert“ (der Rente).

der vorschüssigen Rente dagegen auf den Zeitpunkt der ersten Ratenzahlung selbst.

Wie der Vergleich der Formeln (37) und (38) zeigt, gelten für die Barwerte vor- und nachschüssiger Renten die einfachen Beziehungen:

$$\mathrm{a}_{\overline{n}|} = a_{\overline{n-1}|} + 1 \quad \text{bzw.} \quad a_{\overline{n}|} = \mathrm{a}_{\overline{n+1}|} - 1 \,. \qquad (39)$$

Man erhält also den Barwert der vorschüssigen Rente 1 für n Termine, wenn man zum Barwert der nachschüssigen Rente 1 für $(n - 1)$ Termine die Zahl 1 addiert, den Barwert der nachschüssigen Rente 1 für n Termine, wenn man vom Barwert der vorschüssigen Rente 1 für $(n + 1)$ Termine die Zahl 1 subtrahiert. Stellt man diese Regeln den Regeln gegenüber, die im vorigen Abschnitt für die Rentenendwerte entwickelt worden sind, so sieht man, daß vor- und nachschüssig ihren Platz gewechselt haben.

Auch für die Rentenbarwerte brauchen die Tabellenwerke deshalb nur *eine* Reihe zu bringen, und zwar pflegen dies die *nach*schüssigen Rentenbarwerte zu sein, damit das Verfahren, das man anwenden muß, um die andere Art der Barwerte (d. h. die vorschüssigen) zu erhalten, das gleiche ist wie das bei der Tabelle der vorschüssigen Rentenendwerte anzuwendende (vgl. Tabelle IV des Anhangs, S. 170).

Für die direkte Berechnung ohne Zuhilfenahme von Tabellen lassen sich die Ausdrücke $a_{\overline{n}|}$ bzw. $\mathrm{a}_{\overline{n}|}$ erheblich vereinfachen. Man braucht nur zu bedenken, daß sie sich ja aus den um jeweils n Zinsperioden abgezinsten Endwerten der einzelnen Rentenraten zusammensetzen und daß man bei einer Summe, statt die Glieder einzeln zu dividieren, die ganze Summe dividieren darf. Auf diese Weise erhält man unter Berücksichtigung von Formel (35) aus $a_{\overline{n}|} = \frac{s_{\overline{n}|}}{r^n}$ für den Barwert der nachschüssigen Rente 1:

$$a_{\overline{n|}} = \frac{r^n - 1}{r^n \cdot i}, \tag{40}$$

und unter Berücksichtigung von Formel (36) aus $\mathfrak{a}_{\overline{n|}} = \frac{\mathfrak{s}_{\overline{n|}}}{r^n}$ für den Barwert der vorschüssigen Rente 1:

$$\mathfrak{a}_{\overline{n|}} = r \frac{r^n - 1}{r^n \cdot i}. \tag{41}$$

Auch für die Renten*barwerte* gelten also die den Formeln (33) entsprechenden Beziehungen:

$$\mathfrak{a}_{\overline{n|}} = r \cdot a_{\overline{n|}} \quad \text{bzw.} \quad a_{\overline{n|}} = \frac{\mathfrak{a}_{\overline{n|}}}{r}, \tag{42}$$

die man natürlich auch unmittelbar aus den Formeln (37) bzw. (38) ableiten kann.

Mit Benutzung der Schreibweise $\frac{1}{r} = v$ kann man die Formeln (40) und (41) noch einfacher fassen. Es ist nämlich $a_{\overline{n|}} = \frac{r^n - 1}{r^n \cdot i} = \frac{1 - \frac{1}{r^n}}{i} = \frac{1 - v^n}{i}$ und demzufolge $\mathfrak{a}_{\overline{n|}} = r \cdot a_{\overline{n|}} = r \frac{1 - v^n}{i}$. Von diesen Fassungen soll jedoch nur beschränkt Gebrauch gemacht werden, da die nur den Faktor r enthaltende Gestalt der Formel ihren Aufbau klarer erkennen läßt und sich deshalb dem Gedächtnis besser einprägt. Aus diesem Grunde ist auch Formel (41) nicht zu $\mathfrak{a}_{\overline{n|}} = \frac{r^n - 1}{r^{n-1} \cdot i}$ gekürzt worden, was auch für das logarithmische Rechnen vorteilhafter ist.

Der Barwert einer Rente läßt sich auffassen als das Kapital, das heute zinseszinslich angelegt werden muß, um die Zahlungen der Rentenraten termingemäß bestreiten zu können. Oder anders ausgedrückt: Durch augenblickliche Zahlung des Rentenbarwerts läßt sich die Verpflichtung zur Zahlung der Rente abgelten. Oder schließlich: Wenn die

Forderung auf eine Rente abgetreten werden soll (in der Versicherungsrechnung sagt man für Forderung „Anwartschaft"), so ist der Rentenbarwert der Verkaufspreis.

Beispiel 32: Aus einer Erbschaft soll eine nachschüssige Rente von jährlich 5000 DM zehnmal hintereinander gezahlt werden. Mit welchem Betrage kann die Rente durch eine einmalige Zahlung zu Beginn des Rentenlaufs abgegolten werden, wenn ein Zinssatz von 5% p. a. zugrunde gelegt wird? — Es ist der Barwert der nachschüssigen Rente $\boldsymbol{A}_{\overline{10}|} = R \cdot a_{\overline{10}|} = 5000 \frac{1{,}05^{10} - 1}{1{,}05^{10} \cdot 0{,}05}$ zu berechnen. Ergebnis: $5000 \cdot 7{,}72173 =$ 38608,65 DM.

Wächst die Anzahl n der Rentenraten über jede bestimmbare Größe hinaus, so wird der Barwert der sogenannten „Ewigen Rente" nicht etwa unendlich groß. Nach Formel (40) ergibt sich vielmehr für die nachschüssige Rente:

$$\boldsymbol{A}_{\overline{\infty}|} = \lim_{n \to \infty} \boldsymbol{A}_{\overline{n}|} = \lim_{n \to \infty} R \cdot a_{\overline{n}|} = R \cdot \lim_{n \to \infty} \frac{r^n - 1}{r^n \cdot i} = R \cdot \lim_{n \to \infty} \frac{1 - \frac{1}{r^n}}{i}$$

oder wegen $\lim\limits_{n \to \infty} \frac{1}{r^n} = 0$:

$$\boldsymbol{A}_{\overline{\infty}|} = R \cdot \frac{1}{i}. \tag{43}$$

Analog gilt für die vorschüssige ewige Rente gemäß Formel (41):

$$\mathrm{A}_{\overline{\infty}|} = \lim_{n \to \infty} \mathrm{A}_{\overline{n}|} = \lim_{n \to \infty} R \cdot \mathrm{a}_{\overline{n}|} = R \cdot \lim_{n \to \infty} r \frac{r^n - 1}{r^n i}$$

$$= R \cdot r \cdot \lim_{n \to \infty} \frac{r^n - 1}{r^n i} \text{ oder}$$

$$\mathrm{A}_{\overline{\infty}|} = R \cdot \frac{r}{i}. \tag{44}$$

Der Unterschied zwischen vor- und nachschüssigen Renten bleibt also auch beim Barwert der ewigen Rente erhalten.

Der Barwert der ewigen Rente wird in der Praxis benutzt, um den Ablösungswert auf unbestimmte Zeit gegebener

Rentenversprechen festzulegen. So sind z. B., wenn der Pächter der Fischereigerechtsame eines Gemeindegewässers die Verpflichtung zur jährlichen Zahlung der Pachtsumme durch eine einmalige Zahlung ablösen will, bei 4% Zinsen p. a. und nachschüssiger Zahlungsweise der Pachtsumme hierfür $A_{\overline{\infty}|} = R \cdot \frac{1}{0{,}04} = 25\,R$, also das 25fache der Pachtsumme, bei vorschüssiger Zahlung der Pachtsumme $A_{\overline{\infty}|} = R \cdot \frac{1{,}04}{0{,}04} = 26\,R$, d. h. das 26fache der Pachtsumme aufzubringen.

3. Auf- und Abzinsen des Rentenwertes

Die mit Hilfe der vorstehend entwickelten Rentenformeln berechneten Rentenend- bzw. -barwerte beziehen sich stets auf ganz bestimmte Termine: beim Endwert der Termin der letzten Zahlung (nachschüssige Rente) bzw. der Termin eine Zinsperiode nach der letzten Zahlung (vorschüssige Rente), beim Barwert der Termin der ersten Zahlung (vorschüssige Rente) bzw. der Termin eine Zinsperiode vor der ersten Zahlung (nachschüssige Rente).

Will man den Zeitwert einer Rente zu anderen Terminen als den vorgenannten feststellen, so muß man sich zunächst einmal über den großen Unterschied zwischen den Rentenformeln und den gewöhnlichen Zinseszinsformeln klar werden: Die Rentenformeln setzen voraus, daß zu Beginn bzw. am Ende *jeder* Zinsperiode eine Ratenzahlung stattfindet. Wenn sich deshalb *nur* die *Verzinsungsdauer* ändern soll, kann dies nicht durch Änderung der Terminzahl n in den Rentenformeln erreicht werden, weil eine Änderung der Terminzahl stets auch eine Änderung der Anzahl der in der Rechnung berücksichtigten Ratenzahlungen zur Folge hat. Soll daher der Zeitwert einer Rente zu anderen als den obengenannten Zeitpunkten bestimmt werden, ohne daß die Anzahl der in die Rechnung aufgenommenen Rentenratenzahlungen geändert werden soll, so ist der Rentenend- bzw. -barwert als Kapital K aufzufassen, das nach den Regeln der gewöhnlichen Zinseszinsrechnung auf- bzw. abzuzinsen ist. (Für Zeitpunkte, die zwischen zwei Zinsterminen liegen, gelten natürlich, wenn große Genauigkeit verlangt wird, die Regeln der gemischten Verzinsung.) Man merke sich: *Als Terminzahl n ist in den Rentenformeln stets die Anzahl der vereinbarten Ratenzahlungen zu verwenden. Stimmt der Zeitpunkt, auf den sich dadurch der Formelwert bezieht, nicht mit dem Zeitpunkt überein, auf den sich der zu berechnende Zeitwert beziehen soll, so ist der Ausgleich durch entsprechendes Auf- bzw. Abzinsen zu finden.*

Es zeigt sich nunmehr, daß die vorschüssigen Rentenwerte die um eine Zinsperiode aufgezinsten nachschüssigen Rentenwerte sind, ($\mathrm{s}_{\overline{n}|} = r s_{\overline{n}|}$, $\mathrm{a}_{\overline{n}|} = r a_{\overline{n}|}$), die nachschüssigen Rentenwerte die um eine Zinsperiode abgezinsten vorschüssigen Rentenwerte $\left(s_{\overline{n}|} = \frac{\mathrm{s}_{\overline{n}|}}{r}, a_{\overline{n}|} = \frac{\mathrm{a}_{\overline{n}|}}{r}\right)$. Man kann deshalb *jede* Aufgabe der Rentenrechnung mit *irgendeiner* der vier Rentenformeln lösen. Man muß nur durch entsprechendes Auf- oder Abzinsen dafür sorgen, daß der Bezugstermin richtiggestellt wird.

Am besten werden vorstehende Ausführungen durch Beispiele verständlich gemacht.

Beispiel 33: a) Beginnend am 1. Januar 1959 werden jährlich 10000 DM, letztmalig am 1. Januar 1968, zu 5% angelegt. Über welches Guthaben verfügt der Anleger am 1. Januar 1970? — Die Zahl der Rentenraten beträgt 10; es ist also in jedem Fall in der Rentenformel mit der Terminzahl 10 zu rechnen. Geht man als Rechnungsgrundlage vom Endwert der vorschüssigen Rente aus, so ist der Bezugstermin der Rente der 1. Januar 1969 (ein Jahr nach der letzten Ratenzahlung), der Rentenendwert ist also noch um ein Jahr aufzuzinsen. Benutzt man den Endwert der nachschüssigen

Rente, so ist der Bezugstermin der 1. Januar 1968 (der Zeitpunkt der letzten Zahlung), und es muß um zwei Jahre aufgezinst werden. Vom Barwert der vorschüssigen Rente ausgehend (Bezugstermin 1. Januar 1959) müßte eine Aufzinsung um 11 Jahre, vom Barwert der nachschüssigen Rente ausgehend (Bezugstermin 1. Januar 1958) eine solche um 12 Jahre erfolgen. Man wird in der Praxis natürlich das Verfahren mit dem geringsten Rechenaufwand wählen, und das ist hier bei Verwendung von Tabellen der Endwert der vorschüssigen, bei logarithmischer Berechnung der Endwert der nachschüssigen Rente. (Der Leser überzeuge sich davon durch Aufstellen der Formeln und eventuelles Kürzen in den Formeln.) b) Die gleiche Rente soll durch eine einmalige Zahlung am 1. Januar 1965 abgelöst werden. — Geht man vom Barwert der nachschüssigen Rente aus, muß eine Aufzinsung um 7 Jahre erfolgen. Der Ablösungsbetrag ist also gleich $R \cdot a_{\overline{10}|} \cdot r^7$ anzusetzen. Etwas anderes ist es, wenn durch die einmalige Zahlung nicht die Verpflichtung zur Zahlung der gesamten Rente, sondern nur die Verpflichtung zur Zahlung der bis einschließlich 1. Januar 1965 fällig werdenden Raten abgegolten werden soll. Dann ist in der Rentenformel $n = 7$ an Stelle von $n = 10$ einzusetzen, und es ergibt sich $R \cdot \boldsymbol{s}_{\overline{7}|}$ als Ablösungsbetrag.

4. Berechnung der Rentenrate

Die Rentenrate R läßt sich bei gegebenem Rentenend- bzw. -barwert sehr leicht bestimmen. Die entsprechende Umformung der Rentenformeln ergibt als Betrag der Rentenrate R je nach der Aufgabenstellung:

$$R = \frac{\boldsymbol{S}_{\overline{n}|}}{\boldsymbol{s}_{\overline{n}|}}, \quad R = \frac{\mathrm{S}_{\overline{n}|}}{\mathrm{s}_{\overline{n}|}}, \quad R = \frac{\boldsymbol{A}_{\overline{n}|}}{a_{\overline{n}|}} \text{ oder } R = \frac{\mathrm{A}_{\overline{n}|}}{\mathrm{a}_{\overline{n}|}}. \tag{45}$$

Falls keine Zinseszinstabellen zur Verfügung stehen, sind die Nenner dieser Ausdrücke aus den gegebenen r und n gemäß den Formeln (35), (36), (40) bzw. (41) zu errechnen.

Ist der gegebene Rentenwert nicht der End- bzw. Barwert, so ist es am praktischsten, ihn zunächst durch entsprechendes Auf- bzw. Abzinsen auf einen der Werte $\boldsymbol{S}_{\overline{n}|}$, $\mathrm{S}_{\overline{n}|}$, $\boldsymbol{A}_{\overline{n}|}$ bzw. $\mathrm{A}_{\overline{n}|}$ zu bringen.

Beispiel 34: Jemand will durch am Anfang der Jahre 1959 bis 1965 erfolgende gleichhohe Einzahlungen auf ein Bankkonto am 1. Januar 1970 über ein Guthaben von 50000 DM verfügen können. Wie hoch ist jede Einzahlung zu bemessen, wenn die Bank 4% Zinsen p.a. vergütet? — Das angestrebte Guthaben ist zunächst auf den Bezugstermin eines Rentenwertes abzuzinsen. Wählt man den vorschüssigen Rentenendwert als Berechnungsgrundlage, so ist der Bezugstermin der 1. Januar 1966, d. h. es ist um 4 Jahre abzuzinsen. Das Ergebnis: $\frac{50000}{1{,}04^4} = 50000 \cdot 0{,}854804 = 42740{,}20$ DM stellt den Endwert der siebenmal zahlbaren Rente $S_{\overline{7}|} = R \cdot s_{\overline{7}|}$ dar. Man erhält als Betrag der jährlichen Einzahlung $R = \frac{42740{,}20}{s_{\overline{7}|}} = \frac{42740{,}20}{8{,}2142}$ $= 5203{,}22$ DM.

5. Unterjährige Zins- und Ratenzahlung

Vorstehend ist stets vorausgesetzt worden, daß die Termine der Ratenzahlungen mit den Zinsterminen zusammenfallen. Dies braucht nun in der Praxis durchaus nicht immer zuzutreffen. Vielmehr wird häufig unterjährige Zinszahlung bei jährlicher Ratenzahlung oder umgekehrt einmal jährliche Zinszahlung bei unterjähriger Ratenzahlung vereinbart[1]). In solchen Fällen müssen die Ratenzahlungen auf die Zinstermine bezogen werden, damit die üblichen Rentenformeln angewendet werden können. Das Verfahren entspricht in seinen Grundzügen dem Vorgehen bei der Errechnung des konformen Zinssatzes: Es wird eine konforme Rentenrate R' bestimmt, deren Fälligkeitstermine mit den Zinsterminen übereinstimmen. Diese konforme Rentenrate kann dann in bekannter Weise in die Rentenformeln eingesetzt werden, wobei jedoch besonderes Augenmerk auf die jeweilige Zahlungsweise — vorschüssig oder nachschüssig — gelegt werden muß.

[1]) Der Einfachheit halber sind in diesem Abschnitt als Perioden stets Jahre bzw. $1/m$ Jahre angenommen. Die Ausführungen gelten aber in gleicher Weise, wenn statt Jahr überall eine Zins- bzw. Ratenzahlungsperiode von anderer Länge angesetzt wird.

Wenn z. B. die Rentenraten jährlich, die Zinsen aber in Abständen von $\frac{1}{m}$ Jahr zahlbar sind, ist die vereinbarte jährliche Rentenrate R in die konforme, in Abständen von $\frac{1}{m}$ Jahr zahlbare Rentenrate R' zu verwandeln. Um zu erreichen, daß End- bzw, Barwert der mit der Rate R' gebildeten Rente sich auf denselben Termin beziehen wie die gegebene Rente mit der Rate R, so daß kein zusätzliches Auf- bzw. Abzinsen zu erfolgen braucht, geht man dabei folgendermaßen vor, wie man sich am besten an Hand der entsprechenden Zeitgeraden klar machen kann: Ist die gegebene Rente *vorschüssig*, so bestimmt man R' als Rate einer *nachschüssigen* Rente derart, daß der *Barwert* der m-mal innerhalb eines Jahres erfolgenden Ratenzahlungen R' gleich R ist (Fig. 7).

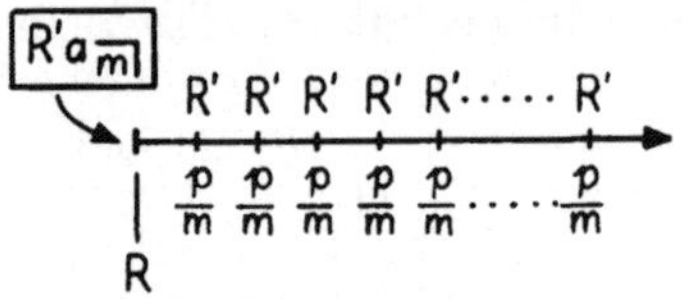

Fig. 7

Ist dagegen die gegebene Rente *nachschüssig*, so ist R' als Rate einer ebenfalls *nachschüssigen* m-mal innerhalb eines Jahres zahlbaren Rente zu errechnen, deren *Endwert* mit der gegebenen Rentenrate R übereinstimmt (Fig. 8).

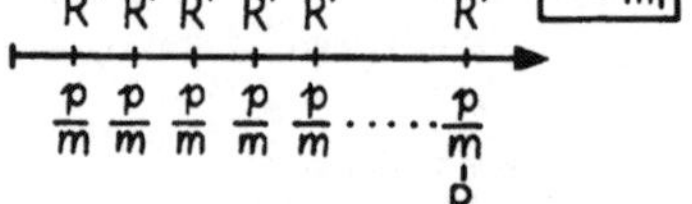

Fig. 8

Man erhält darauf die Lösung der gestellten Aufgabe, indem man — stets mit Hilfe der nachschüssigen Rentenformeln — End- bzw. Barwert einer Rente mit der konformen Rentenrate R', der Terminzahl $m \cdot n$ und mit dem m-ten Teil des nominellen Jahreszinsfußes berechnet. (Der Leser überzeuge sich, daß bei diesem Vorgehen in der Tat die Beziehungstermine der gegebenen und der errechneten Rente übereinstimmen.)

Die vorstehenden Ergebnisse seien nochmals formelmäßig präzisiert:

Um R' zu berechnen, hat man, falls die gegebene Rente *vorschüssig* ist, zu bilden: $R' \cdot a_{\overline{m}|} = R$ oder

$$R' = \frac{R}{a_{\overline{m}|}} = R \cdot \frac{i \cdot r^m}{r^m - 1}, \tag{46}$$

falls die gegebene Rente aber *nachschüssig* ist: $R' \cdot s_{\overline{m}|} = R$ oder

$$R' = \frac{R}{s_{\overline{m}|}} = R \cdot \frac{i}{r^m - 1}. \tag{47}$$

Selbstverständlich ist in Formel (46) bzw. (47) und auch in der anschließenden Berechnung der gesuchten Rente aus R' durchweg der $\frac{1}{m}$ jährliche Zinssatz $i_{\frac{1}{m}}$ zu verwenden.

Beispiel 35: Eine Rente ist vorschüssig in zehn gleichen jährlichen Raten von je 10000 DM zahlbar, während die Zinsen in Höhe von 8% p. a. vierteljährlich gezahlt werden. Wie groß ist der Wert der Rente ein Jahr nach der letzten Ratenzahlung? — Der vorschüssigen jährlich zahlbaren Rentenrate $R = 10000$ DM entspricht nach Formel (46) die nachschüssige, vierteljährlich zahlbare Rentenrate $R' = \frac{10\,000}{a_{\overline{4}|}} = \frac{10\,000}{3{,}80773} = 2626{,}24$ DM. Als Endwert der gesuchten Rente ergibt sich $S_{\overline{4 \cdot 10}|} = R' \cdot s_{\overline{40}|} = 2626{,}24 \cdot 60{,}40198 = 158630$ DM. (In der ganzen Rechnung ist stets der Zinssatz $i_{\frac{1}{m}} = \frac{i}{m} = \frac{0{,}08}{4} = 0{,}02 = 2\%$ zu verwenden.)

Sind umgekehrt die Zinsen jährlich, die Rentenraten $\frac{1}{m}$-jährlich zahlbar, muß man, um die Rentenraten mit den Zinsterminen in Übereinstimmung zu bringen, die innerhalb des Jahres fälligen Rentenraten auf das Ende des Jahres aufzinsen, wobei auf den Unterschied der Fälligkeit vor- und nachschüssiger Renten zu achten ist. Das Aufzinsen hat — weil bei jährlicher Zinszahlung innerhalb des Jahres keine Zinseszinsen anfallen — mit einfachen Zinsen zu geschehen. Die Summe der aufgezinsten Rentenraten des Jahres ergibt die konform einmal jährlich nachschüssig zahlbare Rentenrate R', mit der man mit Hilfe der Rentenformeln in gewohnter Weise weiterrechnet (vgl. Fig. 9 bzw. 10). Im Gegensatz zum oben behandelten Fall unterjähriger Verzinsung ist im Fall unterjähriger Ratenzahlung der Bezugstermin der konformen Rente stets das Jahresende, was bei der Lösung der jeweils gestellten Aufgabe entsprechend berücksichtigt werden muß. Es wäre zwar möglich, die konforme Rentenrate auf den Anfang des Jahres zu beziehen, doch wäre dies wegen der dann notwendigen Errechnung mehrerer Barwerte mit einfachen Zinsen sehr umständlich.

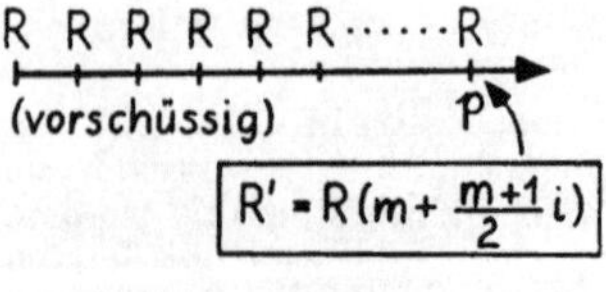

Fig. 9

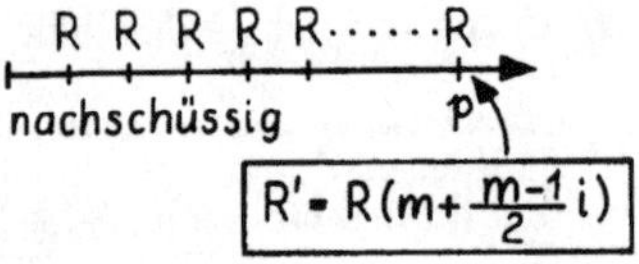

Fig. 10

Die Ableitung der zur Bestimmung von R' zu benutzenden Formeln geschieht an Hand der Zeitgeraden wie folgt:

a) Die gegebene Rente ist *vorschüssig*. Die in Abständen von $\frac{1}{m}$ Jahr aufeinanderfolgenden m Rentenraten R ergeben auf das Ende des Jahres aufgezinst, von der frühest fälligen angefangen, nacheinander gemäß Formel (5): $R(1+i)$, $R\left(1+\frac{m-1}{m}i\right), \ldots, R\left(1+\frac{1}{m}i\right)$ oder in umgekehrter Reihenfolge geschrieben: $R\left(1+\frac{1}{m}i\right)$, $R\left(1+\frac{2}{m}i\right)$, $R\left(1+\frac{3}{m}i\right)$, $\ldots, R\left(1+\frac{m}{m}i\right)$. Ihre Summe ist — nach leichter Umformung — $= mR + Ri\left(\frac{1}{m}+\frac{2}{m}+\frac{3}{m}+\cdots+\frac{m}{m}\right)$ oder $= mR + R\frac{i}{m}(1+2+3+\cdots+m)$. Was jetzt in Klammern steht, ist eine arithmetische Reihe, die Summe der ersten m natürlichen Zahlen, die sich bekanntlich $\frac{m(m+1)}{2}$ schreiben läßt. Man erhält nach weiteren Umformungen $R' = R\left\{m+\frac{i}{m}\cdot\frac{m(m+1)}{2}\right\}$ oder schließlich

$$R' = R\left\{m+\frac{m+1}{2}i\right\}. \tag{48}$$

b) Die gegebene Rente ist *nachschüssig*. In diesem Fall ergeben die m unterjährigen Rentenraten R auf das Ende des Jahres aufgezinst nacheinander die Werte: $R\left(1+\frac{m-1}{m}i\right)$, $R\left(1+\frac{m-2}{m}i\right), \ldots, R\left(1+\frac{1}{m}i\right)$, R, oder in umgekehrter Reihenfolge: $R, R\left(1+\frac{1}{m}i\right), R\left(1+\frac{2}{m}i\right), \ldots, R\left(1+\frac{m-1}{m}i\right)$. Ihre Summe ist $= mR + Ri\left(\frac{1}{m}+\frac{2}{m}+\cdots+\frac{m-1}{m}\right)$ oder $= mR + R\frac{i}{m}(1+2+\cdots+m-1)$. Die arithmetische Reihe in Klammern hat zur Summe den Ausdruck $\frac{(m-1)m}{2}$. Eingesetzt ergibt dies: $R' = R\left\{m+\frac{i}{m}\cdot\frac{(m-1)m}{2}\right\}$ oder

$$R' = R\left\{m + \frac{m-1}{2}i\right\}. \tag{49}$$

Bei Bestimmung eines *Barwertes* mit Hilfe vorstehender Formeln hat man jedoch zu beachten, daß die Verzinsung stets als mit *Zahlung der letzten Rentenrate abgeschlossen* betrachtet wird. Man darf daher — wenn *vorschüssige* Ratenzahlung vereinbart ist — die unterjährigen Raten im letzten Jahr nur bis zu dem $\frac{1}{m}$ Jahr vor Jahresende liegenden Endtermin der Ratenzahlungen aufzinsen und erhält als Lösung der gestellten Aufgabe eine Rente, die aus einer normalen Rente mit der Rentenrate R' und der Terminzahl $(n-1)$ und aus einer unregelmäßigen Schlußrate $R'' = R\left\{m + \frac{m-1}{2}i\right\}$ besteht, die nach $\left[(n-1) + \frac{m-1}{m}\right]$ Jahren fällig ist und deren Barwert B wie folgt gefunden werden kann:

$$B = \frac{R''}{r^{n-1}\left(1 + \frac{m-1}{m}i\right)}. \tag{48a}$$

(Der Leser mache sich an Hand der Zeitgeraden klar, daß es sich bei R'' um eine *nachschüssige* nach Formel (49) zu berechnende Rente handelt.)

Beispiel 36: Wie hoch ist der Barwert einer 24 mal vierteljährlich zahlbaren vorschüssigen Rente von $R = 3000$ DM, wenn 6% Zinsen p. a., jährlich zahlbar, vereinbart wurden? — Hier ist $n = 6$, $m = 4$, $i = 0{,}06$. Nach Formel (48) in Verbindung mit Formel (48 a) ergibt sich: $R' = 3000\left(4 + \frac{4+1}{2}\cdot 0{,}06\right) = 12450$ DM, $R'' = 3000\left(4 + \frac{4-1}{2}\cdot 0{,}06\right) = 12170$ DM $B = \frac{12\,270}{1{,}06^5\left(1 + \frac{3}{4}\cdot 0{,}06\right)} = 8773{,}97$ DM. Als Barwert der $(n-1)$-mal zahlbaren normalen Rente mit der Rate R' erhält man

(R' ist im Gegensatz zu R eine nachschüssige Rentenrate!): $R' a_{\overline{n-1}|} = R' \cdot 4{,}21236 = 52443{,}88$ DM. Gesamtergebnis: $\boldsymbol{A}_{\overline{n-1}|} + B = 52443{,}88 + 8773{,}97 = 61217{,}85$ DM

6. Berechnung des Zinssatzes

Die Berechnung des Zinssatzes i aus den übrigen gegebenen Daten ist auf direktem Wege bei einer Rente meist nicht möglich, da die erforderliche Umformung der Rentenformeln auf im allgemeinen nicht auflösbare Gleichungen höheren Grades führt. Man hat Näherungsformeln entwickelt, die jedoch recht umständlich zu handhaben sind und deshalb hier nicht weiter erörtert werden sollen. Empfehlenswerter ist ein Verfahren, das auch bei vielen anderen finanzmathematischen Aufgabenstellungen mit Vorteil angewandt wird und das die Lösung auf indirektem Wege vermittelt.

Dieses Verfahren setzt sich aus folgenden Schritten zusammen: Man sucht i durch Schätzung angenähert zu bestimmen. Dies geschätzte i werde i^* genannt. Nun wird die Probe auf die Güte der Schätzung gemacht, indem der auf den gegebenen Termin bezogene Wert der Rente beim geschätzten Zinssatz i^* errechnet wird. Stimmt dieser Rentenwert mit dem gegebenen überein, so stellt der geschätzte Zinssatz die Lösung der Aufgabe dar. Weicht der errechnete Rentenwert dagegen vom gegebenen Rentenwert ab, so versuche man durch Wiederholung der Rechnung mit einem höheren oder niedrigeren i^{**} den gegebenen Rentenwert in zwei errechnete einzuschließen, von denen also der eine höher und der andere niedriger ist als der gegebene. Der gesuchte Zinssatz i muß dann zwischen i^* und i^{**} liegen. Man findet seinen genauen Wert durch Interpolation (vgl. Anhang).

Es empfiehlt sich, die Rechnung nicht mit den Rentenwerten $\boldsymbol{S}_{\overline{n}|}$, $\mathrm{S}_{\overline{n}|}$, $\boldsymbol{A}_{\overline{n}|}$ oder $\mathrm{A}_{\overline{n}|}$, sondern mit den entsprechenden Werten der Rente 1 $\boldsymbol{s}_{\overline{n}|}$, $\mathrm{s}_{\overline{n}|}$, $a_{\overline{n}|}$ bzw. $\mathrm{a}_{\overline{n}|}$ durchzuführen, die man durch Dividieren der gegebenen Werte durch die Rentenrate ja leicht erhalten kann, da die Zahlen dann kleiner werden. Bei Benutzung von Zinseszinstabellen ist dies ohnehin unerläßlich. Die Tabellen können gute Anhaltspunkte für die Schätzung geben, indem man dann nur zwischen den Tabellenwerten beim nächstkleineren bzw. nächstgrößeren den gesuchten Zinssatz einschließenden Zinssatz zu interpolieren braucht.

Beispiel 37: Beginnend am 1. Januar 1959 wird in Abständen von einem Jahr zehnmal ein Betrag von 10000 DM zinseszinslich angelegt. Bei welchem Zinssatz wächst das gesamte Guthaben bis zum 1. Januar 1969 auf 135000 DM an? – Es ist $S_{\overline{10}|} = 135000$ gegeben. Um einen Anhaltspunkt zu gewinnen, bildet man zunächst $s_{\overline{10}|} = \frac{S_{10}}{R} = \frac{135\,000}{10\,000} = 13{,}5$ und sucht diesen Wert in der Tabelle der vorschüssigen Rentenendwerte bei der Terminzahl 10. Man findet dort, daß er zwischen 13,2068 und 13,9716 liegt. Die Interpolation zwischen den zugehörigen Zinssätzen $i' = 5\%$ und $i'' = 6\%$ liefert $i = 5{,}383\%$. Dieser Wert ist etwas zu klein, wie die Probe zeigt. ($s_{\overline{10}|}$ ergibt bei 5,38% mit siebenstelligen Logarithmen gerechnet 13,4920.) Wiederholung der Interpolation im kleineren Intervall 5,38% und 5,40% ($s_{\overline{10}|}$ ist bei 5,40% 13,5073) liefert den genaueren Wert $i = 5{,}3905\%$.

7. Berechnung der Laufzeit

Die Laufzeit n einer Rente läßt sich dagegen aus dem Rentenend- bzw. -barwert unmittelbar berechnen. Man hat nur darauf zu achten, daß es sich bei dem gegebenen Rentenwert wirklich um den End- bzw. Barwert handelt und nicht etwa um einen durch Auf- oder Abzinsen veränderten Wert. Ist letzteres der Fall, so ist durch entsprechende Rechnung erst der Rentenend- bzw. -barwert herzustellen (vgl. Beispiel *38*).

Ist der Endwert der nachschüssigen Rente $s_{\overline{n}|} = \frac{r^n - 1}{i}$ gegeben, so erhält man durch Umformung $r^n = i \cdot s_{\overline{n}|} + 1$ und schließlich durch Logarithmieren dieser Gleichung:

$$n = \frac{\log (i \cdot \boldsymbol{s}_{\overline{n}|} + 1)}{\log r} \quad . \tag{50}$$

Bei gegebenem Endwert der vorschüssigen Rente ergibt sich auf Grund der Beziehung $\boldsymbol{s}_{\overline{n}|} = \frac{\mathrm{s}_{\overline{n}|}}{r}$:

$$n = \frac{\log \left(\frac{i \cdot \mathrm{s}_{\overline{n}|}}{r} + 1 \right)}{\log r} \quad . \tag{51}$$

Aus den Barwerten errechnet sich unter Benutzung der Relationen $\boldsymbol{s}_{\overline{n}|} = a_{\overline{n}|} \cdot r^n$ und $a_{\overline{n}|} = \frac{\mathrm{a}_{\overline{n}|}}{r} n$ wie folgt:

$$n = \frac{\log \left(\frac{1}{1 - a_{\overline{n}|}\, i} \right)}{\log r} \ (52); \text{ bzw. } n = \frac{\log \left(\frac{r}{r - \mathrm{a}_{\overline{n}|}\, i} \right)}{\log r} \quad . \ (53)$$

Einer sich bei diesen Rechnungen ergebenden gemischten Zahl $n = N + t$ kommt zunächst kein Sinn zu, da eine gebrochene Zahl von Rentenraten nicht gedeutet werden kann. Man gelangt jedoch zu einer Deutung durch folgende Überlegung: Es sei rein formal $\boldsymbol{S}_{\overline{n}|} = \boldsymbol{S}_{\overline{N+t}} = R \cdot \frac{r^{N+t} - 1}{i}$ gesetzt. Diese Gleichung läßt sich umformen in

$$\boldsymbol{S}_{\overline{N+t}|} = R \frac{r^N r^t - r^t + r^t - 1}{i} = R \frac{(r^N - 1)\, r^t + r^t - 1}{i} \quad \text{oder}$$

$$\boldsymbol{S}_{\overline{N+t}|} = R \frac{r^N - 1}{i} r^t + R \frac{r^t - 1}{i} \quad . \tag{54}$$

Der erste Summand auf der rechten Seite dieser Gleichung stellt aber den Endwert einer N-mal zahlbaren nachschüssigen Rente mit der Rate R dar, der noch um den Periodenbruchteil t aufgezinst ist, also den Endwert nach $(N + t)$ Zinsperioden. Der zweite Summand läßt sich als eine zum

Bezugszeitpunkt der Rente, d. h. ebenfalls nach $(N + t)$ Zinsperioden fällige unregelmäßige Schlußrate vom Betrage $R^* = R \cdot \frac{r^t - 1}{i}$ auffassen.

Dieselbe Überlegung läßt sich bei den anderen Rentenformeln anstellen. Zusammenfassend kann man daher sagen: Das Auftreten einer gemischten Terminzahl $n = N + t$ beim Rentenend- bzw. -barwert bedeutet, daß außer den N regulären Ratenzahlungen vom Betrage R nach $n = N + t$ Zinsperioden noch eine irreguläre Schlußzahlung im Betrage $R^* = R \cdot \frac{r^t - 1}{i}$ erfolgt. In der Praxis wird man allerdings diese irreguläre Schlußrate meist auf einen Zinstermin verlegen und entweder zusammen mit der N-ten Rate oder eine volle Zinsperiode später zahlen. Man hat dann R^* entsprechend um t abzuzinsen bzw. um $(1 - t)$ aufzuzinsen und erhält entweder als zusätzliche Zahlung zur N-ten Rate: $R^{**} = R^* \cdot \frac{1}{r^t} = R \cdot \frac{r^t - 1}{i \cdot r^t}$ oder als irreguläre $(N + 1)$te Rate, die eine Zinsperiode nach der N-ten Rate zahlbar ist: $R^{***} = R^* \cdot r^{1-t} = R \cdot \frac{r^t - 1}{i} \cdot r^{1-t}$. (Die Berücksichtigung gemischter Verzinsung würde die Formeln komplizierter gestalten, ohne wesentlich genauer zu sein.)

Beispiel 38: Bei einer am 1. Januar 1957 fälligen Verpflichtung von $K = 75000$ DM ist dem Schuldner nachgelassen worden, in jährlichen, erst am 1. Januar 1961 beginnenden Raten von je 8000 DM zu zahlen. Wie viele Ratenzahlungen sind erforderlich, wenn 4% Zinsen p. a. in Rechnung gestellt werden? — Da der Fälligkeitstermin nicht mit dem Rentenbeginn zusammenfällt, ist die Schuld zunächst auf den 1. Januar 1960 aufzuzinsen. Sie kann dann als Barwert einer nachschüssigen Rente behandelt werden. Ergebnis dieser Rechnung:

$K \cdot 1{,}04^3 = 75000 \cdot 1{,}12486 = 84364{,}50 = R \cdot a_{\overline{n|}} = 8000 \cdot a_{\overline{n|}}$;

$a_{\overline{n|}} = \frac{84364{,}50}{8000} = 10{,}5456$. Setzt man diesen Wert in Formel

(52) ein, so erhält man $n = -\frac{\log\left(\frac{1}{1 - 10{,}5456 \cdot 0{,}04}\right)}{\log 1{,}04}$
$= \frac{\log 1 - \log 0{,}57818}{\log 1{,}04} = \frac{0{,}2379369}{0{,}0170333} = 2379369 : 170333$
$= 13{,}969$. Es haben also vom 1. Januar 1961 bis zum 1. Januar 1973 13 Zahlungen von je 8000 DM und nach 13 Jahren und $0{,}969 \cdot 360 = 349$ Tagen, d. h. am 19. Dezember 1973, eine unregelmäßige Schlußzahlung in Höhe von $R^* = 8000 \frac{1{,}04^{0{,}969} - 1}{0{,}04} = 7\,747$ DM zu erfolgen. Die Schlußrate kann auch zusätzlich zur 13. regulären Zahlung mit dem Betrage

$$R^{**} = 8000 \frac{1{,}04^{0{,}969} - 1}{1{,}04^{0{,}969} \cdot 0{,}04} = \frac{7\,747}{1{,}04^{0{,}969}} = 7458 \text{ DM}$$

am 1. Januar 1973 oder als irreguläre 14. Rate mit dem Betrage

$$R^{***} = 8000 \frac{1{,}04^{0{,}969} - 1}{0{,}04} \cdot 1{,}04^{0{,}031} = 7747 \cdot 1{,}04^{0{,}031}$$

$= 7\,757$ DM am 1. Januar 1974 gezahlt werden.

8. Ungleiche Rentenraten

Sind die Rentenraten R nicht untereinander gleich, so muß man, um End- bzw. Barwert zu ermitteln, im allgemeinen die Raten einzeln auf- bzw. abzinsen. Doch ist, wenn die Veränderung der Rentenraten einem mathematisch zu fassenden Gesetz folgt, eine Zurückführung auf einfachere Formen möglich. Dies ist insbesondere der Fall bei den *arithmetisch* steigenden bzw. fallenden Renten, bei denen jede nachfolgende Rate gegenüber der vorhergehenden um einen gleichbleibenden Betrag höher oder niedriger ist, und bei den *geometrisch* steigenden bzw. fallenden Renten, bei denen jede nachfolgende Rate um einen gleichbleibenden Faktor größer oder kleiner als die vorhergehende ist. Bei den arithmetisch veränderlichen Renten ist somit die Differenz, bei den geometrisch veränderlichen der Quotient zweier aufeinanderfolgenden Raten konstant.

a) *Arithmetisch veränderliche Renten.* Der gleichbleibende Betrag, um den die Rentenrate zu- bzw. abnimmt, werde mit d bezeichnet. Dann haben die einzelnen aufeinanderfolgenden Rentenraten die Form R, $R \pm d$, $R \pm 2d$, $R \pm 3d$, ..., $R \pm (n-1)d$[1].

Der Endwert der arithmetisch steigenden bzw. fallenden nachschüssigen Rente ist[2] $(I\boldsymbol{S})_{\overline{n|}}$ bzw. $(D\boldsymbol{S})_{\overline{n|}} = R \cdot r^{n-1} + (R \pm d) \cdot r^{n-2} + (R \pm 2d) \cdot r^{n-3} + \cdots + [R \pm (n-2)d]r + [R \pm (n-1)d]$. Durch Ausmultiplizieren der Klammern ergibt sich: $(I\boldsymbol{S})_{\overline{n|}}$ bzw. $(D\boldsymbol{S})_{\overline{n|}} = (R \cdot r^{n-1} + R \cdot r^{n-2} + \cdots + R \cdot r + R) \pm (d \cdot r^{n-2} + 2d \cdot r^{n-3} + \cdots + (n-2)dr + (n-1)d)$. Man sieht, daß die Rente in die Summe bzw. Differenz einer gewöhnlichen gleichbleibenden nachschüssigen Rente $\boldsymbol{S}_{\overline{n|}} = R \cdot \boldsymbol{s}_{\overline{n|}}$ und einer $(n-1)$-mal zahlbaren Rente von der Form $d \cdot r^{n-2} + 2d \cdot r^{n-3} + \cdots + (n-2)dr + (n-1)d$ zerfällt, Letztere Rente läßt sich nach folgendem Schema wieder in die Summe von $(n-1)$ gewöhnlichen nachschüssigen Renten zerlegen, von denen jede folgende eine um 1 kleinere Terminzahl besitzt als die vorhergehende[3]:

$$\left.\begin{array}{r} d \cdot r^{n-2} + d \cdot r^{n-3} + d \cdot r^{n-4} + \cdots + d \cdot r + d \\ + d \cdot r^{n-3} + d \cdot r^{n-4} + \cdots + d \cdot r + d \\ + d \cdot r^{n-4} + \cdots + d \cdot r + d \\ \cdots\cdots\cdots \\ + d \cdot r + d \\ + d \end{array}\right\} \begin{array}{l} (n-1) \\ \text{Reihen.} \end{array}$$

Man erhält demnach: $(I\boldsymbol{S})_{\overline{n|}}$ bzw. $(D\boldsymbol{S})_{\overline{n|}} = R \cdot \boldsymbol{s}_{\overline{n|}} \pm d \cdot \boldsymbol{s}_{\overline{n-1|}} \pm d \cdot \boldsymbol{s}_{\overline{n-2|}} \pm \cdots \pm d \cdot \boldsymbol{s}_{\overline{2|}} \pm d = R \cdot \boldsymbol{s}_{\overline{n|}} \pm d\,(\boldsymbol{s}_{\overline{n-1|}} + \boldsymbol{s}_{\overline{n-2|}} + \cdots + \boldsymbol{s}_{\overline{2|}} + 1)$. Der Ausdruck in Klammern ist aber gleich $\left(\frac{r^{n-1}-1}{i} + \frac{r^{n-2}-1}{i} + \cdots + \frac{r^2-1}{i} + \frac{r-1}{i}\right)$

[1]) Bei doppelten Vorzeichen bezieht sich das obere auf die arithmetisch steigende, das untere auf die fallende Rente.

[2]) Das „I" ist von „increasing" (engl. = zunehmend), das „D" von „decreasing" (engl. = abnehmend) abgeleitet worden.

[3]) Die Richtigkeit des Schemas kann leicht durch Addition der jeweils übereinanderstehenden Glieder nachgeprüft werden.

$$= \frac{1}{i}\left\{(r^{n-1} + r^{n-2} + \cdots + r^2 + r) - \underbrace{(1 + 1 + \cdots + 1 + 1)}_{(n-1) = \text{mal}}\right\}$$

$$= \frac{s_{\overline{n-1}|} - (n-1)}{i}$$. Der Endwert der n-mal zahlbaren, nachschüssigen, arithmetisch steigenden bzw. fallenden Rente kann schließlich, wenn man noch nach Formel (34) $s_{\overline{n-1}|} = \boldsymbol{s}_{\overline{n}|} - 1$ setzt, in der einfachen Gestalt erhalten werden[1]):

$$(I\boldsymbol{S})_{\overline{n}|} \text{ bzw. } (D\boldsymbol{S})_{\overline{n}|} = R\boldsymbol{s}_{\overline{n}|} \pm \frac{d}{i}(\boldsymbol{s}_{\overline{n}|} - n). \qquad (55)$$

Die Formeln für die anderen Formen der arithmetisch veränderlichen Renten lassen sich aus der Formel (55) für den Endwert der nachschüssigen Rente in gleicher Weise ableiten wie bei den gewöhnlichen (gleichbleibenden) Renten. Man erhält daher für den Endwert der vorschüssigen arithmetisch steigenden oder fallenden Rente $(I\mathrm{S})_{\overline{n}|} = r \cdot (I\boldsymbol{S})_{\overline{n}|}$ bzw. $(D\mathrm{S})_{\overline{n}|} = r \cdot (D\boldsymbol{S})_{\overline{n}|}$ oder nach einigen Umformungen:

$$(I\mathrm{S})_{\overline{n}|} \text{ bzw. } (D\mathrm{S})_{\overline{n}|} = R\mathrm{s}_{\overline{n}|} \pm \frac{d}{i}(\mathrm{s}_{\overline{n}|} - n \cdot r); \qquad (56)$$

für den Barwert der nachschüssigen arithmetisch steigenden oder fallenden Rente $(I\boldsymbol{A})_{\overline{n}|} = \frac{1}{r^n} \cdot (I\boldsymbol{S})_{\overline{n}|}$ bzw. $(D\boldsymbol{A})_{\overline{n}|} = \frac{1}{r^n} \cdot (D\boldsymbol{S})_{\overline{n}|}$ oder

$$(I\boldsymbol{A})_{\overline{n}|} \text{ bzw. } (D\boldsymbol{A})_{\overline{n}|} = R\boldsymbol{a}_{\overline{n}|} \pm \frac{d}{i}\left(\boldsymbol{a}_{\overline{n}|} - \frac{n}{r^n}\right) \qquad (57)$$

und schließlich für den Barwert der vorschüssigen arithmetisch steigenden oder fallenden Rente $(I\mathrm{A})_{\overline{n}|} = r \cdot (I\boldsymbol{A})_{\overline{n}|}$ bzw. $(D\mathrm{A})_{\overline{n}|} = r \cdot (D\boldsymbol{A})_{\overline{n}|}$ oder

$$(I\mathrm{A})_{\overline{n}|} \text{ bzw. } (D\mathrm{A})_{\overline{n}|} = R\mathrm{a}_{\overline{n}|} \pm \frac{d}{i}\left(\mathrm{a}_{\overline{n}|} - \frac{n}{r^{n-1}}\right) \qquad (58)$$

[1]) In den Formeln (55) bis (58) gilt jeweils das +-Zeichen für die steigende, das —-Zeichen für die fallende Rente.

Beispiel 39: a) Wie groß ist der Endwert einer vorschüssigen mit 10000 DM beginnenden und jährlich um 1000 DM fallenden Rente nach 10 Jahren (Zinssatz 6% p. a.)? — Zu verwenden ist Formel (56). Ergebnis: $(DS)_{\overline{10|}} =$

$$10000 \cdot 13{,}9716 - \frac{1000}{0{,}06}(13{,}9716 - 10 \cdot 1{,}06) = 83522{,}67 \text{ DM}.$$

b) Wie groß ist der Barwert einer nachschüssigen, mit 1000 DM beginnenden und jährlich um 1000 DM steigenden Rente (10 Rentenraten, Zinssatz 6% p. a.)? — Zu verwenden ist Formel (57). Ergebnis:

$$(IA)_{\overline{10|}} = 1000 \cdot 7{,}3601 + \frac{1000}{0{,}06}\left(7{,}3601 - \frac{10}{1{,}7908}\right)$$
$$= 36963{,}10 \text{ DM}.$$

b) *Geometrisch veränderliche Renten.* Bei geometrisch veränderlichen Renten lauten die aufeinanderfolgenden Raten R, Rq, $Rq^2, \ldots, Rq^{n-2}$, Rq^{n-1}. Je nachdem der Quotient q größer oder kleiner als 1 ist, steigt oder fällt die Rente. Der Endwert der nachschüssigen geometrisch veränderlichen Rente ergibt sich zu[1] $(VS)_{\overline{n|}} = R \cdot r^{n-1} + R \cdot q \cdot r^{n-2} + R \cdot q^2 \cdot r^{n-3} + \cdots + R \cdot q^{n-2} \cdot r + R \cdot q^{n-1} = R\,\{r^{n-1} + qr^{n-2} + q^2r^{n-3} + \cdots + q^{n-2}r + q^{n-1}\} = R \cdot r^{n-1}\left\{1 + \frac{q}{r} + \left(\frac{q}{r}\right)^2 + \left(\frac{q}{r}\right)^3 + \cdots + \left(\frac{q}{r}\right)^{n-2} + \left(\frac{q}{r}\right)^{n-1}\right\}$. Der Ausdruck in Klammern entspricht dem Endwert der nachschüssigen Rente 1 mit dem Aufzinsungsfaktor $\frac{q}{r}$, der nach Formel (35) gleich $\dfrac{\left(\frac{q}{r}\right)^n - 1}{\frac{q}{r} - 1} = \dfrac{\frac{q^n - r^n}{r^n}}{\frac{q-r}{r}} = \dfrac{(q^n - r^n)\,r}{(q-r)\,r^n}$ $= \dfrac{q^n - r^n}{r^{n-1}(q-r)}$ ist[2]). Man erhält also für den Endwert der

[1]) „V" kommt von englisch „*Varying*" = Veränderlich.

[2]) In vielen Fällen kann man auch die Werte q^n einer Zinseszinstafel entnehmen.

nachschüssigen geometrisch veränderlichen Rente $(V\boldsymbol{S})_{\overline{n}|}$ $= R \cdot r^{n-1} \dfrac{q^n - r^n}{r^{n-1}(q - r)}$ oder

$$(V\boldsymbol{S})_{\overline{n}|} = R \frac{q^n - r^n}{q - r} \quad . \tag{59}$$

Der Barwert der geometrisch veränderlichen nachschüssigen Rente $(V\boldsymbol{A})_{\overline{n}|}$ ergibt sich durch Abzinsen von $(V\boldsymbol{S})_{\overline{n}|}$ um n Termine mit $(V\boldsymbol{A})_{\overline{n}|} = R \dfrac{q^n - r^n}{r^n(q - r)}$ oder

$$(V\boldsymbol{A})_{\overline{n}|} = R \frac{\left(\frac{q}{r}\right)^n - 1}{q - r} \quad . \tag{60}$$

Die Formeln für die entsprechenden Werte der vorschüssigen Renten erhält man durch Multiplikation von (59) bzw. (60) mit r. Für $q = r$ werden Formeln (59) und (60) unbrauchbar, da Zähler und Nenner gleichzeitig 0 werden. Doch wird dann der zur Ableitung der Formel (59) gebildete Ausdruck $(r^{n-1} + q \cdot r^{n-2} + q^2 \cdot r^{n-3} + \cdots + q^{n-2} \cdot r + q^{n-1})$ zu $(r^{n-1} + r^{n-1} + \cdots + r^{n-1}) = n \cdot r^{n-1}$. Es gilt also im Falle $q = r$

$$(V\boldsymbol{S})_{\overline{n}|} = R \cdot n \cdot r^{n-1}, \tag{59*}$$

bzw. $$(V\boldsymbol{A})_{\overline{n}|} = R \cdot \frac{n}{r} \quad . \tag{60*}$$

Wenn r größer als q ist, dann ist $\frac{q}{r}$ ein echter Bruch, der für sehr große n gegen 0 konvergiert. In diesem Fall erhält man aus Formel (60) den Barwert der nachschüssigen ewigen geometrisch veränderlichen Rente mit $(V\boldsymbol{A})_{\overline{\infty}|} = \lim\limits_{n \to \infty} (V\boldsymbol{A})_{\overline{n}|}$

$= R \cdot \lim\limits_{n \to \infty} \dfrac{\left(\frac{q}{r}\right)^n - 1}{q - r}$ oder

$$(V\boldsymbol{A})_{\overline{\infty|}} = R\frac{1}{r-q} \qquad (61)$$

Beispiel 40: a) Wie groß ist der Endwert einer zwölfmal zu Beginn des Jahres zahlbaren geometrisch veränderlichen Rente, deren Raten mit 1000 DM, 1100 DM, 1211 DM usw. beginnen? (Zinssatz 5% p. a.) — Hier ist $q = 1{,}1$; $(VS)_{\overline{n|}} = 1000 \cdot 1{,}05 \cdot \frac{1{,}1^{12} - 1{,}05^{12}}{0{,}05} = 1000 \cdot 1{,}05 \frac{3{,}1384 - 1{,}7959}{0{,}05} = 28192{,}50$ DM.

b) Jemand hat Anspruch auf eine jährlich nachschüssig zahlbare Rente von 1200 DM, die nicht befristet ist. Durch welche einmalige Zahlung kann die Rente abgelöst werden, wenn eine als konstant angenommene Geldentwertung von jährlich 2% vom Beginn des zweiten Jahres ab berücksichtigt werden soll? (Zinssatz 4% p. a.) — Um die Geldentwertung auszugleichen, sind die Raten jährlich um 2% zu erhöhen. Es ist also $q = 1{,}02$ zu setzen. Formel (61) liefert den Ablösungsbetrag zu

$$(V\boldsymbol{A})_{\overline{\infty|}} = 1200 \frac{1}{1{,}04 - 1{,}02} = 60000 \text{ DM.}$$

Ist eine Rente weder arithmetisch noch geometrisch veränderlich, muß man im allgemeinen die Werte der Rentenraten einzeln gemäß Formel (29) bzw. (30) bestimmen. Doch läßt sich zuweilen die Rechnung vereinfachen, wenn sich die Rente in eine Summe von gleichbleibenden oder arithmetisch oder geometrisch veränderlichen Reihen zerlegen läßt. Dies ist beispielsweise der Fall bei den sogenannten *unterbrochenen* oder *intermittierenden* Renten, bei denen die Ratenzahlungen jeweils für eine bestimmte Zeit aufhören. Wechseln dabei jeweils l Ratenzahlungen mit $(m - l)$ zahlungsfreien Terminen ab, so wandelt man die Rente in eine fortlaufende um, indem man die l-mal intermittierend gezahlten gegebenen Raten R durch konforme Raten R' ersetzt, die ununterbrochen, also $l + m - l = m$-mal zahlbar gedacht werden. Falls die Rente mit den Zahlungen beginnt, müssen die Barwerte, falls sie mit der zahlungsfreien Zeit beginnt, die Endwerte der Renten R und R' einander gleich sein. In ersterem Fall gilt also $R \cdot a_{\overline{l}|} = R' \cdot a_{\overline{m}|}$ oder $R' = R \frac{a_{\overline{l}|}}{a_{\overline{m}|}}$, in letzterem Fall $R \cdot s_{\overline{l}|} = R' \cdot s_{\overline{m}|}$ oder $R' = R \frac{s_{\overline{l}|}}{s_{\overline{m}|}}$. (Der Leser mache sich an Hand der Zeitgeraden klar, daß es bei der Ersetzung von R durch R' keine Rolle spielt, ob R vor- oder nachschüssig ist, wohl aber bei der Errechnung des Rentenwertes aus R'.)

Beispiel 41: Bei einer 24 Jahre lang laufenden Rente wechseln jeweils 5 vorschüssige jährliche Ratenzahlungen und 3 zahlungsfreie Jahre miteinander ab. Wie groß ist der Endwert der Rente am Ende des 24. Jahres, wenn die Rentenrate 2000 DM und der Zinssatz 5% p. a. beträgt? — Hier ist $l = 5$, $m - l = 3$, also $m = 8$. Es ergibt sich: $R' = 2000 \frac{a_{\overline{5}|}}{a_{\overline{8}|}} = 2000 \frac{4{,}3295}{6{,}6432} = 1339{,}74$ DM. Als Rentenendwert erhält man $S_{\overline{24}|} = 1339{,}74 \cdot s_{\overline{24}|} = 1339{,}74 \cdot 46{,}7271 = 62602{,}10$ DM. — Wenn die Rente statt mit den Zahlungen mit den zahlungsfreien Jahren beginnt, würde man aus $R' = 2000 \cdot \frac{s_{\overline{5}|}}{s_{\overline{8}|}} = 2000 \cdot \frac{5{,}5256}{9{,}5491} = 1157{,}30$ DM, $S_{\overline{24}|} = 1157{,}30 \cdot s_{\overline{24}|} = 54077{,}40$ DM erhalten.

9. Zusammengesetzte Aufgaben aus der Zinseszins- und Rentenrechnung

Die Aufgabe, den End- bzw. Barwert einer Summe zu berechnen, die aus einem Einzelkapitel und einer Rente besteht, wird durch Kombinierung der entsprechenden Formeln gelöst.

Wenn z. B. ein Kapitel K_0 durch n Zinsperioden hindurch mit i verzinst und am Ende jeder Zinsperiode der Betrag R hinzugefügt werden soll, so ist der Endwert E nach n Zinsperioden

$$E = K_0 \cdot r^n + R \cdot s_{\overline{n}|} = K_0 \cdot r^n + R \frac{r^n - 1}{i} \quad . \qquad (62)$$

Wird dagegen am Ende jeder Zinsperiode der Betrag R abgehoben, so ergibt sich der Endwert

$$E = K_0 \cdot r^n - R \cdot s_{\overline{n}|} = K_0 \cdot r^n - R \frac{r^n - 1}{i} \quad . \qquad (63)$$

Den Barwert findet man bei gegebenen Endwerten durch sinngemäße Zusammensetzung der Barwertformeln.

Liegt zwischen dem Anlagetermin des Einzelkapitals und dem Beginn bzw. dem Ende der Rentenratenzahlungen eine Zeitspanne, die länger als eine Zinsperiode ist, so ist natürlich die Laufzeit von K_0 entsprechend größer als die Laufzeit der Rente zu setzen.

In analoger Weise behandelt man End- bzw. Barwert einer Rente, die eine unregelmäßige Schlußrate aufweist.

Beispiel 42: a) Wenn zu einem am 1. Januar 1959 angelegten Kapital von 100000 DM zehnmal jährlich, beginnend am 1. Januar 1964 je 10000 DM hinzugefügt werden, ist der Wert des Guthabens am 1. Januar 1974 ($i = 4\%$ p. a.):

$$E = 100000 \cdot 1{,}04^{15} + 10000 \cdot 1{,}04 \, \frac{1{,}04^{10} - 1}{0{,}04} = 180094{,}35$$

$+ 124863{,}51 = 304957{,}86$ DM (man beachte, daß die Rente vorschüssig ist). b) Der Barwert des Betrages 100000 DM, der, am 1. Januar 1960 beginnend, in sieben jährlichen Raten von je 10000 DM und der Rest am 1. Januar 1969 zahlbar ist, beträgt am 1. Januar 1959 ($i = 5\%$ p. a.): $10000 \cdot \frac{1{,}05^7 - 1}{1{,}05^7 \cdot 0{,}05}$

$$+ 30000 \cdot \frac{1}{1{,}05^{10}} = 57863{,}73 + 18417{,}39 = 76281{,}12 \text{ DM}^{1)}.$$

Soll ein zinseszinslich angelegtes Kapital durch n jährliche Abhebungen R aufgezehrt werden (Kapitalrente), so ist in Formel (63) $E = 0$ zu setzen. Man erhält $K_0 \cdot r^n = R \cdot s_{\overline{n}|}$ und erkennt — was eigentlich selbstverständlich ist — daß die gestellte Bedingung dann erfüllt ist, wenn der Endwert

[1]) Man beachte, daß die Aufgabe an sich vorschüssig zu lösen wäre. Da jedoch auf den Zeitpunkt (— 1) der Zahlengerade bezogen werden sollte, konnten die Formeln des nachschüssigen Rentenbarwertes und des nachschüssigen Kapitalbarwertes gewählt werden.

des Kapitals gleich dem Endwert der Abhebungen oder das Kapital selbst gleich dem Barwert der Abhebungen ist. Die Anzahl n der bis zur Aufzehrung des Kapitals möglichen Abhebungen erhält man durch Umformung der Gleichung $K_0 = R \cdot a_{\overline{n}|} = R \cdot \frac{r^n - 1}{r^n \cdot i}$. Es ergibt sich $K_0 \cdot r^n \cdot i = R \cdot r^n - R$ oder $(R - K_0 i) r^n = R$ oder $r^n = \frac{R}{R - K_0 i}$ oder schließlich durch Logarithmieren beider Seiten

$$n = \frac{\log R - \log(R - K_0 i)}{\log r}. \tag{64}$$

Formel (64) ist nur eine andere Fassung der Formel (52), wie man erkennt, wenn man in (52) $a_{\overline{n}|} = \frac{K_0}{R}$ setzt.

Machen die Jahreszinsen des Kapitals ebensoviel aus wie die jährliche Abhebung (d. h. ist $K_0 i = R$), so vermindert sich das Kapital K_0 durch die Abhebungen natürlich überhaupt nicht, die Abhebungen können beliebig lange fortgesetzt werden. Ist $K_0 i$ gar größer als R, findet trotz der Abhebungen ein ständiges Anwachsen des Kapitals statt.

Beispiel 43: Eine Stiftung im Betrage von 1000000 DM ist zu 6% p. a. angelegt. Wie oft können, erstmalig am Ende des ersten Jahres nach der Anlage, Ausschüttungen von je 100000 DM vorgenommen werden, bis das Guthaben verbraucht ist? — Nach Formel (64) ist anzusetzen:

$$n = \frac{\log 100000 - \log(100000 - 60000)}{\log 1{,}06} = \frac{0{,}3979400}{0{,}0253059} = 15{,}725.$$

Es können also 15 Jahre lang Ausschüttungen von je 100000 DM erfolgen. Der dann noch verbleibende Rest von nach Formel (63)

$$1000000 \cdot 1{,}06^{15} - 100000 \frac{1{,}06^{15} - 1}{0{,}06} = 68961{,}20 \text{ DM kann}$$

entweder zusätzlich zur 15. Ausschüttung oder ein Jahr später samt den inzwischen aufgelaufenen Zinsen mit $68961{,}20 \cdot 1{,}06 = 73098{,}90$ DM zur Verteilung gelangen.

Die gewonnenen Erkenntnisse können nun insbesondere dazu dienen, Zahlungsverpflichtungen irgendwelcher Art in solche mit anderen Bedingungen umzuwandeln. Nach dem Äquivalenzprinzip sind dabei die nach den geänderten Bedingungen zu leistenden Zahlungen so zu bemessen, daß ihr Zeitwert dem Zeitwert der nach den ursprünglichen Bedingungen zu leistenden Zahlungen gleichkommt. Zur Lösung derartiger Aufgaben bedient man sich mit großem Nutzen der Zeitgeraden. Man trägt auf ihr oben die ursprünglich vereinbarten Zahlungen (sie sollen kurz Ist-Zahlungen genannt werden), unten die neu zu vereinbarenden Zahlungen (die Soll-Zahlungen) termingerecht auf und setzt dann die Zeitwerte beider zum vereinbarten Zinsfuß auf irgendeinen Zeitpunkt bezogen einander gleich. Durch Auflösen der Gleichung nach den Soll-Zahlungen erhält man dann deren Betrag. Den Bezugszeitpunkt wird man natürlich derart wählen, daß die Rechnung möglichst einfach wird.

Man setzt die Aufgabe zunächst nur mit Symbolen (K für einmalige Zahlungen, R für wiederholte Zahlungen, r, $s_{\overline{n}|}$, $a_{\overline{n}|}$ usw.) an. Das Ergebnis erscheint dann gleichfalls in Symbolen, womit das Problem vom finanzmathematischen Standpunkt aus als gelöst gilt. Was folgt, ist lediglich Aufgabe der Rechentechnik. Ehe man anfängt, mit Zahlen zu rechnen, versuche man, in den Formeln nach Möglichkeit zu kürzen. Nachstehende Beispiele sollen das Verfahren verdeutlichen.

Beispiel 44: a) Jemand ist verpflichtet, Anfang 1959 und Anfang 1962 je K DM zu bezahlen. Statt dessen möchte er die Verpflichtung in 5 gleichen Raten R, beginnend Anfang 1960, abgelten. Wie hoch ist die Rate R zu bemessen? — Die Zeitgerade zeigt hier folgendes Aussehen:

K			K			Ist
1959	1960	1961	1962	1963	1964	Soll.
	R	R	R	R	R	

Es liegt nahe, als Bezugstermin den Jahresanfang 1959 zu wählen. Dann braucht das eine K überhaupt nicht verändert zu werden. Das andere K wird um 3 Jahre abgezinst. Von 1959 aus betrachtet, stellen die 5 Zahlungen R eine nachschüssige Rente dar, deren Barwert einzusetzen ist. Aus dem Gleichsetzen von Soll und Ist erhält man: $K + K \cdot \frac{1}{r^3} = R \cdot a_{\overline{5}|}$

oder, nach R aufgelöst, $R = \dfrac{K\left(1 + \frac{1}{r^3}\right)}{a_{\overline{5}|}}$.

b) Die ursprüngliche Vereinbarung lautet auf 8 Zahlungen von Anfang 1959 bis Anfang 1963 und von Anfang 1966 bis Anfang 1968, sämtlich in gleicher Höhe. Sie soll in 3 Zahlungen Anfang 1961, Anfang 1964 und Anfang 1966 umgewandelt werden, von denen die zweite die doppelte Höhe der ersten haben und die dritte 60% der ersten ausmachen soll. Wie sind die Zahlungen zu bemessen?

R	R	R	R	R			R	R	R	Ist
1959	1960	1961	1962	1963	1964	1965	1966	1967	1968	Soll.
		K			$2K$		$0{,}6K$			

Auf 1968 bezogen bestehen die Ist-Zahlungen aus der Summe einer fünfmal zahlbaren nachschüssigen Rente, deren Endwert (sein Bezugstermin ist der Jahresanfang 1963) noch um 5 Jahre aufzuzinsen ist, und einer dreimal zahlbaren nachschüssigen Rente, deren Endtermin richtig bezogen ist. Die Soll-Zahlungen im Betrage von K, $2K$ und $0{,}6K$ sind um jeweils 7, 4 und 2 Jahre aufzuzinsen. Durch Gleichsetzen $R \cdot s_{\overline{5}|} \cdot r^5 + R \cdot s_{\overline{3}|} = K \cdot r^7 + 2K \cdot r^4 + 0{,}6K \cdot r^2$ ergibt sich die Lösung mit $K = \dfrac{R(s_{\overline{5}|} \cdot r^5 + s_{\overline{3}|})}{r^7 + 2r^4 + 0{,}6r^2}$.

c) Ursprüngliche Bedingungen: Zahlung von R DM 1959—1964 und 1967. Neue Bedingungen: Zahlung von R^* DM 1959, 1962—1965 und 1967—1968.

R	R	R	R	R	R			R		Ist
1959	1960	1961	1962	1963	1964	1965	1966	1967	1968	Soll.
R^*			R^*	R^*	R^*	R^*		R^*	R^*	

Es gilt, auf 1965 bezogen: $R \cdot s_{\overline{6}|} + R \cdot \frac{1}{r^2} = R^* \cdot r^6 + R^* \cdot s_{\overline{4}|}$

$$+ R^* \cdot a_{\overline{2}|} \cdot \frac{1}{r}, \text{ also } R^* = R \frac{s_{\overline{6}|} + \frac{1}{r^2}}{r^6 + s_{\overline{4}|} + a_{\overline{2}|} \cdot \frac{1}{r}}.$$

D. Die Tilgungs- und Anleiherechnung

Die Aufgabe, eine Schuld zu tilgen, bringt mathematisch die gleichen Probleme mit sich, wie sie bereits bei der Darstellung der Rentenrechnung behandelt worden sind. In diesem Kapitel wird es sich daher hauptsächlich darum handeln, die gewonnenen Erkenntnisse unter sinngemäßer Abänderung der Begriffe auf die Aufgabe der Schuldtilgung zu übertragen. Die wirtschaftliche oder juristische Form der Schuld — Darlehen, Kredit, Hypothek, Anleihe o. dgl. — spielt finanzmathematisch betrachtet keine Rolle. Doch bietet die Schuldform der Anleihe Sonderprobleme, denen eigene Ausführungen gewidmet sein müssen.

Beim Schuldverhältnis stehen sich als Partner Gläubiger und Schuldner gegenüber. Der Schuldner übernimmt die Verpflichtung, die Schuld zu verzinsen und in vereinbarter Weise zurückzuzahlen. Dies kann in *einer* Summe geschehen (sogenannte *gesamtfällige* Schuld[1]); es kann aber auch — und dieser Fall ist der häufigere — Rückzahlung in Teilbeträgen vorgesehen sein (sogenannte *Tilgungsschuld*). Man nennt die vom Schuldner insgesamt aufzubringende Jahresleistung *Annuität*, sie besteht aus den jeweils fälligen *Zinsen und* dem vereinbarten *Teilbetrag* der *Rückzahlung*, der sogenannten *Tilgungsquote*.

In der Praxis stehen nun zwei hinsichtlich der Tilgungsbedingungen unterschiedliche Schuldtypen im Vordergrund.

---

[1]) Früher wurde diese Schuldart häufig „Zinsschuld" genannt, weil bis zum Schluß der Laufzeit keine Rückzahlung erfolgt, sondern nur *Zinsen* gezahlt werden. Doch ist wegen der Gefahr der Verwechselung mit den auf einer ganz anderen Ebene liegenden Begriffen „verzinsliche" und „unverzinsliche" Schuld die hier gebrauchte Bezeichnung vorzuziehen.

a) Die *Ratenschuld.* Bei der Ratenschuld erfolgt die Tilgung in gleichen Teilbeträgen; die Tilgungsquoten sind also alle gleich hoch. Da bei jeder Tilgungsschuld die aufzubringenden Zinsen mit fortschreitender Tilgung abnehmen, weil Zinsen selbstverständlich nur auf den jeweiligen *Schuldrest* gezahlt zu werden brauchen, wird bei der Ratenschuld die sich aus Zinsen + Tilgungsquote zusammensetzende *Annuität* von Jahr zu Jahr *kleiner.* Zu *Beginn* der Tilgung ist sie am *größten.* Das ist für den Schuldner nicht sehr günstig, da die mit Hilfe des Darlehens vorgenommene Investition gerade anfangs den geringsten Ertrag abzuwerfen pflegt. b) Die *Annuitätenschuld* vermeidet diesen Nachteil. Bei der Annuitätenschuld bleibt die aus Zinsen + Tilgungsquote bestehende Annuität stets gleich. Da auch hier die Zinsen abnehmen, muß also die Tilgungsquote mit fortschreitender Tilgung entsprechend *zunehmen.* Man kann sagen, was der Schuldner durch die Tilgung an Zinsen gegenüber der gesamtfälligen Schuld *erspart,* spart er bei der Ratenschuld in seine Tasche, bei der Annuitätenschuld verwendet er die ersparten Zinsen dagegen zur Verstärkung der Tilgung durch sukzessive Erhöhung der Tilgungsquoten. Man nennt die bei der Annuitätenschuld vorgesehene Art der Tilgung deshalb auch „Tilgung durch um die ersparten Zinsen wachsende Tilgungsraten" oder kurz „Tilgung plus ersparter Zinsen".

Im folgenden soll nur die letztgenannte Art der Tilgung, also die Annuitätenschuld, behandelt werden, da gesamtfällige Schuld und Ratenschuld keine Probleme bieten, die nicht mit den in den Kapiteln A bis C erarbeiteten Erkenntnissen ohne weiteres und sehr leicht gelöst werden können[1]).

1. Berechnung von Annuität und Tilgungsquote

Die erste Aufgabe bei der Annuitätenschuld ist die Berechnung der *Annuität A*, d. h. der gleichbleibenden Jahres-

[1]) Dasselbe gilt für die vorkommenden Fälle *unregelmäßiger* Tilgung.

leistung, durch die die Schuld K verzinst und in n Jahren getilgt wird. (Es soll dabei vorausgesetzt werden, daß die Tilgungsquoten Q_i ebenso wie die Zinsen am Schluß jedes Jahres zur Zahlung gelangen.)

Damit die gestellte Bedingung erfüllt ist, muß der Zeitwert aller n Annuitäten A zu Beginn der Laufzeit gleich der Schuld K sein, die Annuitäten A können also als Raten einer n-mal zahlbaren nachschüssigen Rente aufgefaßt werden, deren Barwert gleich K zu setzen ist.

Man erhält aus $A \cdot a_{\overline{n}|} = K$

$$A = K \cdot \frac{1}{a_{\overline{n}|}} \quad . \tag{65}$$

Da es leichter ist zu multiplizieren als zu dividieren, enthalten die Zinseszinstabellen gewöhnlich eine besondere Tabelle der reziproken Werte $\frac{1}{a_{\overline{n}|}}$ des Barwerts der nachschüssigen Rente 1 (ein Auszug daraus ist im Anhang als Tabelle V, S. 171, aufgenommen, Tabelle V hängt mit Tabelle IV durch die Beziehung $V = \frac{1}{\mathrm{IV}}$ bzw. $\mathrm{IV} = \frac{1}{\mathrm{V}}$ zusammen), die zur Berechnung der Annuität nur mit dem jeweiligen Schuldbetrag multipliziert zu werden brauchen. Die Werte dieser Tabelle können als „für die Schuld 1 (Währungseinheit) zu zahlende Annuität" gekennzeichnet werden. Sie werden vielfach mit dem besonderen Symbol $J_{\overline{n}|}$ $\left(J_{\overline{n}|} = \frac{1}{a_{\overline{n}|}}\right)$ bezeichnet. wovon jedoch hier kein Gebrauch gemacht werden soll.

Die erste am Ende der ersten Zinsperiode[1]) fällige Annuität setzt sich aus den Zinsen auf die ganze Schuld $Z_1 = K \cdot i$ und dem für die erste Tilgung zur Verfügung stehenden Betrag, der *ersten Tilgungsquote* Q_1 zusammen. Es gilt also $A = K \cdot i + Q_1$, und man erhält als Betrag der ersten Tilgungsquote

$$Q_1 = A - Ki \tag{66}$$

[1]) D. h. bis auf weiteres, des ersten Jahres.

Durch die erste Tilgung vermindert sich die Schuld um Q_1. Der nach der ersten Tilgung noch verbleibende Schuldrest V_1 beträgt also $V_1 = K - Q_1 = K - (A - Ki) = K + Ki - A = K(1 + i) - A = Kr - A$.

Am Ende der zweiten Zinsperiode sind zu zahlen: Die Zinsen Z_2 auf den Schuldrest V_1: $Z_2 = V_1 i = (Kr - A)i$ und die zweite Tilgungsquote Q_2. $Z_2 + Q_2$ müssen der Definition der Annuitätsschuld entsprechend wieder A ergeben. Man erhält demnach die zweite Tilgungsquote durch die Gleichung $Q_2 = A - Z_2 = A - (Kr - A)i = A + Ai - Kri = A(1+i) - Kri = Ar - Kri = (A - Ki)r$ und erkennt, wenn man mit Formel (66) vergleicht, die Gültigkeit der Beziehung $Q_2 = Q_1 \cdot r$. Setzt man dieses Verfahren fort, so findet man für die dritte Tilgungsquote $Q_3 = Q_2 \cdot r = Q_1 \cdot r^2$, für die vierte $Q_4 = Q_3 \cdot r = Q_2 \cdot r^2 = Q_1 \cdot r^3$ usw. Im allgemeinen gilt für die h-te Tilgungsquote Q_h die Beziehung

$$Q_h = Q_1 \cdot r^{h-1}. \tag{67}$$

Sämtliche Tilgungsquoten gehen also durch *Aufzinsen* aus der *ersten* Tilgungsquote hervor.

Der durch die ersten h Tilgungen insgesamt getilgte Schuldbetrag T_h ist: $T_h = Q_1 + Q_2 + \cdots + Q_h$ oder nach (67) $T_h = Q_1 + Q_1 r + Q_1 r^2 + \cdots + Q_1 r^{h-1} = Q_1(1 + r + r^2 + \cdots + r^{h-1})$. Der in Klammern stehende Ausdruck ist gleich $s_{\overline{h}|}$ (vgl. Formel (31)), so daß man schließlich erhält:

$$T_h = Q_1 \cdot s_{\overline{h}|}. \tag{68}$$

Der nach der h-ten Tilgung noch zu tilgende Schuldrest V_h ist daher $V_h = K - T_h$ oder

$$V_h = K - Q_1 \cdot s_{\overline{h}|}. \tag{69}$$

Da der Schuldrest nach der letzten (der n-ten Tilgung) 0 sein soll, gilt unter Benutzung von (69) $V_n = K - Q_1 \cdot s_{\overline{n}|} = 0$, woraus durch Umformung die wichtige Formel folgt:

$$Q_1 = K \cdot \frac{1}{s_{\overline{n}|}}. \qquad (70)$$

(In der Literatur findet man für den reziproken Wert von $s_{\overline{n}|}$, d. h. für $\frac{1}{s_{\overline{n}|}}$, zuweilen das besondere Symbol $P_{\overline{n}|}$.)

Formel (70) dient zur unmittelbaren Berechnung von Q_1, ohne daß wie bei Formel (66) vorher die Annuität A errechnet werden muß. Da, wie die Formeln (67) bis (69) zeigen, die erste Tilgungsquote für die finanzmathematische Behandlung der Annuitätenschuld grundlegende Bedeutung besitzt, ist es von Nutzen, in (66) und (70) zwei Formeln zur Verfügung zu haben, die die Berechnung von Q_1 unabhängig voneinander gestatten, so daß sich die Ergebnisse gegenseitig kontrollieren.

Beispiel 45: Eine Hypothek im Betrage von 50000 DM soll durch 20 gleiche, jährlich zahlbare, nachschüssige Annuitäten verzinst und getilgt werden. Zinssatz 5% p. a. Wie hoch ist a) die Annuität, b) die 1. Tilgungsquote, c) die 15. Tilgungsquote, d) der durch die ersten 10 Tilgungen getilgte Schuldbetrag, e) der Schuldrest nach der 12. Tilgung und f) die am Ende des 17. Jahres zu zahlenden Zinsen?

Lösung: a) $A = 50000 \cdot \frac{1}{a_{\overline{20}|}} = 50000 \frac{1{,}05^{20} \cdot 0{,}05}{1{,}05^{20} - 1}$ $= 50000 \cdot 0{,}08024259 = 4012{,}13$ DM; b) $Q_1 = 4012{,}13 - 2500{,}00 \left(\text{oder } Q_1 = K \cdot \frac{1}{s_{\overline{20}|}}\right) = 1512{,}13$ DM; c) $Q_{15} = Q_1 \cdot r^{14} = 1512{,}13 \cdot 1{,}9799 = 2993{,}87$ DM; d) $T_{10} = Q_1 \cdot s_{\overline{10}|} = 1512{,}13 \cdot 12{,}5779 = 19019{,}42$ DM; e) $V_{12} = K - Q_1 \cdot s_{\overline{12}|} = 50000 - 1512{,}13 \cdot 15{,}9171 = 25931{,}28$ DM; f) $Z_{17} = A - Q_{17} = 4012{,}13 - 3300{,}78 = 711{,}35$ DM.

2. Aufstellung eines Tilgungsplanes

Die in Abschnitt 1 abgeleiteten Beziehungen genügen zur Lösung der wichtigsten mit dem mathematischen Problem der Schuldtilgung verknüpften Aufgabe, der Aufstellung eines genauen *Tilgungsplanes*. Der Tilgungsplan soll für sämtliche Tilgungstermine die jeweils zu zahlenden Zinsen und Tilgungsquoten und die noch zu tilgenden Schuldreste übersichtlich zur Darstellung bringen.

Man geht dabei am praktischsten so vor: Zunächst wird mit Hilfe von Formel (65) die Annuität A bestimmt, dann gemäß Formel (66) durch Errechnung der Zinsen Z_1 die erste Tilgungsquote Q_1. (Bei längeren Laufzeiten kontrolliere man die letztgenannte Rechnung durch nochmalige Errechnung von Q_1 mit Hilfe von Formel (70).) Durch Subtraktion der ersten Tilgungsquote Q_1 von der Schuldsumme K findet man den ersten Schuldrest V_1. Damit ist die erste, sich auf die erste Tilgung beziehende Zeile des Tilgungsplans festgelegt. Für die zweite Zeile ergibt sich: Zinsen $Z_2 = V_1 \cdot i$, Tilgungsquote $Q_2 = A - Z_2$, Schuldrest $V_2 = V_1 - Q_2$; für die dritte Zeile: $Z_3 = V_2 \cdot i$, $Q_3 = A - Z_3$, $V_3 = V_2 - Q_3$ usw. Der Tilgungsplan ist richtig gerechnet, wenn sich für den letzten Schuldrest V_n der Betrag 0 ergibt. Geringe Abweichungen von letztgenanntem Werte sind natürlich, zumal bei längeren Tilgungsplänen, infolge der notwendigen Abrundungen unvermeidlich[1]), doch setze man, um sie möglichst klein zu halten, die Rechnung von vornherein mit einer größeren als der unbedingt erforderlichen Stellenzahl an.

Auch lege man bei längeren Tilgungsplänen, damit sich Rechenfehler nicht durch die ganze Rechnung fortschleppen, einige Werte, z. B. die 4., 8., 12. usw. Tilgungsquote, durch Aufzinsen gemäß Formel (67) von vornherein fest.

Beispiel 46: Tilgungsplan einer in 5 Jahren durch gleiche nachschüssige Annuitäten zu tilgenden und mit 6% zu verzinsenden Schuld von 1000000 DM.

$$\text{Annuität: } A = 1000000 \cdot \frac{1}{a_{\overline{5}|}} = 237396{,}40 \text{ DM.}$$

[1]) Da auf den mathematisch nicht gebildeten Laien nichts so störend wirkt wie „Fehler" bei Berechnungen, bemühe man sich, die Schlußabweichung nachträglich durch Verteilen auf die anderen Werte des Tilgungsplans zum Verschwinden zu bringen.

Jahr	Schuldrest zu Beginn des Jahres DM	Am Ende des Jahres zu zahlende Zinsen DM	Am Ende des Jahres zu zahlende Tilgungsquote DM	Schuldrest am Ende des Jahres nach der Tilgung DM
1	1000000,00	60000,00	177396,40	822603,60
2	822603,60	49356,22	188040,18	634563,42
3	634563,42	38073,81	199322,59	435240,83
4	435240,83	26114,45	211281,95	223958,88
5	223958,88	13437,52	223958,88	0,00

Handelt es sich bei der Schuld um eine *Anleihe*, die in einer Anzahl auf einen runden Nennbetrag lautender Stücke ausgegeben ist, so kann natürlich jeweils auch nur eine ganze Anzahl von Stücken zurückgezahlt werden. Der Tilgungsplan muß daher in diesem Fall — abgesehen von den Zinszahlungen — auf ganze Vielfache von Stücken abgestellt sein. Man berechnet zunächst einen theoretischen Tilgungsplan nach dem Muster von Beispiel *46*, rundet darin alle *Schuldreste* auf ganze Vielfache von Stücken ab und paßt dann Zinsen und Tilgungsquoten den derart korrigierten Schuldresten an. Natürlich kann ein solcher Tilgungsplan nicht mehr völlig gleiche Annuitäten aufweisen. Diese werden vielmehr um den theoretischen Wert A schwanken. Rundet man jedoch, wie geschildert, die Schuldreste ab, so werden die Schwankungen kleiner, als wenn man etwa die Tilgungsquoten abrundete; und die an die Annuitätenschuld zu stellende Forderung gleicher Annuitäten ist dadurch bestmöglich gewahrt.

Bei der Schuldform der Anleihe stehen dem Schuldner mehrere, oft sehr viele Gläubiger, die „Stückebesitzer", gegenüber. Die jeweils gemäß dem Tilgungsplan zurückzuzahlenden Stücke werden aus der Gesamtheit der noch aufrechten (d. h. noch nicht zurückgezahlten) Stücke meist durch *Auslosung* bestimmt.

Beispiel 47: Wirklicher Tilgungsplan der in Beispiel *46* behandelten Anleihe, wenn diese Anleihe aus 1000 Stücken zu je 1000 DM besteht.

Jahr	Zu Beginn des Jahres noch aufrechte Stücke zu 1000 DM	Am Ende des Jahres		Nach der Tilgung aufrechte Stücke zu 1000 DM
		zu zahlende Zinsen DM	zu tilgende Stücke zu 1000 DM	
1	1000	60000,00	177	823
2	823	49380,00	188	635
3	635	38100,00	200	435
4	435	26100,00	211	224
5	224	13440,00	224	0

Die wirkliche Annuität beträgt, wie man durch Addition der Zinsen und der entsprechenden Tilgungsquote feststellen kann, bei dieser Anleihe nacheinander 237000,00 DM, 237380,00 DM, 238100,00 DM, 237100,00 DM und 237440,00 DM. Die maximale Abweichung von der theoretischen Annuität von 237396,40 DM macht also 703,60 DM aus.

In der Praxis werden, einerseits um verschiedenen Käuferschichten einen Anreiz zur Zeichnung der Anleihe zu bieten, andrerseits um den Anleihedienst (d. h. hauptsächlich die Auslosung der Stücke) nicht zu umständlich zu gestalten, häufig Stücke verschiedenen Nennbetrags ausgegeben[1]). Man muß dann bei Aufstellung des Tilgungsplans die Stücke gleichen Nennbetrags zusammenfassen und als gesonderte Anleihen betrachten. Damit auch hier die Abweichungen des wirklichen vom theoretischen Tilgungsplan nicht zu groß werden, geht man folgendermaßen vor: Man beginnt mit der aus den größten vorkommenden Stücken bestehenden Teilanleihe, rundet deren theoretische Schuldreste (die man als entsprechenden Bruchteil des Schuldrests der ganzen Anleihe aus dem theoretischen Tilgungsplan bestimmt) auf

[1]) Man bezeichnet solche Anleihen als Anleihen mit „ungleicher Stückelung".

ganze Stücke nach *oben* ab und bildet die Differenz zwischen den wirklichen und den theoretischen Schuldresten. Diese bei der Tilgung der ersten Teilanleihe verbliebenen Tilgungsrückstände werden nun von den entsprechenden theoretischen Schuldresten der zweiten, aus den nächstniederen Stücken bestehenden Teilanleihe abgezogen, worauf die verbleibenden Schuldreste der zweiten Teilanleihe auf ganze Vielfache eines Stückes aufgerundet werden. Ebenso verfährt man mit der dritten und allen weiteren Teilanleihen. Schließlich werden Tilgungsquoten und Zinsen den errechneten Schuldresten angepaßt. Betont sei, daß die Verrechnung der Tilgungsrückstände nur innerhalb der gleichen Tilgung (also nicht über die Zeilen des Tilgungsplanes hinweg) vorgenommen werden darf und daß die Schuldreste stets, bei noch so geringer Überschreitung des Betrags, nach oben auf ganze Stücke abzurunden sind.

Beispiel 48: Ist die in den Beispielen *46* und *47* behandelte Anleihe in 100 Stücke zu 1000 DM, 1000 Stücke zu 200 DM und 7000 Stücke zu 100 DM eingeteilt, so betragen die die gleichen Stücke zusammenfassenden Teilanleihen 10%, 20% und 70% der Gesamtanleihe. Dementsprechend sind die Schuldreste des theoretischen Tilgungsplans aufzuteilen. Als erste Schuldreste ergeben sich für die erste, die 1000-DM-Stücke umfassende Teilanleihe, 82260,36 DM, für die zweite Teilanleihe (200-DM-Stücke) 164520,72 DM und für die dritte Teilanleihe (100-DM-Stücke) 575822,22 DM. Der Schuldrest der ersten Teilanleihe wird auf 83000 DM = 83 Stücke zu 1000 DM aufgerundet, wodurch bei der ersten Teilanleihe ein Tilgungsrückstand von 83000,00 — 82260,36 = 739,64 DM verbleibt. Dieser zu wenig getilgte Betrag wird vom Schuldrest der zweiten Teilanleihe abgezogen, ehe dieser auf ganze 200-DM-Stücke aufgerundet wird. Ergebnis: 164520,72 — 739,64 = 163781,08 DM, aufgerundet zu 163800 DM = 819 Stücke zu 200 DM. Durch die Aufrundung entsteht ein Tilgungsrückstand von 19,92 DM bei der zweiten Teilanleihe, der mit dem theoretischen Schuldrest der dritten Teilanleihe verrechnet wird. Ergebnis: 575822,22 — 19,92 = 575802,30 DM, aufgerundet zu 575900 DM = 5759 Stücke zu 100 DM. Der jetzt noch verbleibende Tilgungsrückstand wird — weil es sich um die letzte Teilanleihe handelt — nicht mehr verrechnet. Für die zweite und alle weiteren Tilgungen wird analog der ersten Tilgung verfahren. Nachstehender Tilgungsplan zeigt das Ergebnis der Rechnung:

Jahr	Zu Beginn des Jahres aufrechte Stücke			Am Ende des Jahres zu tilgende Stücke			Zinsen
	zu 1000 DM	zu 200 DM	zu 100 DM	zu 1000 DM	zu 200 DM	zu 100 DM	DM
1	100	1000	7000	17	181	1241	60 000
2	83	819	5759	19	187	1317	49 362
3	64	632	4442	20	199	1395	38 076
4	44	433	3047	21	212	1479	26 118
5	23	221	1568	23	221	1568	13 440

Die wirklichen Annuitäten sind nacheinander 237300 DM, 237462 DM, 237376 DM, 237418 DM und 237440 DM. Die maximale Abweichung gegenüber der theoretischen Annuität beträgt 96,40 DM, ist also, wegen der kleineren Stücke, geringer als in Beispiel *47*.

Bei jeder Auslosung muß aus der Zahl der noch aufrechten Stücke die vom Tilgungsplan vorgeschriebene Anzahl von Stücken gezogen werden, und zwar für jede Art von Stücken gesondert. Um das bei großen Anleihen sehr langwierige Auslosungsverfahren abzukürzen, wird oft eine Anzahl von Stücken zu einer Serie zusammengefaßt, die irgendwie einheitlich gekennzeichnet wird. Es werden dann nicht einzelne Stücke, sondern ganze Serien ausgelost, und sämtliche Stücke einer Serie gelangen gleichzeitig zur Rückzahlung. In diesem Fall der sogenannten Serientilgung ist der Tilgungsplan nicht auf Stücke, sondern auf Serien abzustellen. Der jeweilige Schuldrest ist also auf Vielfache einer Serie aufzurunden, wobei es gleichgültig ist, ob eine Serie aus Stücken von gleichem Nennwert oder aus Stücken von verschiedenem Nennwert besteht. Doch muß in letzterem Falle, damit die Stücke bei der Rückzahlung gleichmäßig behandelt werden, jede Serie die gleiche Stückelung aufweisen.

3. Errechnung der Tilgungsdauer bei vorgeschriebener Höhe der Annuität

Häufig wird in der Praxis nicht die Tilgungsdauer n einer Schuld K im voraus vereinbart, sondern die Höhe der Annuität A. Dies geschieht entweder durch Festsetzung des absoluten Betrages der Annuität (z. B. $A = 100000$ DM) oder durch Festsetzung der ersten Tilgungsquote Q_1 in Prozent der Schuld K, des sogenannten *Tilgungssatzes* j neben dem Zinssatz i (z. B. Verzinsung 6% p. a., Tilgung 4% p. a., woraus sich sofort die Annuität A durch $A = Ki + Kj$ gleich 10% der Schuldsumme ergibt).

Bei vorgeschriebener Höhe der Annuität muß die Tilgungsdauer n erst aus K, A und r errechnet werden, was mit Hilfe der Formel (64) geschehen kann, die in Anpassung an die in der Tilgungsrechnung übliche Symbolik hier

$$n = \frac{\log A - \log (A - Ki)}{\log r} \text{ bzw. } n = \frac{\log A - \log Q_1}{\log r} \qquad (64')$$

zu schreiben ist.

Ist die Annuität nicht mit ihrem absoluten Betrage gegeben, sondern wird sie indirekt durch Angabe des Zins- und Tilgungssatzes festgelegt, so kann man Formel (64') wegen $A = Ki + Kj$, $Q = Kj$ auf die Form bringen:

$$n = \frac{\log \frac{A}{Q_1}}{\log r} = \frac{\log \frac{Ki + Kj}{Kj}}{\log r} \text{ oder } n = \frac{\log \frac{i + j}{j}}{\log r}. \qquad (64'')$$

Formel (64'') läßt erkennen, daß die Tilgungsdauer bei gegebenem Zins- und Tilgungssatz unabhängig von der Höhe der Schuldsumme ist und für häufig vorkommende Kombinationen von Zins- und Tilgungssätzen tabellarisch dargestellt werden kann. Im Tabellenteil ist als Tabelle VI eine kurzgefaßte Tabelle dieser Art wiedergegeben (S. 172). Soll die Tilgungsdauer ohne Benutzung einer Tabelle aus den Daten errechnet werden, ist je nach Lage des Falles zuweilen Formel (64′), zuweilen Formel (64″) bequemer.

Da die Annuität meist als runde Zahl vorgeschrieben wird, ergibt sich die Tilgungsdauer n im allgemeinen als gemischte Zahl $n = N + t$. Dies ist unter sinngemäßer Umdeutung der in Kapitel C, Abschnitt 7 gewonnenen Erkenntnisse, wie folgt, zu verstehen: Zur Tilgung und Verzinsung der Schuld K muß N-mal die Annuität A bezahlt werden. Damit ist die Tilgung jedoch noch nicht abgeschlossen. Es bleibt ein Schuldrest $V_N = K - Q_1 s_{\overline{N}|}$, der entweder — falls er nicht zu groß ist — mit der letzten vollen Annuität zusammen am Ende der N-ten Tilgungsperiode, sonst ein Jahr später als unregelmäßige $(N + 1)$-te Annuität zurückgezahlt wird. In letzterem Fall sind natürlich noch für ein weiteres Jahr auf den Schuldrest V_N Zinsen im Betrage $Z_{N+1} = V_N \cdot i$ zu vergüten.

Auch bei gegebener Tilgungsdauer n kann vereinbart werden, daß die Tilgung nur bis auf den Schuldrest $V_n = C$ aufgehen, d. h. daß nach der n-ten Tilgung noch die Restschuld C übrigbleiben soll. Es ist dann in n Tilgungen nicht die Schuld K, sondern nur die Schuld $K - C$ zu tilgen, und als Annuität ergibt sich sinngemäß $A^* = (K - C)\frac{1}{a_{\overline{n}|}}$. Zu jeder Annuität A^* sind aber noch die Zinsen der Restschuld C hinzuzufügen, wodurch sich eine Gesamtannuität von $A = A^* + Ci = (K - C) \cdot \frac{1}{a_{\overline{n}|}} + Ci$ ergibt.

Beispiel 49: a) Ein Darlehen im Betrage von 200000 DM soll mit 6% p. a. verzinst und mit 4% plus ersparter Zinsen getilgt werden. Nach welcher Zeit ist das Darlehen getilgt? — Die erste Tilgungsquote Q_1 ist gleich 4% der Schuldsumme oder gleich 8000 DM, die ersten Zinsen Z_1 gleich 12000 DM. Also ist $A = 20000$ DM. Für die Terminzahl erhält man nach Formel (64′): $n = \frac{\log 20000 - \log 8000}{\log 1{,}06} = \frac{0{,}3979400}{0{,}0253059} = 15{,}73$

Jahre. (Man kann auch ohne vorherige Ausrechnung des Betrages von A bzw. Q_1 nach Formel (64″) $n = \frac{\log \frac{0{,}1}{0{,}04}}{\log 1{,}06} = \frac{\log 2{,}5}{\log 1{,}06}$ gleich ebenfalls 15,73 setzen.) Nach 15 regulären Tilgungen verbleibt ein Schuldrest von $K - Q_1 \cdot s_{\overline{15}|} = 200000 - 8000 \cdot 23{,}2760 = 200000 - 186208 = 13\,792$ DM, der entweder mit der 15. Tilgungsquote oder — zuzüglich der Zinsen im Betrage von $13792 \cdot 0{,}06 = 827{,}52$ DM — ein Jahr später als unregelmäßige 16. Tilgungsquote zurückzuzahlen ist. b) Eine Hypothek in Höhe von 1000000 DM soll in 20 Jahren bei 4% p. a. Zinsen bis auf eine Resthypothek von 50000 DM getilgt werden. Wie groß ist α) die Annuität, β) die erste Tilgungsquote? — α) $A = (K - C)\,\frac{1}{a_{\overline{20}|}} + Ci = (1000000 - 50000) \cdot 0{,}07358 + 50000 \cdot 0{,}04 = 71901$ DM; β) $Q_1 = A - Ki = 71901 - 40000 = 31901$ DM.

Da die Tilgungsquoten, wie aus der Beziehung $Q_h = Q_1 \cdot r^{h-1}$ ersichtlich, in sogenannter *geometrischer Progression* zunehmen, verläuft die Tilgung anfangs am langsamsten und wird dann immer schneller. Die Tilgung der ersten Hälfte der Schuld dauert demnach wesentlich länger als die Tilgung der zweiten Hälfte. Will man wissen, in welcher Zeit h ein gewisser Prozentsatz $\bar{\imath}$ der Schuld K getilgt ist, muß man in Formel (68) den nach h Tilgungen getilgten Betrag $T_h = Q_1 \cdot s_{\overline{h}|}$ gleich $K\bar{\imath}$ setzen und die entstehende Gleichung nach h auflösen. Ergebnis: $h = \frac{\log (Ki\bar{\imath} + Q_1) - \log Q_1}{\log r}$ bzw., wenn der Tilgungssatz j gegeben ist, $h = \frac{\log \frac{i\bar{\imath} + j}{j}}{\log r}$.

Bei der Annuitätenanleihe werden die durch die Tilgung ersparten Zinsen zur Verstärkung der Tilgungsquote verwandt. Die Tilgung geht deshalb um so schneller, je mehr Zinsen erspart werden können, d. h. je höher bei gleichem Tilgungssatz der Zinssatz ist. Zuweilen wird der Zinssatz während der Laufzeit der Anleihe geändert (man nennt dies Anleihekonversion). Wenn dann die Tilgung, d. h. die erste Tilgungsquote nach der Konversion, beibehalten wird, so wird bei einer Herabsetzung des Zinssatzes demnach die völlige Rückzahlung der Anleihe hinausgeschoben, bei einer Heraufsetzung des Zinssatzes wird die Tilgungsdauer dagegen verkürzt. Wird anderseits, wie es häufig geschieht, die ursprüngliche Annuität auch nach der Konversion beibehalten, so wird, wenn der Zinssatz ermäßigt wird, der für die Tilgung verfügbare Betrag vergrößert, die Tilgung also beschleunigt, bei Erhöhung des Zinssatzes der für die Tilgung verfügbare Betrag verkleinert und die Tilgung verlangsamt.

Beispiel 50: a) In welcher Zeit ist die Hälfte der in Beispiel *49a* behandelten Anleihe getilgt? — Es ist $\bar{\imath} = 50\% = \frac{1}{2}$ zu setzen. Man erhält $h = \dfrac{\log\left(200000 \cdot 0{,}06 \cdot \frac{1}{2} + 8000\right) - \log 8000}{\log 1{,}06}$ $= \dfrac{\log 14000 - \log 8000}{\log 1{,}06} = 9{,}604$ Jahre bzw. $h = \dfrac{\log \dfrac{0{,}06 \cdot \frac{1}{2} + 0{,}04}{0{,}04}}{\log 1{,}06}$ $= \dfrac{\log 1{,}75}{\log 1{,}06} = 9{,}604$ Jahre. Die Tilgung der ersten Hälfte der Anleihe nimmt also bei einer Gesamtlaufzeit von (vgl. Beispiel *49a*) 15,73 Jahren 61% der Gesamtlaufzeit, die der zweiten Hälfte nur 39% der Gesamtlaufzeit in Anspruch. b) Wenn die in Frage stehende Anleihe statt mit einer Verzinsung von 6% p. a. mit einer solchen von 8% p. a. ausgestattet worden wäre, würde die Laufzeit nach Formel (64″) nur 14,27 Jahre, bei einer Verzinsung von 4% p. a. dagegen 17,68 Jahre betragen.

4. Die Rückzahlung der Stücke mit Aufgeld

Bei der Anleihebegebung wird häufig, um einen besonderen Anreiz zur Zeichnung zu geben, vorgesehen, die Stücke nicht mit dem aufgedruckten Betrag (dem „Nennwert“ oder

„Nominalbetrag"), sondern mit einem höheren Betrag zurückzuzahlen. Den Unterschied zwischen Rückzahlungsbetrag und Nennwert bezeichnet man als *Aufgeld* oder *Agio* und gibt ihn in Prozent des Nominalbetrages des Anleihestückes an. Es ist klar, daß bei der Tilgung mit Aufgeld höhere Tilgungsquoten in den Tilgungsplan eingesetzt werden müssen, da das Aufgeld ja mitzutilgen ist. Es ist jedoch nicht mitzuverzinsen, weil der Anleiheschuldner Zinsen natürlich nur auf den ihm von den Anleihegläubigern zur Verfügung gestellten Nominalbetrag der Anleihe (= Summe der Nominalbeträge der Stücke) zu zahlen hat.

Man kann nun einfach den Betrag der im Tilgungsplan jeweils zur Rückzahlung bestimmten Stücke um das entsprechende Aufgeld erhöhen. Man erhält dann, wenn das Aufgeld für ein Stück vom Nominalbetrag 100 DM a DM beträgt und $\frac{a}{100} = \alpha$ gesetzt wird, für die Tilgungsquoten nacheinander die Beträge: $Q_1(1 + \alpha)$; $Q_2(1 + \alpha)$; . . .; $Q_n(1 + \alpha)$. Auf diese Weise bleibt aber natürlich die Annuität nicht während der Tilgungsdauer gleich. Deshalb rechnet man meist die erhöhte Tilgungsquote in die Annuität ein, was auf Grund folgender Überlegung geschehen kann: Wird jedes Stück der Anleihe zu $100(1 + \alpha)$ % seines Nennwertes statt zu 100% seines Nennwertes zurückgezahlt, so hat die ganze Anleihe den Rückzahlungswert $K^* = K(1 + \alpha)$. Dieser Rückzahlungswert K^* ist zu tilgen. Dagegen ist nur der Nominalbetrag der Anleihe K mit dem vereinbarten Zinssatz i zu verzinsen. Die Zinsen Ki sind aber, da $K = \frac{K^*}{1 + \alpha}$ ist, identisch mit den Zinsen $\frac{K^*}{1 + \alpha} i = K^* \cdot \frac{i}{1 + \alpha}$, d. h. man erhält das gleiche Ergebnis, wenn man K mit dem Zinssatz i oder wenn man K^* mit dem Zinssatz $i^* = \frac{i}{1 + \alpha}$ verzinst. Zur Aufstellung des Tilgungsplans können also alle bisher dafür abgeleiteten Formeln benutzt werden, wenn für K stets K^* und für i stets i^* gesetzt wird.

Beispiel 51: Eine Anleihe von 1000000 DM soll in 10 Jahren durch gleiche nachschüssige Annuitäten getilgt und mit $4\frac{1}{2}\%$ p.a. verzinst werden. Die Stücke sollen zu 105% zurückgezahlt werden. (α ist also gleich 0,05.) Wie groß sind a) die Annuität, b) die erste Tilgungsquote? — Die Anleihe entspricht einer normalen Anleihe vom Betrage $K^* = 1000000 \cdot 1{,}05 = 1050000$ und einer Verzinsung von $i^* = \frac{0{,}045}{1{,}05} = 4^2/_7\%$. Auf Grund dieser Werte erhält man a) $A = 131312$ DM, worin 45000 DM Zinsen Z_1, also b) $Q_1 = 86312$ DM, worin 82202 DM zur Tilgung des Nennwertes der Stücke und 4110 DM zur Tilgung des Aufgeldes enthalten sind.

Seltener ergibt sich die Notwendigkeit, bei einem vorgegebenen Betrag für den Anleihedienst, d. h. für die Annuität, die Höhe des möglichen Aufgeldes zu bestimmen. Man kann, weil, wie oben gezeigt, $Ki = K^*i^*$ ist, für die in Aussicht genommene Annuität $A = K^* \frac{1}{a^*_{\overline{n}|}} = K^* \frac{i^*}{1 - v^{*n}}$ auch $A = K \frac{i}{1 - v^{*n}}$ setzen $\left(\text{hierbei bedeutet } v^{*n} = \left(\frac{1}{1+i^*}\right)^n\right)$. Aus $A = \frac{Ki}{1 - v^{*n}}$ ergibt sich nacheinander $v^{*n} = 1 - \frac{K}{A} i = \frac{A - Ki}{A}$; $v^* = \sqrt[n]{\frac{A - Ki}{A}}$; $r^* = \frac{1}{v^*} = \sqrt[n]{\frac{A}{A - Ki}}$; $i^* = r^* - 1 = \sqrt[n]{\frac{A}{A - Ki}} - 1$. Der auf diese Weise ermittelte Wert von i^* wird in die Gleichung $K(1 + \alpha)i^* = Ki$ eingesetzt, woraus man $\alpha = \frac{i}{i^*} - 1$ erhält.

Beispiel 52: Ein Unternehmer will eine 15 Jahre lang laufende Annuitätenanleihe im Betrage von 500000 DM aufnehmen. Er glaubt, für den Anleihedienst jährlich etwa 56000 DM zur Verfügung stellen zu können. Welches Aufgeld kann er anbieten, wenn 7% Zinsen p. a. gerechnet werden sollen? —

Man erhält $i^* = \sqrt[15]{\frac{56000}{56000 - 35000}} - 1 = 0{,}0676,$

$\alpha = \frac{0{,}07}{0{,}0676} - 1 = 1{,}0355 - 1 = \text{rd. } 3\tfrac{1}{2}\%.$

5. Der Barwert von Zinsen und Tilgungsquoten

Häufig hat der Schuldner neben den Zinsen noch besondere Gebühren (Verwaltungskosten, Steuern, Provisionen o. dgl.) zu entrichten, die wie die Zinsen auf den jeweiligen Schuldrest bezogen werden. Man kann diese Gebühren in die Annuität einrechnen und hat dann, wenn sie $\bar{\imath}$ des Schuldrestes ausmachen, den Tilgungsplan unter Zugrundelegung des Zinssatzes $(i + \bar{\imath})$ aufzustellen. Üblicher ist es jedoch, sie neben der Annuität zu bezahlen, wobei dann oft ihr für die gesamte Laufzeit errechneter Barwert G im voraus von der Darlehenssumme abgezogen wird. Dieser „Zuzählungsprovision" genannte Barwert läßt sich auf Grund folgender Überlegungen bestimmen:

Nach Formel (67) ist der auf den Zeitpunkt der Darlehensaufnahme bezogene Barwert der h-ten Tilgungsquote $Q_h \cdot \frac{1}{r^h}$ gleich $Q_1 \frac{r^{h-1}}{r^h} = Q_1 \cdot \frac{1}{r}$. Jede Tilgungsquote hat demnach denselben Barwert, der Barwert $B_{\overline{Q_n|}}$ aller n Tilgungsquoten zusammen ist zum Zeitpunkt der Darlehensaufnahme

$$B_{\overline{Q_n|}} = n \cdot Q_1 \cdot \frac{1}{r}. \tag{71}$$

Hieraus ergibt sich, da jede Annuität A aus Zinsen und Tilgungsquote besteht, als Barwert der in den ersten h Annuitäten enthaltenen Zinszahlungen $B_{\overline{Z_h|}} = A \cdot a_{\overline{h|}} - h \cdot Q_1 \cdot \frac{1}{r}$.

Nach Formel (65) ist der Barwert sämtlicher Annuitäten $A \cdot a_{\overline{n|}}$ gleich der Schuldsumme K und demnach der Barwert sämtlicher Zinszahlungen

$$B_{\overline{Z_n}|} = K - n \cdot Q_1 \cdot \frac{1}{r}. \tag{72}$$

Der Barwert einer gleich den Zinsen auf den Schuldrest zu zahlenden Gebühr von $\bar{i}$% (gleich $\frac{\bar{i}}{i}$ der Zinsen) ist also gleich $\frac{\bar{i}}{i} \cdot B_{\overline{Z_n}|}$ oder gleich

$$G = \frac{\bar{i}}{i} \cdot \left(K - nQ_1 \frac{1}{r}\right). \tag{73}$$

Beispiel 53: a) Eine Anleihe von 2 Mill. DM. soll mit 4½% p. a. verzinst und in 30 Jahren durch gleiche Annuitäten mit dem Nennwert getilgt werden. Wie hoch ist die Annuität zu bemessen, wenn eine jährliche Provision von ½% in die Annuität eingerechnet werden soll? — Die Annuität ist mit dem Zinssatz $i + \bar{i} = 4½\% + ½\% = 5\%$ zu berechnen. Es ergibt sich $A = K \cdot \frac{1}{a_{\overline{30}|}} = 130102{,}88$ DM. b) Bei derselben Anleihe ist die Provision neben der Annuität zu berechnen und als Zuzählungsprovision im ganzen vorauszubezahlen. Welcher Betrag ist für die Zuzählungsprovision in Anrechnung zu bringen? — Es ist nach Formel (73) $G = \frac{0{,}005}{0{,}045}\left(2000000 - 30 \cdot Q_1 \cdot \frac{1}{1{,}045}\right) = 117650{,}90$ DM. (Q_1 wird durch $Q_1 = K \cdot \frac{1}{s_{\overline{30}|}} = 32783{,}08$ DM bestimmt.)

6. Unterjährige Zahlung der Zinsen oder der Tilgungsquoten

Werden bei einer Annuitätenschuld die Zinsen unterjährig, die Tilgungsquoten dagegen jährlich gezahlt, so sind Annuität und Tilgungsquoten mit dem effektiven Jahreszinssatz zu berechnen, der dem gegebenen nominellen unterjährig zahlbaren Jahreszinssatz konform ist. Die Zinsen sind sodann den wirklichen Schuldresten anzupassen. Auf diese Weise erreicht man, daß der Zeitwert von Zinsen und Tilgungsquote — die unterjährigen Zinsen sind dabei natürlich auf das Jahresende aufzuzinsen — jeweils genau der Annuität entspricht.

Soll dagegen mit der unterjährigen Zinszahlung auch eine unterjährige Tilgung in den gleichen Abständen verbunden werden, so ist der Tilgungsplan auf die unterjährigen Zinsperioden abzustellen, d. h. man rechnet mit dem unterjährigen Zinssatz $\frac{i}{m}$ und der m-fachen Anzahl der Jahre, wenn die Länge der Zinsperiode $\frac{1}{m}$ Jahr beträgt.

Ist schließlich ganzjährige Zinszahlung und unterjährige Tilgung vereinbart, ist es schwierig, einen Tilgungsplan zu finden, der finanzmathematisch richtig ist und außerdem allen in den Formeln (65) bis (70) ausgedrückten Eigenschaften der Annuitätenschuld Rechnung trägt. Eine gute Näherungslösung, die wenigstens das Hauptcharakteristikum, die gleichen Annuitäten, aufweist, ergibt sich auf folgende Weise: Man stellt zunächst einen ganzjährigen Tilgungsplan mit dem gegebenen Jahreszinssatz auf. Die jeweils erste unterjährige Tilgungsquote erhält man dann als Ergebnis der Division der entsprechenden jährlichen Tilgungsquote durch $\left(m + \frac{m-1}{2} i\right)$, die nachfolgenden innerhalb des betreffenden Jahres durch sukzessives Aufzinsen mit $\left(1 + \frac{i}{m}\right)$. Während also die in Formel (67) ausgedrückte Regel über das konstante Verhältnis der Tilgungsquoten innerhalb des Jahres bestehenbleibt, treten beim Übergang von einem zum anderen Jahr, wie sich leicht nachweisen läßt, Unregelmäßigkeiten auf. Schließlich werden wieder die Zinsen den Schuldresten angepaßt.

Beispiel 54: Eine Anleihe im Betrage von 1000000 DM soll durch gleiche Annuitäten innerhalb von zwei Jahren getilgt und mit 6% p. a. verzinst werden.

a) Die Zinsen sind halbjährlich, die Tilgungsquoten dagegen jährlich zahlbar. — Hier ist die Annuität mit dem dem gegebenen nominellen Jahreszinssatz konformen effektiven Jahreszinssatz $i' = (1 + 0{,}03)^2 - 1 = 0{,}0609$ zu berechnen.

Man erhält $A = 1000000 \cdot \frac{1}{a_{\overline{2}|}} = 1000000 \cdot \frac{1{,}0609^2 \cdot 0{,}0609}{1{,}0609^2 - 1}$ $= 546125$ DM. Hieraus ergibt sich $Q_1 = 546125 - 60900$ $= 485225$ DM und als Tilgungsplan:

Halbjahr	Schuldrest zu Beginn des Halbjahrs DM	Am Ende des Halbjahrs zu zahlende Zinsen DM	Am Ende des Jahres zu zahlende Tilgungsquote DM	Schuldrest am Ende des Halbjahrs DM
1	1000000,00	30000,00	—	1000000,00
2	1000000,00	30000,00	485225,00	514775,00
3	514775,00	15443,25	—	514775,00
4	514775,00	15443,25	514775,00	0,00

Man überzeugt sich leicht, daß der Wert von Zinsen plus Tilgungsquote auf das Jahresende bezogen — die ersten Halbjahrszinsen sind dabei jeweils mit dem halbjährlichen Aufzinsungsfaktor $r = 1{,}03$ zu multiplizieren — stets genau der Annuität entspricht.

b) Zinsen und Tilgungsquoten sind halbjährlich zu zahlen. — Hier ist eine halbjährliche Annuität $A_{1/2} = 1000000 \cdot \frac{1}{a_{\overline{4}|}}$ mit dem Halbjahreszinssatz 3% zu berechnen. Man erhält $A_{1/2} = 269027{,}05$ DM und als Tilgungsplan:

Halbjahr	Schuldrest zu Beginn des Halbjahrs DM	Am Ende des Halbjahrs zu zahlende Zinsen DM	Am Ende des Halbjahrs zu zahlende Tilgungsquote DM	Schuldrest am Ende des Halbjahrs DM
1	1000000,00	30000,00	239027,05	760972,95
2	760972,95	22829,19	246197,86	514775,09
3	514775,09	15443,25	253583,79	261191,30
4	261191,30	7835,74	261191,30	0,00

c) Die Zinsen sind jährlich, die Tilgungsquoten halbjährlich zahlbar. — Es ist zunächst ein jährlicher Tilgungsplan wie bei a) aufzustellen. Aus den beiden jährlichen Tilgungsquoten 485225 DM und 514775 DM erhält man durch Division durch

$m + \frac{m-1}{2} i = 2{,}03$ als erste bzw. dritte halbjährliche Tilgungsquote 239181,47 DM bzw. 253479,36 DM und hieraus durch Aufzinsen mit 3% die zweite bzw. vierte halbjährliche Tilgungsquote. Die Zinsen werden den Schuldresten angepaßt, wodurch sich folgender Tilgungsplan ergibt:

Halbjahr	Schuldrest zu Beginn des Halbjahrs DM	Am Ende des Jahres zu zahlende Zinsen DM	Am Ende des Halbjahrs zu zahlende Tilgungsquote DM	Schuldrest am Ende des Halbjahrs DM
1	1000000,00	—	239131,47	760868,53
2	760868,53	52826,06	246305,41	514563,12
3	514563,12	—	253479,36	261083,74
4	261083,74	23269,41	261083,74	0,00

Man sieht, daß die Bedingung gleicher Annuitäten erfüllt ist. Dagegen ergibt sich beim Übergang über das erste Jahresende ein unregelmäßiger Aufzinsungsfaktor von 1,028302. Die während der gesamten Laufzeit aufzubringenden Zinsen machen bei a) 90886,50 DM, bei b) 76108,18 DM und bei c) 76095,47 DM aus. Die Zinssumme ist also bei c) am kleinsten.

7. Vorschüssige Annuitäten

Werden — wie es zuweilen geschieht — vorschüssige Annuitäten vereinbart, so sind, da die erste Tilgungsquote zu Beginn statt am Ende des ersten Tilgungsjahres gezahlt wird, die ersten Zinsen Z_1 bereits auf den ersten Schuldrest V_1 und nicht auf die Schuldsumme K zu beziehen. Im letzten Tilgungsjahr werden überhaupt keine Zinsen mehr fällig, weil die Schuldsumme bereits zu Beginn dieses Jahres restlos getilgt ist. Die Tilgungsquote des letzten Jahres ist demnach gleich der Annuität.

Man kann im Fall vorschüssiger Annuitäten die zur Aufstellung des Tilgungsplanes notwendigen Rechnungen auf die für nachschüssige Annuitäten entwickelten Methoden zurückführen, indem man gemäß Formel (23) den gegebenen antizipativen Zinssatz $\mathfrak{i}$ in den konformen dekursiven Zinssatz $i = \frac{\mathfrak{i}}{1-\mathfrak{i}}$ umwandelt.

Um die vorschüssige Annuität $\mathfrak{A}$ zu erhalten, muß man die mit dem konformen dekursiven Zinssatz gebildete Annuität $A = \frac{K}{a_{\overline{n}|}}$ jedoch noch ein weiteres Jahr abzinsen, weil ihr Bezugstermin auf dem Jahresende und nicht, wie verlangt, auf dem Jahresanfang liegt. Man findet $\mathfrak{A} = A \cdot \frac{1}{r}$, wobei zur Vereinfachung der Rechnung $\frac{1}{r} = \frac{1}{1+i}$ $= \frac{1}{1+\frac{\mathfrak{i}}{1-\mathfrak{i}}} = \frac{1}{\frac{1-\mathfrak{i}+\mathfrak{i}}{1-\mathfrak{i}}} = 1 - \mathfrak{i}$ gesetzt werden kann. Werden Tabellen benutzt, die auch neben runden antizipativen Zinssätzen konforme dekursive Zinssätze enthalten, wird zweckmäßigerweise von der aus $\mathfrak{A} = A \cdot \frac{1}{r}$ folgenden Beziehung $\mathfrak{A} = \frac{K}{a_{\overline{n}|}}$ Gebrauch gemacht (vgl. Formel (42)). Die erste Tilgungsquote $\mathfrak{Q}_1$ erhält man entweder aus $\mathfrak{Q}_1$ $= A - Ki$ oder — wegen $A = \mathfrak{A}r = \mathfrak{A}(1+i) = \mathfrak{A}\left(1 + \frac{\mathfrak{i}}{1-\mathfrak{i}}\right)$ $= \mathfrak{A}\frac{1}{1-\mathfrak{i}}$ — aus $\mathfrak{Q}_1 = \mathfrak{A}\frac{1}{1-\mathfrak{i}} - K\frac{\mathfrak{i}}{1-\mathfrak{i}} = (\mathfrak{A} - K\mathfrak{i}) : (1 - \mathfrak{i})$. Die folgenden Tilgungsquoten ergeben sich — wegen $\mathfrak{Q}_2 = \mathfrak{Q}_1 \cdot r = \mathfrak{Q}_1 \cdot \frac{1}{1-\mathfrak{i}}$ usw. — aus $\mathfrak{Q}_1$ durch sukzessive Division durch $(1 - \mathfrak{i})$; $\mathfrak{Q}_n$ ist, wie bereits erwähnt, gleich $\mathfrak{A}$.

Beispiel 55: Wenn die in Beispiel *46* behandelte Anleihe im Betrage von 1000000 DM mit vorschüssigen Annuitäten ausgestattet werden soll, wobei also der vereinbarte Zinssatz von 6% antizipativ gezahlt werden soll, erhält man als konformen dekursiven Zinssatz i aus $i = \frac{\mathfrak{i}}{1-\mathfrak{i}} = \frac{0{,}06}{1-0{,}06} = 0{,}06383$ oder 6,383%. Die Annuität A ergibt sich zu $A = \frac{1000000}{a_{\overline{5}|}}$ $= 1000000 \frac{1{,}06383^5 \cdot 0{,}06383}{1{,}06383^5 - 1} = 239876$ DM und die vorschüssige Annuität $\mathfrak{A}$ zu $\mathfrak{A} = \frac{239876}{1{,}06383} = 225483$ DM. Die erste Tilgungsquote $\mathfrak{Q}_1$ wird $\mathfrak{Q}_1 = A - Ki = 239876 - 63830$ $= 176046$ DM, und der Tilgungsplan gewinnt folgendes Aussehen:

Jahr	Schuldrest zu Beginn des Jahres *vor* Zahlung der Annuität DM	Zu Beginn des Jahres zu zahlende: Zinsen (auf Schuldrest nach Zahlung der Annuität) DM	Zu Beginn des Jahres zu zahlende: Tilgungsquote DM	Schuldrest *nach* Zahlung der Annuität DM
1	1 000 000	49 437	176 046	823 954
2	823 954	38 200	187 282	636 672
3	636 672	26 246	199 236	437 436
4	437 436	13 529	211 953	225 483
5	225 483	—	225 483	0

Wie man aus Beispiel *55* erkennt, läßt sich der Tilgungsplan auch von rückwärts aufbauen, indem man die letzte Tilgungsquote $\mathfrak{Q}_n = \mathfrak{A}$ nacheinander mit $(1 - \mathfrak{i})$ multipliziert und dadurch die vorangehenden Tilgungsquoten erhält. Bei der Schuldtilgung durch vorschüssige Annuitäten wird in der Regel eine tilgungsfreie Zeit vor Beginn der Tilgung vereinbart, während welcher nur Zinsen gezahlt werden, um die dem Sinn eines Darlehens widersprechende Rückzahlung eines Teiles des Darlehens unmittelbar bei Darlehnsaufnahme zu vermeiden.

Wird bei vorschüssiger Schuldtilgung nicht die Tilgungsdauer, sondern die Annuität im vornherein festgesetzt, so ist zunächst n aus der gegebenen Annuität $\mathfrak{A}$ mit Hilfe der Beziehung $a_{\overline{n}|} = \frac{K}{\mathfrak{A}}$ gemäß Formel (53) zu bestimmen und danach wie oben zu verfahren.

Beispiel 56: Wenn bei der in Beispiel *55* behandelten Anleihe (Betrag $K = 1$ Mill. DM, antizipativer Zinssatz $\mathrm{i} = 6\%$ p. a., Tilgung durch vorschüssige Annuitäten) die Annuität $\mathfrak{A} = 225483$ DM gegeben ist und nach der Laufzeit gefragt wird,

erhält man nach Formel (53) $n = \frac{\log\left(\frac{r}{r - a_{\overline{n}|}i}\right)}{\log r}$, die man durch eine leichte Umformung auf die für das praktische

Rechnen bequemere Gestalt $n = \frac{\log 1 - \log\left(1 - \frac{a_{\overline{n}|}}{r}\, i\right)}{\log r}$

bringen kann, unter Benutzung der Beziehungen $a_{\overline{n}|} = \frac{K}{\mathfrak{A}}$ $= \frac{1000000}{225483} = 4{,}4349$ und $i = \frac{\mathrm{i}}{1 - \mathrm{i}} = 0{,}06383$:

$$n = \frac{\log 1 - \log\left(1 - \frac{4{,}4349}{1{,}06383} \cdot 0{,}06383\right)}{\log 1{,}06383} \approx 5.$$ Anschließend ist wie in Beispiel *55* weiterzurechnen.

8. Abschreibungen

In engem Zusammenhang mit der Schuldtilgung stehen die rechnerischen Probleme, die sich bei der Aufgabe ergeben, eine Anlage in Teilbeträgen, die *Abschreibungsquoten*, abzuschreiben, um die durch die Abnutzung entstehende Wertminderung auszugleichen. Je nachdem, ob die Abschreibungsquoten während der Abschreibungsdauer gleichbleiben, abnehmen oder wachsen, spricht man von *konstanten*, *degressiven* oder *progressiven* Abschreibungen.

a) *Konstante Abschreibungen.* Sei W der Anschaffungswert einer Anlage, die durch n gleichhohe, am Ende jedes Jahres fällige Abschreibungsquoten Q bis auf den Restwert W_R abgeschrieben werden soll. Dann gilt $nQ = W - W_R$ oder

$$Q = \frac{W - W_R}{n}. \tag{74}$$

Der Buchwert B_h der Anlage, bezogen auf den Bilanztermin h Jahre nach ihrer Anschaffung, ist dann $B_h = W - hQ$ oder

$$B_h = W - h\frac{W - W_R}{n}. \tag{75}$$

Soll der gesamte Anschaffungswert W ohne Rest abgeschrieben werden, hat man in vorstehenden Formeln $W_R = 0$ zu setzen und erhält $Q = \frac{W}{n}$ und $B_h = W - h\frac{W}{n} = W\left(1 - \frac{h}{n}\right)$.

Der Prozentsatz der jährlichen Abschreibung ist, auf den Anschaffungswert bezogen, $\frac{q}{100} = \frac{Q}{W} = \frac{1}{n} \cdot \frac{W - W_R}{W}$, für $W_R = 0$ also $q = \frac{100}{n}$, auf den jeweiligen Buchwert bezogen,

$$q = \frac{Q}{W - h\frac{W - W_R}{n}} \cdot 100 = \frac{\frac{W - W_R}{n}}{W - h\frac{W - W_R}{n}} \cdot 100 \text{ oder}$$

$$q = \frac{W - W_R}{nW - h(W - W_R)} \cdot 100, \tag{76}$$

für $W_R = 0$

$$q = \frac{100}{n - h}. \tag{77}$$

Während also bei konstanten Abschreibungen der Prozentsatz der jährlichen Abschreibung auf den Anschaffungswert bezogen naturgemäß gleichbleibt, nimmt er von Jahr zu Jahr zu, wenn man ihn auf den jeweiligen Buchwert bezieht, wie ein Blick auf die Formeln (76) bzw. (77) lehrt: Der im Nenner dieser Formeln stehende Ausdruck $[nW - h(W - W_R)]$ bzw. $(n - h)$ wird mit wachsendem h kleiner, so daß der Wert des Bruches zunimmt.

Bei dem geschilderten Verfahren wird der Zeitwert der Abschreibungen nicht berücksichtigt. Häufig ist dies jedoch angebracht, z. B. wenn die jährlichen Abschreibungen einem verzinslichen Amortisationsfonds zugeführt werden, aus dem die Wiederbeschaffung der abgenutzten Anlage bestritten werden soll. In einem solchen Fall ist der Endwert der Abschreibungsquoten der Differenz von Anschaffungs- und Restwert gleichzusetzen, und man erhält $Q \cdot s_{\overline{n}|} = W - W_R$ oder

$$Q = \frac{W - W_R}{s_{\overline{n}|}}. \tag{78}$$

Die auf Grund von Formel (78) berechneten Abschreibungsquoten sind naturgemäß stets kleiner als die ohne Berücksichtigung von Zinsen errechneten Abschreibungsquoten nach Formel (74).

b) *Degressive Abschreibungen.* Einen Abschreibungsplan, bei dem die Abschreibungsquoten nicht gleichbleiben, sondern von Jahr zu Jahr abnehmen, erhält man, wenn man jährlich stets den gleichen Prozentsatz vom jeweils erreichten, mit fortschreitender Tilgung sinkenden Buchwert abschreibt. Wird dieser konstante Prozentsatz mit $\frac{q}{100}$ bezeichnet, so ist der Buchwert der Anlage nach der ersten Abschreibung $B_1 = W - W\frac{q}{100} = W\left(1 - \frac{q}{100}\right)$, nach der zweiten Abschreibung $B_2 = B_1 - B_1\frac{q}{100} = B_1\left(1 - \frac{q}{100}\right)$ $= W\left(1 - \frac{q}{100}\right)^2$, nach der h-ten Abschreibung also

$$B_h = W\left(1 - \frac{q}{100}\right)^h. \tag{79}$$

Als Restwert nach der letzten vorgesehenen Abschreibung ergibt sich

$$W_R = B_n = W\left(1 - \frac{q}{100}\right)^n. \tag{80}$$

Soll bei gegebenem Restwert W_R der Abschreibungsprozentsatz $\frac{q}{100}$ ermittelt werden, der den Anschaffungswert W in n Jahren in den Restwert überführt, so erhält man durch Auflösung der Gleichung (80) nach $\frac{q}{100}$

$$\frac{q}{100} = 1 - \sqrt[n]{\frac{W_R}{W}}. \tag{81}$$

Formel (81) versagt für $W_R = 0$, indem sich dann stets $\frac{q}{100} = 1$, also gleich 100%, ergibt, d. h. die Anlage wird bereits nach einem Jahr voll abgeschrieben. Dies liegt daran, daß bei diesem Abschreibungsverfahren der Restwert 0 überhaupt niemals erreicht, sondern nur beliebig angenähert wird, wie es ähnlich bei der ebenfalls einem Exponentialgesetz folgenden Diskontierung mit Zinseszinsen der Fall ist (vgl. S. 36). Man hilft sich damit, daß man als Restwert W_R stets einen von 0 verschiedenen, wenn auch kleinen Betrag bestehen läßt, doch darf dieser „Erinnerungswert" nicht zu klein sein, weil sonst die ersten Abschreibungsquoten zu hoch werden.

Zur Überwindung der genannten Schwierigkeiten sind eine Anzahl komplizierter Abschreibungsverfahren erdacht worden, die sich aus Elementen der hier geschilderten einfachen Verfahren zusammensetzen. Ihre Beschreibung würde den Rahmen dieses Buches überschreiten und muß deshalb Spezialwerken vorbehalten bleiben.

c) *Progressive Abschreibungen.* Die unter b) behandelten degressiven Abschreibungen belasten die ersten Jahre weit stärker als die letzten. Das mag vom steuerlichen Standpunkt aus von Vorteil sein; häufig ist jedoch das Umgekehrte vorzuziehen: daß nämlich die Abschreibungen mit der kleinsten Quote einsetzen und von Jahr zu Jahr größer werden, z. B. wenn sich die Reparaturkosten der Anlage mit zunehmendem Alter erhöhen.

Sollen die jährlichen Abschreibungsquoten in arithmetischer Progression wachsen, so ergibt sich, wenn der Betrag der ersten Abschreibungsquote mit Q_1, ihr jährlich gleicher Anstieg mit d bezeichnet wird, als Betrag der zweiten Abschreibungsquote $Q_2 = Q_1 + d$. Die dritte Abschreibungsquote ist $Q_3 = Q_1 + 2d$, die h-te $Q_h = Q_1 + (h - 1)d$. Als Buchwert der Anlage nach der ersten Abschreibung erhält man $B_1 = W - Q_1$ und weiter $B_2 = W - Q_1 - (Q_1 + d) = W - 2Q_1 - d$, $B_3 = W - Q_1 - (Q_1 + d) - (Q_2 + 2d) = W - 3Q_1 - 3d$

$$B_h = W - hQ_1 - \frac{h(h-1)}{2}\,d\,. \tag{82}$$

Ist der Restwert W_R gegeben, so läßt sich aus Formel (82) entweder — bei gegebenem Steigerungsbetrag d — die erste Abschreibungsquote Q_1 oder — bei gegebener erster Abschreibungsquote Q_1 — der Steigerungsbetrag d errechnen. Man erhält in ersterem Fall

$$Q_1 = \frac{1}{n}\left(W - W_R - \frac{n(n-1)}{2}\,d\right), \tag{83}$$

in letzterem Fall

$$d = \frac{2}{n(n-1)}\,(W - W_R - nQ_1)\,. \tag{84}$$

Beispiel 57: Eine Anlage, deren Anschaffungswert 10000 DM beträgt, soll in 5 Jahren bis auf einen Restwert von 1000 DM abgeschrieben werden. Wie gestaltet sich der Abschreibungsplan, wenn α) konstante, β) degressive und γ) progressive, jährlich um 500 DM steigende Abschreibungen gewählt werden? — Im Fall α) ergibt sich die Abschreibungsquote, wenn Zinsen nicht in Rechnung gestellt werden sollen, zu

$Q = \frac{10000 - 1000}{5} = 1800$ DM, bei Berücksichtigung von 4% Zinsen p. a. zu $Q = \frac{10000 - 1000}{s_{\overline{5}|}} = \frac{9000}{5,4163} = 1661,65$ DM.

Im Fall β) erhält man als konstanten Abschreibungsprozentsatz $q = \left(1 - \sqrt[5]{\frac{1000}{10000}}\right) \cdot 100 = 36,91\%$. Im Fall γ) muß die Abschreibung mit $Q_1 = \frac{1}{5}\left(10000 - 1000 - \frac{5 \cdot 4}{2} \cdot 500\right) = 800$ DM beginnen. Die Abschreibungspläne sehen wie folgt aus: α_1) konstante Abschreibungen ohne Berücksichtigung von Zinsen:

Jahr	Buchwert zu Beginn des Jahres DM	Abschreibungsquote DM	Buchwert am Ende des Jahres DM	Abschreibungsquote in % des Buchwertes zu Beginn des Jahres
1	10 000,—	1 800,—	8 200,—	18,0
2	8 200,—	1 800,—	6 400,—	22,0
3	6 400,—	1 800,—	4 600,—	28,1
4	4 600,—	1 800,—	2 800,—	39,1
5	2 800,—	1 800,—	1 000,—	64,3

α_2) konstante Abschreibungen mit Berücksichtigung von 4% Zinsen p. a.:

Jahr	An Amortisationsfonds gezahlte Abschreibungsquote DM	Im Amortisationsfonds angesammelter Betrag einschließlich Zinsen DM	Buchwert am Ende des Jahres DM
1	1 661,65	1 661,65	8 338,35
2	1 661,65	3 389,77	6 610,23
3	1 661,65	5 187,01	4 812,99
4	1 661,65	7 056,14	2 943,86
5	1 661,65	9 000,00	1 000,—

β) degressive Abschreibungen:

Jahr	Buchwert zu Beginn des Jahres DM	Abschreibungsquote DM	Buchwert am Ende des Jahres DM	Abschreibungsquote in % des Buchwertes zu Beginn des Jahres
1	10 000,–	3 691,–	6 309,–	36,91
2	6 309,–	2 329,–	3 980,–	36,91
3	3 980,–	1 469,–	2 511,–	36,91
4	2 511,–	927,–	1 584,–	36,91
5	1 584,–	584,–	1 000,–	36,91

γ) progressive Abschreibungen:

Jahr	Buchwert zu Beginn des Jahres DM	Abschreibungsquote DM	Buchwert am Ende des Jahres DM	Abschreibungsquote in % des Buchwertes zu Beginn des Jahres
1	10 000,–	800,–	9 200,–	8,0
2	9 200,–	1 300,–	7 900,–	14,1
3	7 900,–	1 800,–	6 100,–	22,8
4	6 100,–	2 300,–	3 800,–	37,7
5	3 800,–	2 800,–	1 000,–	73,7

d) *Abschreibungen unter Berücksichtigung des Ertrages der Anlage.* Es werde von der Annahme ausgegangen, daß die abzuschreibende Anlage (ein Miethaus o. dgl.) n Jahre hindurch einen jährlichen Nettoertrag von E DM abwerfe. Der dann noch vorhandene Restwert der Anlage betrage W_R. Hieraus läßt sich der Ertragswert W_0 der Anlage zu Beginn des Zeitraums bestimmen. Er ist gleich dem Barwert der jährlichen Erträge plus dem abgezinsten Restwert, d. h. es gilt die Beziehung:

$$W_0 = E \cdot a_{\overline{n}|} + W_R \cdot \frac{1}{r^n} . \tag{85}$$

$(h-1)$ Jahre später ist der Ertragswert $W_{h-1} = E \cdot a_{\overline{n-h+1}|}$

$+ W_R \cdot \frac{1}{r^{n-h+1}}$ und h Jahre später $W_h = E \cdot a_{\overline{n-h|}}$ $+ W_R \cdot \frac{1}{r^{n-h}}$. Die im h-ten Jahr eintretende Wertminderung der Anlage, die am Ende des h-ten Jahres abzuschreiben ist, macht demnach $W_{h-1} - W_h = Q_h = E\,(a_{\overline{n-h+1|}} - a_{\overline{n-h|}})$ $+ W_R \left(\frac{1}{r^{n-h+1}} - \frac{1}{r^{n-h}}\right)$ aus, woraus man nach mehreren Umformungen als Betrag der h-ten Abschreibungsquote

$$Q_h = \frac{1}{r^{n-h+1}}\,(E - W_R\,i) \tag{86}$$

erhält. Als erste Abschreibungsquote ergibt sich $Q_1 = \frac{1}{r^n}\,(E - W_R\,i)$, und man erkennt — wegen $Q_h = \frac{1}{r^{n-h+1}}\,(E - W_R\,i) = r^{h-1} \cdot \frac{1}{r^n}\,(E - W_R\,i) = Q_1 \cdot r^{h-1}$ — daß die aufeinanderfolgenden Abschreibungsquoten in der gleichen Weise wie die Tilgungsquoten der Annuitätenschuld durch Aufzinsen auseinander hervorgehen. Der Buchwert der Anlage nach der h-ten Abschreibung ist demnach

$$B_h = W_0 - Q_1 \cdot s_{\overline{h|}}\,. \tag{87}$$

Beispiel 58: Ein Miethaus wirft 25 Jahre hindurch einen jährlichen Nettoertrag von $E = 10000$ DM ab. Der dann noch vorhandene Restwert beträgt $W_R = 50000$ DM. Hieraus ergibt sich als Ertragswert des Hauses zu Beginn des Zeitraums $W_0 = 10000 \cdot a_{\overline{25|}} + 50000 \cdot \frac{1}{r^{25}}$, also, wenn 5% Zinsen p. a. gerechnet werden, $W_0 = 140939 + 14765 = 155704$ DM. Soll die Wertminderung durch jährliche nachschüssige Abschreibungen ausgeglichen werden, so ist die erste Abschreibungsquote mit $Q_1 = \frac{1}{r^{25}}\,(10000 - 50000 \cdot 0{,}05) = 2214{,}75$ DM anzusetzen. Als Buchwert nach der 20. Abschreibung erhält man $B_{20} = 155704 - 2214{,}75 \cdot s_{\overline{20|}} = 155704 - 73233 = 82471$ DM.

E. Die Kurs- und Rentabilitätsrechnung

Anleihen werden in der Praxis häufig nicht zu dem auf den Anleihestücken angegebenen *Nennwert* oder *Nominalbetrag* ausgegeben (zur Zeichnung aufgelegt), sondern zu einem davon abweichenden Preis. Man nennt den Preis für ein Anleihestück des Nennwerts 100 DM den *Emissions-* oder *Zeichnungskurs* der Anleihe und bezeichnet ihn mit dem Symbol C. Durch Multiplikation von $\frac{C}{100}$ mit dem Nennwert erhält man den Preis für ein Anleihestück von beliebigem Nennwert, durch Multiplikation von $\frac{C}{100}$ mit dem Anleihebetrag K den Preis für die ganze Anleihe, den sogenannten *Kurswert* des Stückes oder der Anleihe.

Der Zeichnungskurs C kann kleiner oder — seltener — größer festgesetzt werden als der Nominalwert eines Anleihestückes zu 100 DM. Er kann aber auch mit diesem übereinstimmen, also gleich 100 sein. In letzterem Fall spricht man von einer Emission der Anleihe zu *pari*, in den beiden erstgenannten Fällen von einer Ausgabe *unter* bzw. *über pari*.

Wenn eine Anleihe unter bzw. über pari ausgegeben wird, haben die Anleihegläubiger also nicht den Nominalbetrag der von ihnen gezeichneten Stücke zu entrichten, sondern deren — niedrigeren oder höheren — Kurswert. Ebenso erhält der Anleiheschuldner nicht den Nominalbetrag, sondern den Kurswert der Anleihe. Dagegen hat er den *Anleihedienst* (d. h. die Zinszahlungen und die Rückzahlung der Stücke) entsprechend dem Tilgungsplan auszuführen, der, wie in Kapitel D gezeigt, stets den Nominalbetrag der Anleihe zur Grundlage hat.

Beispiel 59: Falls eine Anleihe im Betrage von $K = 1500000$ DM zum Kurse $C = 90$ zur Zeichnung aufgelegt wird, hat der

Zeichner eines 500-DM-Stückes hierfür $500 \cdot \frac{90}{100} = 450$ DM zu bezahlen. Der Anleiheschuldner erzielt aus der Anleiheaufnahme einen Erlös von $1500000 \cdot \frac{90}{100} = 1350000$ DM. Im Falle der Ausgabe der Anleihe zu $C = 105\%$ lauten die entsprechenden Zahlen $500 \cdot \frac{105}{100} = 525$ DM und $1500000 \cdot \frac{105}{100} = 1575000$ DM.

Das mit Bezug auf die spezielle Schuldform der Anleihe Ausgesagte gilt sinngemäß auch für andere Schuldformen. Hypotheken beispielsweise werden ebenfalls häufig zu einem vom Nominalbetrag abweichenden Kurs gewährt. Auch dabei werden Zinsen und Tilgungsquoten natürlich stets auf den Nominalbetrag bezogen.

1. Der Begriff der Effektivverzinsung

Dem Anleihegläubiger werden die von ihm gezeichneten Stücke mit dem Nominalbetrag zurückgezahlt — insofern kein Aufgeld vorgesehen ist. Die Zinsen werden stets auf den Nominalbetrag der Stücke bezogen. Der Anleihegläubiger hat dagegen den Kurswert der Stücke als Kaufpreis zu entrichten. Es leuchtet ein, daß die Verzinsung, die er für das von ihm in der Anleihe investierte Kapital erhält, nur dann mit der auf den Anleihestücken angegebenen Verzinsung übereinstimmt, wenn Nominalbetrag und Kurswert identisch sind, d. h. wenn die Stücke zum Kurs 100 zur Zeichnung aufgelegt werden[1]). Man nennt die auf den Stücken angegebene Verzinsung, die für den Anleiheschuldner maßgeblich ist, die *nominelle* Verzinsung oder den *Anleihe*zinsfuß bzw. -zinssatz und bezeichnet ihn mit p bzw. $i = \frac{p}{100}$. Da-

[1]) Über die Abwandlung, die diese Regel erfährt, falls die Stücke mit Aufgeld zurückgezahlt werden, vgl. S. 158.

gegen bezeichnet man denjenigen Zinsfuß bzw. Zinssatz, der die wirkliche Verzinsung des vom Anleihegläubiger in der Anleihe angelegten Betrages ausdrückt, als *effektiven* Zinsfuß bzw. Zinssatz[1]) und schreibt ihn p' bzw. $i' = \frac{p'}{100}$.

Nach oben Gesagtem ist der effektive Zinsfuß (Zinssatz) nur dann gleich dem nominellen, wenn $C = 100$ ist[2]). Ist C kleiner als 100, so ist p' größer als p; ist C größer als 100, so ist p' kleiner als p. In den beiden letztgenannten Fällen muß p' auf Grund der Anleihebedingungen erst errechnet werden.

Es ist klar, daß die Errechnung der Effektivverzinsung eine Aufgabe von besonderer Wichtigkeit für die Finanzmathematik darstellt. Denn der effektive Zinsfuß ist nicht nur für den Anleihegläubiger als Maß der wirklichen Verzinsung des von ihm angelegten Betrages von weit größerer Bedeutung als der Anleihezinsfuß, er drückt gleichzeitig die effektive jährliche Belastung des Anleiheschuldners aus, da dieser ja ebenfalls nicht den Nominalbetrag, sondern den Kurswert der Anleihe erhält. Die Identität von effektiver Verzinsung — vom Anleihegläubiger aus gesehen — und effektiver Belastung — vom Anleiheschuldner aus gesehen — besteht nur, wenn man unter effektiver Belastung lediglich die an die Anleihegläubiger zu zahlenden Beträge für den Anleihedienst versteht. Will man bei der effektiven Belastung dagegen auch die vom Schuldner an Dritte zu zahlenden Kosten und Spesen der Anleihebegebung und des Anleihedienstes berücksichtigen, so ist die effektive Belastung des Anleiheschuldners größer als die effektive Verzinsung, die die Anleihegläubiger erhalten (vgl. hierzu Beispiel *60c*, S. 132).

---

[1]) Diese Bezeichnungsweise steht in Übereinstimmung mit der bei den konformen Zinssätzen verwandten Terminologie, bei denen völlig analoge Verhältnisse herrschen (vgl. S. 41 ff.).

[2]) Über eine Einschränkung dieser Regel vgl. S. 158 f.

Über die speziellen Probleme der Anleiherechnung hinaus erlaubt die Einführung des Begriffs der Effektivverzinsung die Messung der Rentabilität aller in der Praxis vorkommenden Formen von Kapitalanlagen und damit deren Vergleich auch dann, wenn sie infolge der äußerst unterschiedlichen im Kreditwesen anzutreffenden Bedingungen, Absprachen und Usancen völlig undurchsichtig geworden sind. Zu diesem Zweck muß der Begriff der Effektivverzinsung rechnerisch so gefaßt werden, daß er sämtliche bei dem betreffenden Kreditgeschäft vereinbarten oder zu erwartenden Erträge, Gewinne, Verluste usw., ganz gleich ob sie laufend oder einmalig sind, in Rechnung stellt und sie, um die Vergleichbarkeit zu gewährleisten, unter Beachtung des Termins ihrer Fälligkeit in eine einheitliche, fortlaufend zahlbar gedachte Verzinsung umwandelt.

Wenn man bedenkt, daß sich bei jedem Kreditgeschäft Gläubiger und Schuldner gegenüberstehen, kann man die Effektivverzinsung am besten als denjenigen Zinssatz definieren, der die Leistungen von Gläubiger und Schuldner einander äquivalent macht, d. h. als denjenigen Zinssatz, mit dem alle Leistungen des Gläubigers verzinst werden müßten, um die Leistungen des Schuldners termingemäß hervorzubringen.

Auf Anleihen angewandt, wird sich die Berechnung des Effektivzinssatzes daher wie folgt gestalten: Es ist derjenige Zinssatz zu bestimmen, der den Barwert der Leistungen des Anleiheschuldners (d. h. den Zeitwert der Zinsen und Rückzahlungen einschließlich eines eventuellen Aufgeldes) am Tage der Anleihebegebung gleich der Leistung des Anleihegläubigers (d. h. gleich dem Kurswert der von ihm gezeichneten Stücke) macht.

Man kann sich diesen etwas komplizierten Tatbestand auch in folgender Weise zu verdeutlichen versuchen: Man stelle sich vor, daß der Anleihegläubiger alle ihm vom Anleiheschuldner überwiesenen Beträge jeweils im Zeitpunkt der Zahlung einem Bankkonto gutschreiben läßt, das mit dem Effektivzinssatz verzinst wird. Das Guthaben auf dem Konto wächst dann bis zum Termin der Rückzahlung der gezeichneten Stücke (einschließlich der Rückzahlung) auf genau den gleichen Betrag an, auf den das Guthaben eines ebenfalls mit dem Effektivzinssatz verzinsten Bankkontos anwachsen würde, dem der Zeichnungspreis der Stücke gutgeschrieben worden wäre.

2. Die Effektivverzinsung bei gesamtfälligen Anleihen

Die Berechnung der Effektivverzinsung gestaltet sich unterschiedlich, je nach dem Typ, dem die in Frage stehende Anleihe hinsichtlich der Anleihebedingungen angehört. Handelt es sich um eine gesamtfällige Anleihe (oder Zinsanleihe, vgl. S. 94), so bestehen die Leistungen des Anleiheschuldners in der laufenden Zinszahlung und in der am Ende der Laufzeit (also nach n Jahren) erfolgenden Rückzahlung sämtlicher Stücke. Führt man die Rechnung für ein Anleihestück im Nennwert von 100 DM durch, so erhält demnach der Zeichner, wenn jährlich einmalige Zinszahlung und Rückzahlung zum Nennwert vereinbart ist, dafür, daß er zu Beginn der Laufzeit C DM bezahlt hat, n Jahre lang jeweils am Jahresende p DM an Zinsen und nach n Jahren 100 DM als Rückzahlung. Die Zinsen stellen eine nachschüssige Rente mit der Rentenrate p dar, deren Barwert zusammen mit dem Barwert der Rückzahlung mit dem Effektivzinssatz auf den Beginn der Laufzeit abgezinst gleich $p \cdot a'_{\overline{n}|} + \frac{100}{r'^n}$ ist. (Hierbei deuten die Beistriche an, daß der betreffende Ausdruck mit dem Effektivzinssatz zu bilden ist; es ist also $r' = 1 + i' = 1 + \frac{p'}{100}$, $a'_{\overline{n}|} = \frac{r'^n - 1}{r'^n \cdot i'}$ usw.). Demnach gilt die Gleichung

$$C = p \cdot a'_{\overline{n}|} + \frac{100}{r'^n}. \qquad (88)$$

Formel (88) wird als *Zinsanleiheformel* bezeichnet. Sie bildet die Grundlage der Kurs- und Rentabilitätsrechnung.

In der angegebenen Gestalt löst Formel (88) die Aufgabe, den sogenannten *mathematischen* Kurs zu bestimmen, d. h. den Kurs, der einer gegebenen Effektivverzinsung rechnerisch entspricht. Aufgaben dieser Art treten auf, wenn es sich darum handelt, festzutsellen, welcher Kurs bei der Anleihebegebung mindestens verlangt werden muß, damit die effektive Belastung des Schuldners ein ins Auge gefaßtes Maß nicht übersteigt, oder welchen Kurs der Gläubiger höchstens bezahlen darf, damit die Effektivverzinsung der von ihm zu zeichnenden Stücke eine vorgeplante Höhe erreicht.

Für die Lösung der eigentlichen Aufgabe der Rentabilitätsrechnung, der Bestimmung der Effektivverzinsung bei gegebenem Kurs, müßte Formel (88) dagegen nach r' aufgelöst werden. Dies ergibt jedoch im allgemeinen eine Gleichung von so hohem Grad, daß sie mathematisch nicht mehr auflösbar ist. (Gleichungen von höherem als dem vierten Grad können außer in Spezialfällen nicht mehr aufgelöst werden. Aber selbst beim dritten und vierten Grad — in der Praxis oft schon beim zweiten — ist die Berechnung so kompliziert, daß sie für die Finanzmathematik ungeeignet erscheint.) Es ist deshalb notwendig, einen indirekten Weg einzuschlagen, der bereits im Hinblick auf die Aufgabe der Ermittlung des Zinssatzes einer Rente behandelt wurde (vgl. S. 79f.): Der Wert der gesuchten Effektivverzinsung muß zunächst geschätzt werden, worauf zu diesem Schätzwert mit Hilfe von Formel (89) der mathematische Kurs berechnet wird. Ist der mathematische Kurs höher (niedriger) als der gegebene Kurs, wird die Rechnung mit einem niedrigeren (höheren) Effektivzinssatz so lange wiederholt, bis der gegebene Kurs zwischen zwei mathematischen Kursen eingeschlossen ist. Interpolation zwischen den zugehörigen Effektivzinssätzen führt dann zum endgültigen Ergebnis (vgl. Beispiel *60* und die Beschreibung der Methode der Interpolation S. 161 ff.), wobei die Genauigkeit durch Wiederholung der Rechnung mit kleineren Intervallen beliebig gesteigert werden kann[1]).

Formel (88) läßt sich leicht auf den Fall ausdehnen, daß eine gesamtfällige Anleihe nicht mit dem Nominalbetrag sondern zuzüglich eines gewissen Aufgeldes zurückgezahlt wird. Sei V der Rückzahlungswert eines Anleihestückes im Nennwert von 100 DM *einschließlich* Aufgeld. Dann ist in Formel (88) einfach der Nennwert 100 durch den Rückzahlungswert V zu ersetzen, und man erhält

$$C = p \cdot a'_{\overline{n}|} + \frac{V}{r'^n}. \qquad (89)$$

Formel (88) ist offenbar nur ein Spezialfall von Formel (89), die für $V = 100$ gültig ist.

Der mathematische Kurs C setzt sich, wie aus Formel (89) ersichtlich, aus zwei Summanden zusammen, von denen der erste den Barwert der Anleihezinsen, der zweite den Barwert der Rückzahlung darstellt. Man bezeichnet den Ausdruck $p \cdot a'_{\overline{n}|}$ deshalb auch als *Kurs* der *Zinsen*, $\frac{V}{r'^n}$ als Kurs der *Rückzahlung*. Erfolgt die Rückzahlung mit Aufgeld, so läßt sich $\frac{V}{r'^n}$ — wegen $V = 100(1 + \alpha) = 100 + a$ (vgl. S. 108) — noch weiter in den Kurs der eigentlichen Rückzahlung $\frac{100}{r'^n}$ und in den Kurs des Aufgelds $\frac{a}{r'^n}$ zerspalten.

Um einen Anhaltspunkt für die zur Bestimmung der Effektivverzinsung notwendige vorläufige Schätzung des

[1]) Es gibt auch direkte Näherungsmethoden, doch ist das hier geschilderte indirekte Verfahren in den meisten Fällen das weitaus bequemste.

Effektivzinssatzes zu gewinnen, merke man sich, daß man einen Näherungswert für letzteren erhält, wenn man den Anleihezinsfuß auf den gegebenen Kurs bezieht und den durch die Rückzahlung entstehenden Kursgewinn bzw. -verlust auf die Laufzeit umgelegt, hinzufügt; in Formelschrift: $p' \approx 100\frac{p}{C} + \frac{V-C}{n}$.

Beispiel 60: a) Ein Unternehmer will eine Anleihe aufnehmen, die nach Ablauf von 10 Jahren in ihrer Gesamtheit zuzüglich 5% Aufgeld zurückgezahlt werden soll. Welchen Emissionskurs C muß er mindestens verlangen, wenn der Anleihezinssatz $4\frac{1}{2}$% p.a., jährlich zahlbar, beträgt, und er aus seinem Betrieb für den Anleihedienst höchstens 6% p. a. erwirtschaften kann? — Hier ist $p = 4{,}5$; $p' = 6$. Formel (89) ergibt: $C = 4{,}5 \cdot a'_{\overline{10}|} + \frac{105}{1{,}06^{10}} = 4{,}5 \cdot 7{,}3601 + 105 \cdot 0{,}5584 = 33{,}1205 + 58{,}6320 \approx 91{,}75$. Hierin ist 33,12 der Kurs der Zinsen, $100 \cdot 0{,}5584 = 55{,}84$ der Kurs der eigentlichen Rückzahlung und $5 \cdot 0{,}5584 \approx 2{,}79$ der Kurs des Aufgeldes. b) Jemand erwirbt ein Stück einer 5%igen gesamtfälligen Anleihe mit der Laufzeit 15 Jahre zum Kurs $C = 95$. Wie hoch ist die Effektivverzinsung, wenn das Anleihestück mit dem Nennwert zurückgezahlt wird? — Um einen Anhaltspunkt für die Schätzung der Effektivverzinsung zu gewinnen, setzt man $p' \approx 100\frac{p}{C} + \frac{V-C}{n} = 100\frac{5}{95} + \frac{100-95}{15} \approx 5{,}26 + 0{,}33 = 5{,}59$. Formel (89) liefert für $p' = 5\frac{1}{2}$: $C_{\text{I}} = 5 \cdot a'_{\overline{15}|} + \frac{100}{1{,}055^{15}} \approx 94{,}98$, für $p' = 5\frac{1}{4}$: $C_{\text{II}} = 5 \cdot 10{,}2065 + 46{,}4161 \approx 97{,}45$. Durch lineare Interpolation zwischen C_{I} und C_{II} erhält man schließlich $p' = 5{,}498$ als endgültigen Wert der Effektivverzinsung. c) Der unter b) errechnete Effektivzinssatz drückt gleichzeitig die effektive jährliche Belastung des Anleiheschuldners beim gegebenen Emissionskurs $C = 95$ aus, wenn, wie bei a) die durch die Anleihebegebung entstehenden Spesen unberücksichtigt bleiben. Sollen diese dagegen in Rechnung gestellt werden, so ist der Kurs C entsprechend niedriger anzusetzen. Es mögen beispielsweise bei der Anleihebegebung einmalige Kosten (durch Druck der Stücke und Zinsscheine, Inserate, Börseneinführung usw.) in Höhe von 100000 DM entstehen, ferner laufende Kosten (durch den Anleihedienst) in Höhe von 3000 DM jährlich. Der Anleihebetrag sei 10 Mill. DM. Dann rechnet man wie folgt: Die laufenden Kosten stellen eine nachschüssige Rente dar, deren Barwert mit einem in der Nähe des effektiven Zinssatzes liegenden Zinssatz (hier also etwa $5\frac{1}{2}\%$) ermittelt und zu den einmaligen Kosten zugeschlagen wird. Ergebnis: $3000 \cdot a_{\overline{15}|} + 100000 \approx 130000$ DM. 130000 DM sind 1,30% des Anleihebetrages von 10 Mill. DM. Der Kurs C ist demnach mit $95 - 1{,}30 = 93{,}70$ anzusetzen. Bei diesem Kurs ergibt sich durch ähnliche Rechnung wie bei b) als effektive Belastung des Schuldners $i' = 5{,}63\%$.

3. Die Effektivverzinsung bei Tilgungsanleihen

Während bei einer gesamtfälligen Anleihe der Effektivzinsfuß sowohl für den Besitzer der ganzen Anleihe als auch für den Besitzer eines oder mehrerer Anleihestücke stets die gleiche Höhe hat, ist dies bei Anleihen, die nach und nach getilgt werden (*Tilgungsanleihen* vgl. S. 94f.) nicht mehr der Fall. Da die Höhe der Effektivverzinsung vom Rückzahlungstermin abhängt, ist die Effektivverzinsung der Stücke derselben Tilgungsanleihe verschieden, je nachdem bei welcher Tilgung das betreffende Stück zur Rückzahlung gelangt. Wenn die Auswahl der zu den einzelnen Tilgungsterminen zu tilgenden Stücke durch das Los erfolgt, ist der Rückzahlungstermin des Einzelstückes a priori unbekannt. Bei solchen Anleihen kann deshalb die Effektivverzinsung von Einzelstücken im voraus nur unter der zusätzlichen Annahme ihrer Auslosung zu einem bestimmten unter den zahlreichen möglichen Tilgungsterminen errechnet werden. Hierbei ist dann die Zinsanleiheformel (89) zu verwenden, die ja unter der Voraussetzung einer bestimmten Laufzeit n (und damit eines bestimmten von vornherein festliegenden Rückzahlungstermins) entwickelt worden ist.

Liegt der Zeichnungskurs einer Anleihe unter dem Rückzahlungswert V, so entsteht durch die Rückzahlung ein *Kursgewinn*, der für ein Stück im Nennwert von 100 DM genau $(V - C)$ DM ausmacht. Dieser Kursgewinn, der bei der Berechnung der Effektivverzinsung dieser anteilig zugeschlagen wird, fällt um so stärker ins Gewicht, je früher er realisiert wird, d. h. je früher das betreffende Stück zur Auslosung gelangt. Bei sonst gleichen Bedingungen ist deshalb die Effektivverzinsung für ein Stück, das zum erstmöglichen Tilgungstermin ausgelost wird, am *größten*, wenn die Auslosung dagegen erst zum letztmöglichen Tilgungstermin erfolgt, am *kleinsten* (sogenannte *Mindesteffektivverzinsung*).

Liegt der Zeichnungskurs C dagegen über dem Rückzahlungswert V, so entsteht durch die Rückzahlung ein Verlust. Auch dieses wirkt sich um so stärker aus, je früher die Rückzahlung erfolgt, wodurch die Effektivverzinsung entsprechend *vermindert* wird. In diesem Fall kehren sich also die soeben geschilderten Verhältnisse um: Bei Auslosung zum erstmöglichen Tilgungstermin ist die Effektivverzinsung am *kleinsten* (Mindesteffektivverzinsung), bei Auslosung zum letztmöglichen Tilgungstermin am *größten*.

Bei den in der Praxis meist vorkommenden Anleihen mit verhältnismäßig langen Laufzeiten kann die Effektivverzinsung der einzelnen Stücke oft um große Beträge schwanken, je nachdem ob die Rückzahlung am Anfang oder am Ende der Laufzeit erfolgt. Was man nach vorstehendem jedoch stets genau feststellen kann, sind die Grenzen der Schwankung, indem man nach Formel (89) die Effektivverzinsung auf den erstmöglichen und auf den letztmöglichen Rückzahlungstermin berechnet.

Ist der erstmögliche Rückzahlungstermin das Ende des Jahres, an dessen Anfang die Anleihe ausgegeben wurde, so läßt sich Formel (89) bequem nach r' auflösen, weil r' dann nur vom Grade eins (da $n = 1$) auftritt. Man braucht deshalb in diesem Fall nicht den in Beispiel *60* geschilderten Umweg über die Bestimmung des mathematischen Kurses einzuschlagen, sondern erhält aus $C = p \cdot a'_{\overline{n}|} + \frac{V}{r'} = p \cdot \frac{r'-1}{r' \cdot i'} + \frac{V}{r'} = \frac{p+V}{r'}$ unmittelbar

$$r' = \frac{p+V}{C} \ . \tag{90}$$

Was man jedoch bei jeder Tilgungsanleihe a priori errechnen kann — sofern nur die Tilgung nach einem von vornherein feststehenden Plan erfolgt — ist die Effektivverzinsung der ganzen Anleihe. Sie ist einerseits ein genaues Maß für die effektive Belastung des Anleiheschuldners aus dem Anleihedienst. Andererseits wird sie auch vom Besitzer der ganzen Anleihe genau erreicht, was jedoch nur bedingten praktischen Wert hat, da nur in Ausnahmefällen ganze Anleihen in Händen eines einzigen Besitzers (etwa eines Kreditinstituts oder einer Versicherungsgesellschaft) sind.

Die Effektivverzinsung der ganzen Anleihe ist offenbar ein Mittelwert der auf die einzelnen möglichen Rückzahlungstermine berechneten Effektivzinssätze. Man nennt sie deshalb auch *mittlere* Effektivverzinsung. Wenn auch die mittlere Effektivverzinsung nach oben Gesagtem für den Besitzer einzelner Anleihestücke nicht zutreffend ist, stellt sie auch für ihn den *wahrscheinlichen* Wert der Effektivverzinsung seiner Stücke dar, wobei die Wahrscheinlichkeit, daß sie mit der a posteriori wirklich erzielten Effektivverzinsung übereinstimmt, um so größer ist, je mehr Stücke der betreffenden Anleihe er besitzt.

Die mittlere Effektivverzinsung liegt niemals genau in der Mitte zwischen den Grenzwerten der größtmöglichen und der Mindesteffektivverzinsung. Wegen des exponentiellen Abfalls der Verzinsung bei längeren Laufzeiten ist sie vielmehr stets mehr oder minder stark nach der für den letztmöglichen Tilgungstermin gültigen Effektivverzinsung hin verschoben. Ihre Berechnung — wobei stets wieder zunächst der mathematische Kurs bestimmt werden muß — gestaltet sich verschieden je nach dem Typ, dem die in Frage stehende Anleihe hinsichtlich ihrer Tilgungsbedingungen angehört[1]). Im folgenden sollen für die beiden wichtigsten Typen, zu denen fast alle in der Praxis vorkommenden Tilgungsanleihen zählen, die *Ratenanleihen* und die *Annuitätenanleihen*, die Berechnungsmethoden entwickelt werden[2]).

Der mathematische Kurs für die am Ende des ersten Anleihejahres zurückzuzahlenden Stücke ist nach Formel (89) $C_1 = p \cdot a'_{\overline{1}|} + \frac{V}{r'}$, für die am Ende des zweiten Jahres zurückzuzahlenden Stücke $C_2 = p \cdot a'_{\overline{2}|} + \frac{V}{r'^2}$ usw., schließlich für die am Ende des n-ten Jahres und damit am Ende der gesamten Laufzeit zurückzuzahlenden Stücke $C_n = p \cdot a'_{\overline{n}|} + \frac{V}{r'^n}$.

Bei der *Ratenanleihe*, bei der anläßlich jeder Tilgung gleich viele Stücke zur Rückzahlung gelangen, so daß jeweils die gleiche Anzahl der Stücke die gleiche Effektivverzinsung aufweist, ist der auf die mittlere Effektivverzinsung bezügliche Kurs C_R das einfache arithmetische Mittel der Kurse $C_1, C_2, \ldots, C_n$. Es gilt also $C_R = \frac{1}{n}\{C_1 + C_2 + \cdots + C_n\}$. Nun ist $C_1 + C_2 + \cdots + C_n = p[a'_{\overline{1}|} + a'_{\overline{2}|} + \cdots + a'_{\overline{n}|}] + V\left[\frac{1}{r'} + \frac{1}{r'^2} + \cdots + \frac{1}{r'^n}\right]$. Die zweite Klammer in diesem Ausdruck ist nach Formel (37) gleich $a'_{\overline{n}|}$,

---

[1]) Die S. 132 mitgeteilte Faustregel zur vorläufigen Schätzung der Effektivverzinsung kann auch bei der ersten Schätzung der mittleren Effektivverzinsung von Tilgungsanleihen Anwendung finden, wenn man als Laufzeit n nicht die gesamte Laufzeit der Anleihe, sondern eine etwas oberhalb der Mitte der Gesamtlaufzeit liegende ganze Zahl einsetzt. Die Abweichungen gegenüber dem wahren Ergebnis werden zwar im allgemeinen wesentlich größer sein als bei gesamtfälligen Anleihen, doch ist das Verfahren durchaus geeignet, einen Anhaltspunkt für die Interpolation zu gewinnen.

[2]) Die Merkmale dieser Anleihetypen sind bereits auf S. 94ff. ausführlich dargestellt worden.

die erste läßt sich umformen in $\frac{r'-1}{r'\cdot i'} + \frac{r'^2-1}{r'^2\cdot i'} + \cdots + \frac{r'^n-1}{r'^n\cdot i'} = \frac{1}{i'}\left[\left(1-\frac{1}{r'}\right)+\left(1-\frac{1}{r'^2}\right)+\cdots+\left(1-\frac{1}{r'^n}\right)\right] = \frac{1}{i'}\left[n-\left(\frac{1}{r'}+\frac{1}{r'^2}+\cdots+\frac{1}{r'^n}\right)\right] = \frac{1}{i'}(n-a'_{\overline{n}|})$. Durch Zusammenfügen erhält man schließlich

$$C_R = \frac{1}{n}\left[p\cdot\frac{n-a'_{\overline{n}|}}{i'} + V\cdot a'_{\overline{n}|}\right]. \tag{91}$$

Bei der *Annuitätenanleihe* müßte wegen der wachsenden Tilgungsquoten ein mit den einzelnen Tilgungsquoten als Gewichten versehenes gewogenes arithmetisches Mittel der Kurse $C_1, C_2, \ldots, C_n$ gebildet werden. Man kommt jedoch bequemer durch folgende Überlegung, die jedoch nur für $V = 100$ gilt, zum Ziel: Bei der Annuitätenanleihe besteht die Leistung des Gläubigers (oder der Gläubiger) in der Hingabe des Kurswertes der Anleihe $K\cdot\frac{C}{100}$, die Gegenleistung des Schuldners in der Zahlung der jährlichen nachschüssigen Annuitäten A, die Zinsen und Tilgungsquoten umfassen. Wie die Zeitgerade zeigt (vgl. Fig. 11)

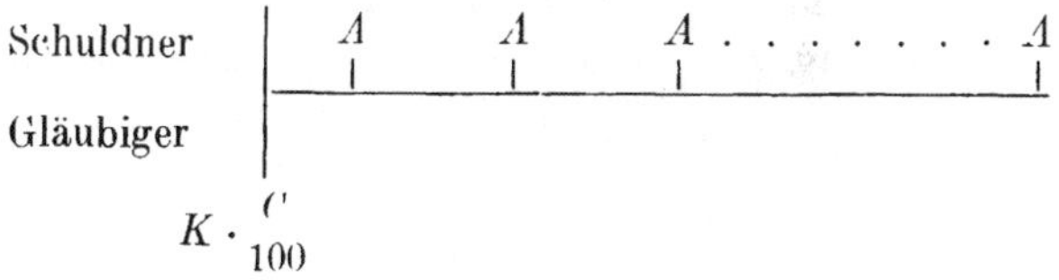

Fig. 11

muß deshalb die Gleichung bestehen $K\cdot\frac{C}{100} = A\cdot a'_{\overline{n}|}$. Nun ist nach Formel (65) $A = \frac{K}{a_{\overline{n}|}}$, so daß gilt $K\cdot\frac{C}{100} = K\cdot\frac{a'_{\overline{n}|}}{a_{\overline{n}|}}$ oder $\frac{C}{100} = \frac{a'_{\overline{n}|}}{a_{\overline{n}|}}$ oder schließlich

$$C_A = 100 \frac{a'_{\overline{n}|}}{a_{\overline{n}|}}, \tag{92}$$

(Der Index A in Formel (92) soll andeuten, daß es sich um die Kursformel für Annuitätenanleihen handelt; $a'_{\overline{n}|}$ ist mit der mittleren Effektivverzinsung, $a_{\overline{n}|}$ mit der nominellen Anleiheverzinsung anzusetzen.)

Im Tabellenteil ist als Tabelle VII (S. 173f.) eine Zusammenstellung der Werte von C_A für verschiedene nominelle und effektive Zinssätze und Laufzeiten aufgenommen.

Ist bei einer Annuitätenanleihe keine ganzzahlige Laufzeit, sondern eine runde Annuität vorgesehen, wobei sich nach Abschnitt D 3 (S. 104f.) meist eine gemischtzahlige Laufzeit $n = N + t$ ergibt, so ist ebenfalls Formel (92) anzuwenden. Bei Benutzung einer Tabelle kann zwischen den Tabellenwerten bei N und bei $N + 1$ interpoliert werden (vgl. S. 164, Beispiel *71*). Soll der Schuldrest V_n bei der N-ten Tilgung mit ausgeschüttet werden bzw. als $(N + 1)$te unregelmäßige Tilgungsquote zurückgezahlt werden, so ist an Stelle von Formel (92) nachstehende Formel zu verwenden:

$$C_A = 100 \frac{A \cdot a'_{\overline{N}|} + \dfrac{V_N}{r'^N}}{K} \quad \text{bzw.}$$

$$C_A = 100 \frac{A \cdot a'_{\overline{N}|} + \dfrac{V_N}{r'^{N+1}}}{K}, \tag{93}$$

die sich der Leser selbst ableiten möge.

Wird eine Annuitätenanleihe nicht mit dem Nennwert K, sondern mit dem ein Aufgeld $\alpha = \frac{a}{100}$ einschließenden Rückzahlungswert $K^* = K(1 + \alpha)$ zurückgezahlt, und wird das Aufgeld nach Abschnitt D 4 (S. 107ff.) in die Annuität eingerechnet, so nimmt Formel (92) die Gestalt an

$$C_A = V \frac{a'_{\overline{n}|}}{a^*_{\overline{n}|}}, \tag{94}$$

wobei $a^*_{\overline{n}|}$ mit dem Ersatzzinsfuß $p^* = \frac{p}{1+\alpha}$ anzusetzen und V — wie stets — gleich dem auf den Nennwert 100 DM bezogenen Rückzahlungswert der Anleihe, d. h. gleich $100(1+\alpha)$ ist. Für $V = 100$ geht Formel (94) in Formel (92) über.

Beispiel 61: Eine Anleihe wird mit 6% p. a. verzinst und in 15 Jahren plus ersparter Zinsen zum Nennwert getilgt. Wie hoch ist, wenn der Emissionskurs 95% beträgt α) die mittlere Effektivverzinsung der ganzen Anleihe, β) die Effektivverzinsung eines Anleihestückes, das am frühestmöglichen und γ) die Effektivverzinsung eines Anleihestückes, das zum letztmöglichen Termin zur Rückzahlung gelangt? — Im Falle α) ist Formel (92) anzuwenden. Die vorläufige Schätzung der Effektivverzinsung (vgl. S. 132 und S. 136, Anmerkung) liefert $p' = 100 \cdot \frac{6}{95} + \frac{100-95}{8} = 6{,}32 + 0{,}63 = 6{,}95$. Setzt man in Formel (92) $i' = 7\%$ ein, so erhält man $C_A = 100 \cdot \frac{a'_{\overline{15}|}}{a_{\overline{15}|}}$ $= 100 \frac{9{,}1079}{9{,}7122} = 93{,}78$; für $i' = 6\frac{3}{4}\%$ ergibt sich $C_A = 95{,}28$. Lineare Interpolation führt dann zu $i' = 6{,}797\%$ als der gesuchten mittleren Effektivverzinsung. Im Falle β) erhält man mit Hilfe von Formel (90) unmittelbar $r' = \frac{6+100}{95} = 1{,}1158$, also $i' = 11{,}58\%$. Im Falle γ) ergibt das in Beispiel *60* geschilderte Verfahren $i' = 6{,}53\%$. Dieser Zinssatz stellt gleichzeitig die Mindesteffektivverzinsung eines Stückes der in Frage stehenden Anleihe dar. (Wie man sieht, liegt die mittlere Effektivverzinsung viel näher an der Mindesteffektivverzinsung als an der höchsten erreichbaren Effektivverzinsung.)

Gehört eine Anleihe hinsichtlich ihrer Tilgungsbedingungen weder dem Typ der Ratenanleihe noch dem Typ der Annuitätenanleihe an, sondern wird sie in n unregelmäßigen, aber ihrer Höhe nach von vornherein festliegenden Teilbeträgen $B_1, B_2, \ldots, B_n$ zurückgezahlt, so bleibt nichts übrig, als mit Hilfe der Zinsanleiheformel (89) für jeden Tilgungstermin getrennt den jeweiligen Kurs $C_1, C_2, \ldots, C_n$ zu berechnen. Der Kurs der ganzen Anleihe ergibt sich dann als gewogenes arithmetisches Mittel der Einzelkurse zu

$$C = \frac{B_1C_1 + B_2C_2 + \ldots + B_nC_n}{B_1 + B_2 + \ldots + B_n}. \qquad (95)$$

(Für die ganze Rechnung ist natürlich der gleiche Effektivzinssatz zu verwenden.)

Formel (95) ist die allgemeinste Kursberechnungsformel. Sie schließt alle vorher abgeleiteten Formeln ein.

Beispiel 62: Eine Anleihe über 6 Mill. DM soll mit 4% p. a. verzinst und zum Nennwert in drei Teilbeträgen $B_1 = 1$ Mill. DM nach 3 Jahren, $B_2 = 2$ Mill. DM nach 5 Jahren und $B_3 = 3$ Mill. DM nach 10 Jahren zurückgezahlt werden. Wie hoch ist der Emissionskurs zu wählen, wenn eine Effektivverzinsung von 5% p. a. erzielt werden soll? — Mit Hilfe von Formel (89) erhält man für $p = 4$; $p' = 5$; $n_1 = 3$; $n_2 = 5$ und $n_3 = 10$ nacheinander $C_1 = 97{,}27$; $C_2 = 95{,}67$ und $C_3 = 92{,}28$. Eingesetzt in Formel (95) ergibt dies

$$C = \frac{1 \cdot 97{,}27 + 2 \cdot 95{,}67 + 3 \cdot 92{,}28}{1 + 2 + 3} = \frac{565{,}45}{6} = 94{,}24.$$

Man wird also den Emissionskurs auf $94\frac{1}{4}$% festsetzen.

Sehr häufig enthalten die Anleihebedingungen bei Tilgungsanleihen die Klausel, daß die Tilgung außer durch Auslosung auch durch freihändigen Rückkauf am offenen Markt erfolgen kann. Der Anleiheschuldner wird den Rückkauf der Rückzahlung natürlich stets vorziehen, solange der Börsenkurs der Anleihe unter dem Rückzahlungsbetrag liegt. Bleibt der Kurs während der ganzen Laufzeit der Anleihe niedriger als der Rückzahlungsbetrag, so kann der Stückbesitzer mit Bestimmtheit nur mit einer Rückzahlung zum *letztmöglichen* Rückzahlungstermin rechnen, falls er sich nicht entschließt, seine Stücke vorher zu verkaufen. Da im voraus nichts darüber bekannt ist, wann der Börsenkurs, wenn überhaupt, über den Rückzahlungsbetrag steigen wird, läßt sich bei mit einer derartigen Klausel versehenen Tilgungsanleihe die Berechnung von Kurs und Effektivverzinsung nur auf die Annahme der Rückzahlung zum letztmöglichen Termin abstellen, wenn der Kurs unter dem Rückzahlungsbetrag liegt, wobei selbstverständlich die Zinsanleiheformel (89) zu verwenden ist.

Die Berechnung auf den letztmöglichen Termin stellt bei unter dem Rückzahlungsbetrag notierenden Anleihen die Mindesteffektivverzinsung, wie in Abschnitt E 3 (S. 133ff.) ausgeführt worden ist, dar.

Dagegen ist auch bei Tilgungsanleihen mit Rückkaufklausel die Berechnung der mittleren Effektivverzinsung gemäß Formel (91) bis (94) sinnvoll, wenn der Kurs über dem Rückzahlungsbetrag liegt.

Ist von einer Anleihe nur bekannt, daß sie spätestens bis zu einem gewissen Zeitpunkt zurückgezahlt sein muß, während über die Art und Höhe der Tilgung nichts gesagt ist, so kann nur die auf den letztmöglichen Rückzahlungstermin bezogene Effektivverzinsung errechnet werden, die je nachdem, ob der Kurs niedriger oder höher als der Rückzahlungsbetrag ist, die in dem betreffenden Fall kleinst- oder größtmögliche sein wird.

4. Die Effektivverzinsung bei unterjähriger Zahlung der Anleihezinsen

In Deutschland und in vielen anderen Ländern ist es üblich geworden, Anleihezinsen halbjährlich zu zahlen. Indem der Anleihezeichner bereits nach einem halben Jahr statt erst am Jahresende in den Genuß der ersten Zinsen kommt, entsteht für ihn ein Vorteil, der sich finanzmathematisch bei sonst gleichen Bedingungen in einer höheren Effektivverzinsung auswirken muß. Ebenso führt halbjährliche Zinszahlung zu einer entsprechend höheren Belastung des Anleiheschuldners.

Die zum Zwecke der Berechnung des mathematischen Kurses — und damit indirekt auch zur Berechnung der Effektivverzinsung — abgeleiteten Formeln (88) bis (94) bedürfen der nachstehend dargestellten Modifikationen, wenn sie für halbjährliche Zahlung der Anleihezinsen gültig sein sollen. Als Zahlungsweise der Effektivzinsen wird dabei nach wie vor die jährlich einmalige angenommen.

a) *Gesamtfällige Anleihen.* In Formel (89) gehen die Anleihezinsen als nachschüssige Rentenrate p ein, deren Barwert, mit dem Effektivzinssatz abgezinst, ermittelt wird. Wird nun statt der jährlichen Rentenrate p die halbjährliche Rentenrate $\frac{p}{2}$ gezahlt, so ist nach Abschnitt C 5 die dazu konforme jährliche Rentenrate zu bestimmen. Nach Formel (48) erhält man hierfür $\frac{p}{2}\left(2 + \frac{1}{2}i'\right) = p\left(1 + \frac{i'}{4}\right)$.
Setzt man diesen Ausdruck statt p in Formel (89) ein, so ergibt sich als Kursformel für gesamtfällige Anleihen bei halbjährlicher Zahlung der Anleihezinsen (Zinsanleiheformel für halbjährliche Zinszahlung):

$$C_{\frac{1}{2}} = p\left(1 + \frac{i'}{4}\right)a'_{\overline{n}|} + \frac{V}{r'^n}\,. \tag{96}$$

b) *Ratenanleihen.* Für Ratenanleihen gilt die gleiche Überlegung wie für gesamtfällige Anleihen: Es ist in Formel (91) p durch $p\left(1 + \frac{i'}{4}\right)$ zu ersetzen, und man erhält

$$C_{R(\frac{1}{2})} = \frac{1}{n}\left[p\left(1 + \frac{i'}{4}\right)\frac{n - a'_{\overline{n}|}}{i'} + Va'_{\overline{n}|}\right]. \tag{97}$$

c) *Annuitätenanleihen.* Für Annuitätenanleihen entsteht bei halbjährlicher Zinszahlung eine sehr komplizierte Kursformel, die hier ohne nähere Erläuterung gebracht werden soll:

$$C_{A(\frac{1}{2})} = \frac{V\left(\frac{1}{r^n} - \frac{1}{r'^n}\right) + p\left(1 + \frac{i'}{4}\right)(a_{\overline{n}|} - a'_{\overline{n}|})}{(i' - i)a_{\overline{n}|}}. \quad (98)$$

Es empfiehlt sich, anstatt diese Formel zu benutzen, die Berechnung mit Hilfe der mittleren Laufzeit vorzunehmen (vgl. S. 146ff.).

Die auf S. 135 wiedergegebene Formel (90) zur unmittelbaren Berechnung der Effektivverzinsung im Falle der Rückzahlung eines Stückes einer Tilgungsanleihe zum erstmöglichen Tilgungstermin am Ende des ersten Anleihejahres erhält, wenn die Zinszahlung halbjährlich erfolgt, die Gestalt

$$i' = \frac{p + (V - C)}{C - \frac{p}{4}}. \quad (99)$$

Bei der Entwicklung der Kursformeln (88) bis (99) ist für die Effektivzinsen, wie bereits erwähnt, die jährliche Zahlungsweise angenommen worden. Dies ermöglicht den unmittelbaren Vergleich der auf Grund dieser Formeln errechneten Effektivzinssätze mit allen anderen im Kreditwesen vorkommenden Zinssätzen, für die entsprechend dem ganzen Aufbau der Finanzmathematik ein jährlich einmal verzinsliches Bankkonto als Muster herangezogen wird.

Dagegen ist es in den angelsächsischen Ländern üblich, von dem Typ der halbjährlich verzinslichen Anleihe als Muster ausgehend, bei der Bestimmung der Rentabilität von Anleihen auch für die Effektivzinsen die halbjährliche Zahlungsweise vorauszusetzen. Auf dieser sogenannten „amerikanischen“ Methode der Effektivzinsrechnung beruhen beispielsweise die unter dem Namen „bond yield tables“ bekannten Tabellenwerke. Die amerikanische Methode erleichtert zwar die Berechnung der Effektivverzinsung für das Spezialgebiet der ja fast ausschließlich mit halbjährlicher Zinszahlung ausgestatteten Anleihen, erschwert jedoch den Vergleich mit den anderen Formen der Kapitalanlage.

Auf Grund der amerikanischen Methode erhält man unmittelbar nur einen halbjährlichen Effektivzinsfuß $\frac{\bar{p}'}{2}$, der in den „bond yield tables" zum Jahreseffektivzinsfuß $\bar{p}'$ verdoppelt erscheint. Nach Abschnitt B 3 (S. 45 ff.) entspricht jedoch dem halbjährlichen Zinsfuß $\frac{\bar{p}'}{2}$ nicht der Jahreszinsfuß $\bar{p}' = 100\,\bar{\imath}'$, sondern der konforme Jahreszinsfuß $p' = 100\,i'$, wobei nach Formel (20)

$$i' = \left(1 + \frac{\bar{\imath}'}{2}\right)^2 - 1 \qquad (100)$$

zu setzen ist. Formel (100) dient dem Übergang von den Effektivzinsfüßen der amerikanischen Methode zu den gemäß Formel (88) bis (99) errechneten, dem Aufbau der Finanzmathematik entsprechenden Jahreszinsfüßen. Um von letzteren zu den Effektivzinsfüßen der amerikanischen Methode zu gelangen, hat man Formel (100) nach $\frac{\bar{\imath}'}{2}$ aufzulösen und erhält

$$\frac{\bar{\imath}'}{2} = \sqrt{i' + 1} - 1\,. \qquad (101)$$

Beispiel 63: a) Die im Beispiel *60* a S. 132 behandelte gesamtfällige Anleihe ($p = 5$, $n = 15$, $C = 95$), deren Effektivverzinsung bei jährlicher Zahlung der Anleihezinsen zu $p' = 5{,}498$ ermittelt wurde, würde, wenn die Anleihezinsen halbjährlich gezahlt werden, rd. 5,57% effektiv erbringen. Durch die unterjährige Zahlungsweise erhält der Stückebesitzer also rd. 0,07% p. a. mehr. (Bei der Rechnung ist zwischen zwei Kursen zu interpolieren, die sich gemäß Formel (96) beim Effektivzinssatz 5½% und bei einem etwas höheren Effektivzinssatz ergeben.) — b) Die Effektivverzinsung einer 5%igen, gesamtfälligen, in 10 Jahren zum Nennwert zurückzahlbaren Anleihe beträgt beim Kurse $C = 100$ und jährlicher Zahlung der Anleihezinsen gemäß Formel (96) 5,06%. Nach der amerikanischen Methode (es ist Formel (101) anzuwenden) würden sich bei jährlicher Verzinsung 4,94% und bei halbjährlicher Verzinsung 5% ergeben. Da bei der amerikanischen Methode halbjährliche Zahlung der Effektivzinsen angenommen wird, sind letztere Werte erst bei Zurückformung gemäß Formel (100) mit den Zinssätzen jährlich verzinslicher Bank- oder Sparkassenkonten vergleichbar.

5. Die Effektivverzinsung bei aufgeschobener Tilgung

Bei der Aufstellung der Kursformeln für Tilgungsanleihen ist von der Voraussetzung ausgegangen worden, daß die Tilgung mit der Anleihebegebung einsetzt, so daß die erste Rückzahlung am Ende des Jahres stattfindet, mit dem die Verzinsung beginnt. Da aber in vielen Fällen der Anleiheschuldner nicht in der Lage sein wird, bereits zu einem so frühen Zeitpunkt Mittel für die Tilgung bereitzustellen, findet man bei Tilgungsanleihen häufig die Vereinbarung, daß die Tilgung erst nach Ablauf einer Reihe von tilgungsfreien Jahren beginnt, während welcher nur Zinsen zu zahlen sind. Derartige Anleihen nennt man Anleihen mit *aufgeschobener* Tilgung. Den Kurs einer solchen Anleihe bestimmt man in folgender Weise:

Es sei C_n der entsprechend der jeweiligen Art der Tilgung nach einer der Formeln (91) bis (94) bzw. (97) oder (98) berechnete Kurs einer gewöhnlichen Tilgungsanleihe. Dieser Kurs bezieht sich auf den Termin ein Jahr vor der ersten Rückzahlung. Werden bis dahin schon m Jahre lang Zinsen gezahlt, so kann man die Anleihe als eine gesamtfällige Anleihe auffassen, bei welcher am Ende des m-ten Jahres die Rückzahlung mit dem Betrage C_n erfolgt.

Der Kurs $_mC$ der um m Jahre aufgeschobenen Tilgungsanleihe ist also bei jährlicher Zinszahlung

$$_mC = p \cdot a'_{\overline{m}|} + \frac{C_n}{r'^m}, \tag{102}$$

bei halbjährlicher Zinszahlung

$$ {}_mC_{(\frac{1}{2})} = p\left(1 + \frac{i'}{4}\right) a'_{\overline{m}|} + \frac{C_n}{r'^m} . \tag{103} $$

Bei Anwendung der Formeln (102) bzw. (103) ist darauf zu achten, daß sich die Kurse ${}_mC$ bzw. ${}_mC_{(\frac{1}{2})}$ auf den Zeitpunkt m Jahre vor Beginn der Tilgung oder — da ja die erste Rückzahlung erst am Ende des Jahres erfolgt, mit dem die Tilgung beginnt — $(m + 1)$ Jahre vor der ersten Rückzahlung bezieht.

Beispiel 64: Eine Anleihe ist mit 5% p. a., halbjährlich zahlbar, verzinslich und wird in 10 gleichen jährlichen Raten zum Nennwert getilgt. Die Tilgung beginnt in $m = 4$ Jahren (d. h. die erste Rückzahlung findet am Ende des vierten Jahres statt). Welcher Kurs ergibt sich bei einer Effektivverzinsung von 6% p. a.? — Formel (97) liefert den Kurs

$$ C_n = \frac{1}{10}\left\{5\left(1 + \frac{0{,}06}{4}\right)\frac{10 - a'_{\overline{10}|}}{0{,}06} + 100 \cdot a'_{\overline{10}|}\right\} $$

$$ = \frac{1}{10}\left\{5{,}075\,\frac{10 - 7{,}3601}{0{,}06} + 100 \cdot 7{,}3601\right\} = 95{,}86. $$

Dieser Kurs bezieht sich auf den Zeitpunkt ein Jahr vor der ersten Rückzahlung. Für ${}_mC$ erhält man nach Formel (103)

$$ {}_4C = 5\left(1 + \frac{0{,}06}{4}\right)a'_{\overline{4}|} + \frac{95{,}86}{1{,}06^4} = 93{,}52. $$

6. Der Begriff der mittleren Laufzeit

Die Formeln zur Berechnung von Kurs und Effektivverzinsung bei Tilgungsanleihen sind zum Teil in der Anwendung sehr umständlich. Es ist nun möglich, auch bei Tilgungsanleihen die einfacher gebauten Zinsanleiheformeln zu benutzen, wenn man sich des Begriffes der *mittleren Laufzeit* bedient.

So, wie es nämlich möglich ist, die Summe von n verschiedenen Größen durch das n-fache ein und derselben Größe, und zwar des arithmetischen Mittels aus den n Größen zu ersetzen, kann man den Mittelwert der Kurse der zu den verschiedenen möglichen Tilgungsterminen auszulosenden Anleihestücke durch den Kurs eines einzigen Anleihestückes ersetzen, wenn man die Laufzeit dieses Anleihestückes passend als Mittelwert aus den verschiedenen einzelnen Laufzeiten wählt.

Dabei liegt die mittlere Laufzeit nicht etwa genau in der Mitte der Einzellaufzeiten der Stücke. Wegen des Charakters des Zinseszinsgesetzes als einer Exponentialfunktion (vgl. S. 36) ist sie — bei Annuitätenanleihen stärker als bei Ratenanleihen — nach dem Ende der Laufzeit der ganzen Anleihe hin verschoben und muß in jedem Fall erst auf Grund der jeweiligen Anleihebedingungen errechnet werden.

Die mittlere Laufzeit drückt auch nicht etwa aus, daß es am wahrscheinlichsten ist, daß ein Stück der betreffenden Anleihe gerade nach Ablauf dieser Zeit zurückgezahlt wird. Da sich als mittlere Laufzeit meist eine gebrochene Zahl ergibt, findet zu dem durch die mittlere Laufzeit bestimmten Termin im allgemeinen überhaupt keine Rückzahlung statt. Die mittlere Laufzeit ist vielmehr eine reine Rechengröße, die nur folgendes besagt: Wenn die ganze Anleihe zu dem durch die mittlere Laufzeit festgelegten Zeitpunkt zurückgezahlt werden würde, würde ihre Effektivverzinsung den gleichen Wert haben, den sie unter Berücksichtigung der unterschiedlichen Laufzeiten der einzelnen Stücke tatsächlich hat.

Aus der Definition der mittleren Laufzeit folgt der Weg, der zu ihrer Berechnung führt: Es sind die Zinsanleiheformeln unter Verwendung der vorläufig noch unbekannten mittleren Laufzeit als Terminzahl den entsprechenden Formeln für Tilgungsanleihen gleichzusetzen und die entstehenden Gleichungen nach der unbekannten Größe aufzulösen.

Für die mittlere Laufzeit der Ratenanleihe mit jährlich einmaliger Verzinsung σ erhält man durch Gleichsetzen der

Formeln (89) und (91): $p \cdot a'_{\overline{\sigma}|} + \frac{V}{r'^{\sigma}} = \frac{1}{n}\left[p \cdot \frac{n - a'_{\overline{n}|}}{i'}\right.$ $\left. + V \cdot a'_{\overline{n}|}\right]$; weiter durch Umformung $\frac{p \cdot r'^{\sigma} - p + Vi'}{r'^{\sigma} \cdot i'}$ $= \frac{1}{n} p \frac{n - a'_{\overline{n}|}}{i'} + \frac{1}{n} V a'_{\overline{n}|}$; $p + \frac{Vi' - p}{r'^{\sigma}} = p + \frac{(Vi' - p) a'_{\overline{n}|}}{n}$; $\frac{1}{r'^{\sigma}} = \frac{a'_{\overline{n}|}}{n}$; $r'^{\sigma} = \frac{n}{a'_{\overline{n}|}}$ und schließlich

$$\sigma = \frac{\log n - \log a'_{\overline{n}|}}{\log r'} \tag{104}$$

Für die mittlere Laufzeit λ der Annuitätenanleihe mit jährlich einmaliger Verzinsung und Rückzahlung zu 100% erhält man entsprechend durch Gleichsetzen der Formeln (89) und (92): $p \cdot a'_{\overline{\lambda}|} + \frac{100}{r'^{\lambda}} = 100 \cdot \frac{a'_{\overline{n}|}}{a_{\overline{n}|}}$; weiter durch Umformung $\frac{pr'^{\lambda} - p + p'}{r'^{\lambda} i'} = 100 \frac{r'^{n} - 1}{r'^{n} i' a_{\overline{n}|}}$; $\frac{p' - p}{r'^{\lambda}} = 100 \frac{1 - v'^{n}}{a_{\overline{n}|}} - p$ $= \frac{100 - 100 v'^{n} - p a_{\overline{n}|}}{a_{\overline{n}|}}$; $r'^{\lambda} = \frac{a_{\overline{n}|}(p' - p)}{100 - 100 v'^{n} - 100(1 - v^{n})}$ $= \frac{a_{\overline{n}|}(p' - p)}{100(v^{n} - v'^{n})} = \frac{a_{\overline{n}|}(i' - i)}{v^{n} - v'^{n}}$ und schließlich

$$\lambda = \frac{\log a_{\overline{n}|} + \log |i' - i| - \log |v^{n} - v'^{n}|}{\log r'} \tag{105}$$

(Die senkrechten Striche um die Ausdrücke $| i' - i |$ und $| v^{n} - v'^{n} |$ bedeuten, daß die Differenzen mit ihrem absoluten Betrag, d. h. stets positiv, zu nehmen sind.)

Es läßt sich zeigen, daß die für jährlich einmalige Zinszahlung errechneten Größen σ und λ auch für halbjährliche Zahlungsweise der Anleihezinsen Gültigkeit behalten. Ebenso spielt es für die Bestimmung der mittleren Laufzeit keine Rolle, ob die Anleihe zum Nominalbetrag oder mit einem Aufgeld zurückgezahlt wird. Nur hat man für die weitere Rechnung natürlich die *entsprechenden* Zinsanleiheformeln zu verwenden. Soll z. B. der Kurs einer Tilgungsanleihe mit halbjährlicher Zinszahlung, Rückzahlung zu V % (V ungleich 100) und Tilgung in n Jahren mit Hilfe der mittleren Laufzeit berechnet werden, so bestimmt man zunächst σ bzw. λ aus den Formeln (104) bzw. (105) und setzt dann das so gefundene σ bzw. λ als Terminzahl an Stelle von n in die Formel zur Berechnung des Kurses einer Zinsanleihe mit halbjährlicher Zinszahlung und Rückzahlung zu V %, d. h. in Formel (96), ein.

Den größten Vorteil bietet die Anwendung der mittleren Laufzeit bei Anleihen mit *aufgeschobener Tilgung.* Bei einer derartigen Anleihe wird σ bzw. λ nur für die *Tilgungszeit* bestimmt, worauf die tilgungsfreien m Jahre der mittleren Laufzeit hinzugezählt und $(\sigma + m)$ bzw. $(\lambda + m)$ als Terminzahl in den Zinsanleiheformeln verwendet werden.

Die Formeln (104) und (105) zeigen, daß die mittlere Laufzeit von der Effektivverzinsung abhängig ist. Die mittlere Laufzeit λ der Annuitätenanleihe hängt überdies auch noch vom Anleihezinsfuß ab. In Tabelle VIII (S. 175ff.) des Tabellenteils sind die Werte von σ und λ für einige Zinssätze und Gesamtlaufzeiten wiedergegeben.

Beispiel 65: Eine 4%ige, halbjährlich verzinsliche Anleihe soll in 20 Jahren nach einer tilgungsfreien Zeit von 8 Jahren in um die ersparten Zinsen wachsenden Raten nur durch Auslosung getilgt und zu 100% zurückgezahlt werden. Wie hoch ist der Emissionskurs festzusetzen, damit der Gläubiger eine Effektivverzinsung von 5% erhält? — Hier ist die Berechnung über die mittlere Laufzeit der bequemere Weg. Nach Formel (105) erhält man

$$\lambda = \frac{\log a_{20} + \log \left| 0{,}05 - 0{,}04 \right| - \log \left| \left(\frac{1}{1{,}04}\right)^{20} - \left(\frac{1}{1{,}05}\right)^{20} \right|}{\log 1{,}05}$$

$$= \frac{\log 13{,}5903 + \log 0{,}01 - \log (0{,}456387 - 0{,}376889)}{\log 1{,}05}$$

$= 10{,}99 \approx 11;\quad \lambda + m = 11 + 8 = 19.$ In Formel (96) eingesetzt ergibt dies: $C = 4 \cdot \left(1 + \frac{0{,}05}{4}\right) \cdot a'_{\overline{19}|} + \frac{100}{1{,}05^{19}} = 88{,}52.$

Die Emission hat zum Kurs 88½% zu erfolgen.

7. Die Effektivverzinsung während der Laufzeit einer Anleihe

Die bisher entwickelten Formeln der Kurs- und Rentabilitätsrechnung gelten nicht nur für den Zeichner der Anleihe, sondern auch für denjenigen, der ein Anleihestück später, d. h. während der Laufzeit der Anleihe, käuflich erwirbt. Nur ist dann für C nicht der Zeichnungskurs, sondern der Kaufpreis — natürlich ebenfalls auf ein Stück im Nennwert von 100 DM bezogen — also der sogenannte *Kaufkurs*, und für n die Zeit vom Kauf bis zum Ende der Laufzeit einzusetzen.

Ebenso bleiben die Formeln gültig, wenn der Besitzer des Anleihestückes dieses nicht bis zur Rückzahlung behält, sondern es vorzeitig wieder verkauft. In diesem Fall ist unter V nicht der Rückzahlungswert, sondern der Verkaufspreis eines Stückes im Nennwert von 100 DM, der sogenannte *Verkaufskurs*, zu verstehen. Als Terminzahl n ist die Besitzzeit des Stückes, d. h. die Zeit von der Zeichnung bzw. dem Erwerb bis zum Verkauf, zu verwenden. Mathematischer Kurs und Effektivverzinsung von Anleihestücken, die vorzeitig verkauft werden, sind selbstverständlich stets mit Hilfe der *Zinsanleiheformeln* (89) bzw. (96) zu errechnen, auch wenn es sich um Stücke von Tilgungsanleihen handelt. Erfolgt der Verkauf zu einem niedrigeren Kurs als die Zeichnung oder der Erwerb, so wird die Effektivverzinsung durch den entstehenden Kursverlust gedrückt, es kann dabei sogar — wenn der Kursverlust größer als der während der Besitzzeit erzielte Zinsgewinn ist — zu negativen Effektivzinssätzen kommen.

Die Formeln (88) bis (103) liefern streng genommen nur dann richtige Werte, wenn die Laufzeit n eine ganze Zahl von Jahren umfaßt. Vergleicht man den nach Formel (89) für eine Zinsanleihe mit jährlicher Zinszahlung für den Beginn eines (Anleihe-)Jahres errechneten Kurs C_0 mit dem entsprechenden Kurs C_1 zu Beginn des nächsten Jahres, so findet man, daß die Differenz der beiden Kurse C_1 und C_0 gleich $(C_0 i' - p)$ ist. Man kann demnach den Kurs C_1 aus dem Kurs C_0 durch die Beziehung $C_1 = C_0 r' - p$ bestimmen. Infolge des Inrechnungstellens sogenannter *Stückzinsen* im Kreditwesen erhält der Käufer eines Anleihestückes, der den Kauf nicht unmittelbar nach einem Zinszahlungstermin tätigt, tatsächlich — allerdings mit einer praktisch nicht ins Gewicht fallenden zeitlichen Verschiebung — nur den Teil des nächsten Zinskupons, der auf den noch ausstehenden Jahresbruchteil entfällt. Da sich die an deutschen Börsen notierten Kurse netto, d. h. ausschließlich Stückzinsen, verstehen, gehen die Kurse beim Übergang von der einen zur nächsten Zinsperiode stetig ineinander über, d. h. es findet, im Gegensatz zur Handhabung an manchen ausländischen Börsen, kein Kursabschlag nach Abtrennung des Zinskupons statt. Daher kann auch die Differenz zwischen zwei um ein Jahr auseinanderliegenden Kursen stetig aufgeteilt werden. Rechnet man innerhalb des Jahres, wie es genau genommen erforderlich ist, mit einfachen Zinsen und bezeichnet C_t den Kurs, der um den Jahresbruchteil *t nach* dem Zeitpunkt des Kurses C_0 liegt, so erhält man demzufolge

$$C_t = C_0 + (C_0 i' - p)t. \tag{106}$$

Bei halbjährlich verzinslichen Anleihen muß man zwischen dem jeweils ersten und dem jeweils zweiten Halbjahr unterscheiden. Für die ersten Halbjahre $\left(\text{also für } t \leqq \frac{1}{2}\right)$ kann man Formel (106) verwenden. Für die zweiten Halbjahre $\left(\text{also für } t > \frac{1}{2}\right)$ kann man den Kurs nach der Formel

$$C_t = C_0 + (C_0 i' - p)t - p \cdot \frac{i'}{2} \cdot \left(t - \frac{1}{2}\right) \qquad (107)$$

mit großer Genauigkeit errechnen. In den meisten praktisch vorkommenden Fällen wird es jedoch genügen, in den Kursformeln (88) bis (103) auch gebrochene Terminzahlen zuzulassen, da die Abweichungen im allgemeinen sehr gering sind.

Bei Tilgungsanleihen sind die Kurse für Zwischentermine ebenfalls nach den Formeln (106) bzw. (107) zu bestimmen, wenn große Genauigkeit verlangt wird. Doch erfolgt hier während der Tilgungszeit der Übergang von einem Jahr zum nächsten *nicht stetig*. Berechnet man nämlich auf Grund einer der Formeln (91) bis (94) bzw. (97) oder (98) den Kurs C_0 zu Beginn eines Jahres und daraus mit Hilfe von Formel (106) den Kurs C_1 am Ende des Jahres, so stimmt dieser Kurs nicht mit dem direkt errechneten Kurs C_1 überein. Vielmehr ist er, wenn p' größer als p ist, höher, wenn p' kleiner als p ist, niedriger als der letztgenannte Kurs. Dies erklärt sich daraus, daß der mit Hilfe von Formel (106) errechnete Kurs C_1 den Kurs unmittelbar vor der Auslosung der zu tilgenden Stücke, der aus den Kursformeln direkt errechnete Kurs C_1 aber den Kurs unmittelbar nach der Auslosung darstellt. Bei der Auslosung springt der Wert der ausgelosten Stücke plötzlich auf den Rückzahlungsbetrag. Da sich der Kurswert der ganzen Anleihe jedoch nicht geändert hat, muß der Kurs der nicht ausgelosten Stücke entsprechend sinken oder steigen, und zwar genau im Ausmaß der erwähnten Differenz, wenn man diese mit der Anzahl der noch aufrechten Stücke multipliziert.

Nun stimmt bei Tilgungsanleihen oft der Termin der Auslosung nicht genau mit dem Termin der Rückzahlung der ausgelosten Stücke überein, sondern liegt einige Zeit früher. Die Kursformeln beziehen sich stets auf die Rückzahlungstermine. Damit jedoch der Kurssprung richtig auf den Auslosungstermin verlegt wird, ist es zur Erzielung großer Genauigkeit nötig, die Formeln (106) bzw. (107) in der angegebenen Gestalt jeweils nur für die Zeit von einem Rückzahlungstermin bis zum nächsten Auslosungstermin zu verwenden, für die Zeit vom Auslosungstermin bis zum zugehörigen Rückzahlungstermin dagegen von C_1 ausgehend rückwärts zu rechnen (vgl. Beispiel *66b*).

Beispiel 66: a) Jemand kauft ein Stück einer 5%igen, halbjährlich verzinslichen Anleihe zu 95% und verkauft es nach 3 Jahren zu 98%. Wie hoch ist die von ihm erzielte Effektivverzinsung? — Die S. 132 mitgeteilte Faustregel ergibt als ersten Schätzwert der Effektivverzinsung $p' = 100 \cdot \frac{5}{95} + \frac{98-95}{3} = 5{,}26 + 1{,}00 = 6{,}26$. Setzt man in Formel (96) $i' = 6\frac{1}{4}\%$ ein, so erhält man $C_I = 5\left(1 + \frac{0{,}0625}{4}\right)a'_{\overline{3}|} + \frac{98}{r'^3} = 95{,}21$. Bei $i' = 6\frac{1}{2}\%$ ergibt sich auf die gleiche Weise $C_{II} = 94{,}58$. Lineare Interpolation zwischen C_I und C_{II} liefert schließlich für den gesuchten Effektivzinsfuß $p' = 6^1/_3$. b) Eine Annuitätenanleihe ist mit 5% p. a., halbjährlich zahlbar, verzinslich. Die Auslosungen finden jeweils am 1. Oktober statt, die Rückzahlungen zum Nennwert am darauffolgenden 1. Januar, letztmalig am 1. Januar 1965. — Bei einer mittleren Effektivverzinsung von 6% ergibt sich bei dieser Anleihe am 1. Januar 1959 nach Formel (98) ein Kurs von $C_{A(^1/_2)} = 97{,}11$ ($n = 6$). Am 1. Oktober 1958 (nach der Auslosung) ist der Kurs gemäß Formel (106) — durch Rückwärtsrechnen zu bestimmen — $C_{-^1/_4} = 97{,}11 - (97{,}11 \cdot 0{,}06 - 5) \cdot \frac{1}{4} = 96{,}90$. Den Kurs am 1. Oktober 1958 vor der Auslosung erhält man dagegen durch Vorwärtsrechnen aus dem Kurs am 1. Januar 1958: $C_{A(^1/_2)} = 96{,}71$ (für $n = 7$) nach Formel (107) zu $C_{^3/_4} = 96{,}71 + (96{,}71 \cdot 0{,}06 - 5) \cdot \frac{3}{4} - 5 \cdot \frac{0{,}06}{2} \cdot \frac{1}{4} = 97{,}27$. Durch die Auslosung vermindert sich also der Kurs um 0,37.

Läuft eine Anleihe überhaupt nur (oder nur noch) über einen Jahresbruchteil t — ersteres ist hauptsächlich bei den sogenannten kurzfristigen Schatzanweisungen der Fall — so sind die Zinsanleiheformeln (89) bzw. (96) durch folgende Kursformeln zu ersetzen, deren Ableitung sich der Leser überlegen möge:

a) bei jährlicher Zinszahlung

$$C = \frac{V + p}{1 + ti'} - (1 - t)p\,; \tag{108}$$

b) bei halbjährlicher Zinszahlung

$$\text{für } t \leqq \frac{1}{2}:\ C - \frac{V + \frac{p}{2}}{1 + ti'} \quad \left(\frac{1}{2} - t\right)p, \tag{109}$$

$$\text{für } t > \frac{1}{2}:\ C = \frac{\frac{p}{2}}{1 + \left(t - \frac{1}{2}\right)i'} + \frac{V + \frac{p}{2}}{1 + ti'} - (1 - t)\,p. \tag{110}$$

Beispiel 67: Welcher Kurs entspricht bei einer noch 9 Monate laufenden Anleihe einer Effektivverzinsung von 6%, wenn die Rückzahlung zu 102% erfolgt und die nominellen Zinsen in Höhe von 5% p. a. a) jährlich, b) halbjährlich zahlbar sind? — Im Falle a) ist Formel (108) zu verwenden. Man erhält:

$$C = \frac{102 + 5}{1 + \frac{3}{4} \cdot 0{,}06} - \left(1 - \frac{3}{4}\right)5 = 102{,}40 - 1{,}25 = 101{,}15.$$

Im Falle b) ergibt Formel (110)

$$C = \frac{2{,}5}{1 + \frac{1}{4} \cdot 0{,}06} + \frac{102 + 2{,}5}{1 + \frac{3}{4} \cdot 0{,}06} - \left(1 - \frac{3}{4}\right) \cdot 5 = 2{,}46$$

$+ 100 - 1{,}25 = 101{,}21$. Die Erhöhung des Kurses durch die halbjährliche Zahlungsweise der Zinsen beträgt also 0,06.

8. Abweichende Anleihetypen

Im Ausland, insbesondere in Großbritannien, ist bei Staatsanleihen ein Anleihetyp üblich, bei dem überhaupt keine Rückzahlung vorgesehen ist, sondern auf unbestimmte Zeit lediglich Zinsen gezahlt werden. Diese finanzmathematisch als „ewige Rente“ bezeichnete Anleiheform ist gleichwohl sehr begehrt, weil dafür in der Regel ein bedeutender Markt besteht, so daß es dem Erwerber jederzeit möglich ist, seine Stücke ohne Verlust wieder zu veräußern.

Der deutsche Kapitalmarkt kennt ewige Renten im eigentlichen Sinne nicht. Bei allen deutschen Wertpapieren ist eine Rückzahlung vorgesehen, doch gibt es zahlreiche Emissionen, bei denen der Zeitpunkt der Rückzahlung nicht feststeht. Dies ist vor allem bei Pfandbriefen der Fall, bei denen die Bedingungen meist nur eine Rückzahlung nach Maßgabe der zurückfließenden, als Deckung dienenden Hypothekardarlehen in Aussicht stellen. Da alle Kursformeln eine feststehende Laufzeit n voraussetzen, kann man derartige Anleihen nur so behandeln, als ob die Rückzahlung nach „unendlich“ langer Zeit erfolgen würde, d. h. man muß sie mathematisch den ewigen Renten gleichstellen.

Läßt man die Laufzeit n unbegrenzt wachsen, so geht nach Abschnitt C 2 (S. 69) der Ausdruck $a'_{\overline{n}|}$ in den Zinsanleiheformeln in $\frac{1}{i'}$ über und aus $\frac{V}{r'^n}$ wird 0. Man erhält also bei jährlicher Zinszahlung aus Formel (89)

$$C = \frac{p}{i'} = 100\,\frac{p}{p'}\,, \tag{111}$$

bei halbjährlicher Zinszahlung aus Formel (96)

$$C = \frac{p\left(1 + \frac{i'}{4}\right)}{i'} = 100\,\frac{p}{p'} + \frac{p}{4}\,. \tag{112}$$

Formeln (111) und (112) lassen sich bequem nach dem Effektivzinsfuß p' auflösen. Es ergibt sich

für jährliche Zinszahlung: $$p' = 100 \frac{p}{C}, \qquad (113)$$

für halbjährliche Zinszahlung: $$p' = 100 \frac{p}{C - \frac{p}{4}}. \qquad (114)$$

Die Effektivverzinsung wird bei ewigen Renten also einfach dadurch gewonnen, daß der Anleihezinsfuß zum Kurs C (bzw. zu dem um $\frac{p}{4}$ verminderten Kurs) in Beziehung gesetzt wird. Man nennt diese Art der Effektivverzinsung auch „laufende Rendite". Die laufende Rendite ist bei wirklichen ewigen Renten ein genaues Maß für die Rentabilität des in der Anleihe investierten Kapitals. Bei den deutschen Pfandbriefen usw., wo sie nur in Unkenntnis des Rückzahlungstermins benutzt werden muß, steht dagegen fest, daß sie die wirkliche Rentabilität nicht genau widerspiegelt, man weiß nur nicht im voraus, wie groß die Abweichung im Einzelfall sein wird.

Die laufende Rendite findet in der Gestalt von Formel (113) auch als Maß der Rentabilität von Aktien Verwendung, wobei an Stelle des Anleihezinsfußes p die Dividende eingesetzt wird.

Beispiel 68: a) Jemand hat einen 6½%igen, halbjährlich verzinslichen Pfandbrief zu 97% erworben. Wie hoch ist die Effektivverzinsung, wenn der Rückzahlungstermin nicht feststeht? — Hier kann als Ersatz der Effektivverzinsung nur die laufende Rendite berechnet werden. Nach Formel (114) ergibt sich $p' = 100 \frac{6{,}5}{97 - 1{,}625} = 6{,}806$. Sollte eine Rückzahlung zu 100% nach 10 Jahren erfolgen, so würde sich die Effektivverzinsung gemäß Beispiel *60b* auf 7,04% stellen. b) Der Kurs einer Aktie beträgt 180%, die Dividende 15%. Nach Formel (113) ergibt sich eine Rendite von 8⅓% des angelegten Betrages.

Als letzter zu erwähnender Anleihetyp seien die *unverzinslichen Anleihen* genannt, bei denen durch eine größere Differenz zwischen Rückzahlungsbetrag und Emissionskurs, also durch einen größeren Kursgewinn, bei der Rückzahlung ein Ersatz für die fehlende Verzinsung geboten wird. Bei derartigen Anleihen ist zur Berechnung einer Effektivverzinsung der Kursgewinn unter Berücksichtigung des Zeitwertes von Rückzahlungsbetrag und Kaufkurs in eine laufende Verzinsung umzuwandeln, d. h. es ist, wenn die Rückzahlung im Betrage V nach n Jahren erfolgt,

$$C = \frac{V}{r'^n} \tag{115}$$

zu setzen. Auch hier kann man bequem nach dem Effektivzinssatz auflösen und erhält

$$i' = \sqrt[n]{\frac{V}{C}} - 1 . \tag{116}$$

Die mittlere Effektivverzinsung unverzinslicher Ratenanleihen erhält man, indem man in Formel (92) $p = 0$ setzt, aus

$$C_R = \frac{1}{n} V a'_{\overline{n}|} . \tag{117}$$

Unverzinsliche Annuitätenanleihen kann es selbstverständlich nicht geben.

Für unverzinsliche Anleihen mit Laufzeiten unter einem Jahr erhält man unter Berücksichtigung einfacher Effektivzinsen nach Formel (6) S. 21

$$C = \frac{V}{1 + i't} \tag{118}$$

oder nach i' aufgelöst

$$i' = \frac{1}{t}\left(\frac{V}{C} - 1\right) . \tag{119}$$

Bei kurzfristigen unverzinslichen Anleihen, zu denen insbesondere die sogenannten Schatzwechsel oder unverzinslichen Schatzanweisungen gehören, wird oft der Emissionskurs nicht angegeben, sondern er ist erst aus dem mitgeteilten Diskontsatz zu erschließen. Man erhält in diesem Fall gemäß Abschnitt A 5 (S. 24) $C = V(1 - it)$ und $i' = \frac{i}{1 - it}$, worin i den Diskontsatz bedeutet.

Beispiel 69: a) Eine in 10 Jahren durch gleiche Raten zu tilgende unverzinsliche Anleihe wird zu einem Kurs von 80% ausgegeben und zu 105% zurückgezahlt. Wie hoch ist die Effektivverzinsung? — Durch Auflösen von Formel (117) nach $a'_{\overline{n}|}$ erhält man $a'_{\overline{n}|} = n \frac{C_R}{V} = 10 \frac{80}{105} = 7{,}61905$. Hieraus ergibt sich der gesuchte Effektivzinssatz nach dem in Beispiel *37*, S. 80, geschilderten Verfahren als Zwischenwert zwischen 7,6288 ($5\frac{1}{4}$%) und 7,5830 ($5^3/_8$%) zu $i' = 5{,}276\%$. b) Ein Schatzwechsel wird bei einer Laufzeit von 9 Monaten zu einem Diskontsatz von 4% p. a. angeboten (Rückzahlung zu 100%). Es ergibt sich ein Emissionskurs von $C = 100\left(1 - 0{,}04 \cdot \frac{3}{4}\right)$ $= 97\%$ und ein Effektivzinssatz von $i' = \frac{0{,}04}{1 - 0{,}04 \cdot \frac{3}{4}}$ $= 4{,}124\%$.

9. Kursparitäten — Konversion — Landeszinsfuß — Berücksichtigung der Kapitalertragsteuer

Der Kurs C, der sich rechnerisch ergibt, wenn man in einer der Kursformeln den Effektivzinsfuß bzw. den Effektivzinssatz gleich dem Anleihezinsfuß bzw. dem Anleihezinssatz (also $p' = p$ bzw. $i' = i$) setzt, nennt man den *mathematischen Parikurs.* Der mathematische Parikurs ist nach vorstehendem nur dann gleich 100, wenn a) die Rückzahlung des betreffenden Anleihestückes zum Nennwert erfolgt und b) die Anleihezinsen in denselben Abständen wie die gedachten

Effektivzinsen, also nach den in Deutschland üblichen Verfahren einmal jährlich, nach der amerikanischen Methode halbjährlich gezahlt werden. Umgekehrt stimmt die Effektivverzinsung beim Emissions- oder Kaufkurs 100 nur dann mit der Anleiheverzinsung überein, wenn die Bedingungen a) und b) erfüllt sind.

Werden mehrere, zu verschiedenen Bedingungen ausgegebene Anleihen miteinander verglichen, so heißen die Kurse, die sich bei gleichen Effektivzinsfüßen ergeben, *paritätische Kurse.* Wird der Zinsfuß einer Anleihe während der Laufzeit geändert (sog. *Anleihekonversion*, vgl. S. 108f.), während die übrigen Bedingungen unverändert bleiben, so kann man den Kurs C_2 nach der Konversion, der sich an Stelle des mit dem ursprünglichen Zinsfuß beim gleichen Effektivzinsfuß errechneten Kurs C_1 ergibt, aus der Proportion $(100 - C_1) : (100 - C_2) = (p' - p_1) : (p' - p_2)$ bestimmen, wobei p_1 den Anleihezinsfuß vor der Konversion, p_2 den Anleihezinsfuß nach der Konversion bedeutet.

Eine gut funktionierende Börse und einen aufnahmefähigen Kapitalmarkt vorausgesetzt, werden sich die Kurse der gleichzeitig am Markt befindlichen Anleihen im allgemeinen so einspielen, daß ihre Effektivverzinsung nahe bei einem für alle Anleihen gleichen Zinsfuß, dem sogenannten *Landeszinsfuß*, liegt, auch wenn die Anleihebedingungen sehr unterschiedlich sind, d. h. die Börsenkurse werden nicht allzuweit von den paritätischen Kursen entfernt sein. Man kann den Landeszinsfuß berechnen, indem man aus den Effektivzinsfüßen einer größeren Anzahl von Anleihen den Durchschnitt bildet, wobei man die Feststellung macht, daß sich je nach dem Grade der Sicherheit der betreffenden Anleihen im allgemeinen mehrere deutlich unterschiedene Werte des Landeszinsfußes ergeben. Am kleinsten ist er bei den mit der größten Sicherheit ausgestatteten Anleihen, z. B. den hypothekarisch gesicherten Pfandbriefen und Industrieobligationen, dann folgen für gewöhnlich Staatsanleihen, Kommunalanleihen und zuletzt nicht dinglich gesicherte Industrieobligationen, deren Effektivverzinsung am höchsten zu sein pflegt, da ihre Sicherheit vom Geschäftsgang des betreffenden Unternehmens abhängt, so daß sie in dieser Hinsicht den Aktien ähneln.

Der Landeszinsfuß ist nicht nur eine volkswirtschaftlich wichtige Größe, stellt er doch den Zinsfuß für langfristiges Geld, den sogenannten Kapitalmarktzinsfuß, dar, sondern seine Kenntnis ist auch für denjenigen dringend notwendig, der eine Anleihe emittieren will. Die Kunst der Anleiheausgabe besteht darin, durch passende Wahl der Anleihebedingungen einerseits einen Anreiz zur Zeichnung zu bieten, andererseits die Effektivverzinsung in der Nähe des für die betreffende Anleihegruppe im Augenblick geltenden Landeszinsfußes zu halten. Wird die Effektivverzinsung zu niedrig angesetzt, ist die Anleihe nicht oder nur schwer unterzubringen, wird sie zu hoch gewählt, entsteht für den Anleiheschuldner eine unnötig große Belastung. Für den nominellen Anleihezinsfuß wird stets ein in der Nähe des angestrebten Effektivzinsfußes liegender, möglichst runder Zinsfuß festgesetzt, weil die Anleihebedienung sonst zu kompliziert würde. Die „Feineinstellung" auf den Effektivzinsfuß erfolgt durch entsprechende Wahl des Emissionskurses und gegebenenfalls eines Aufgeldes bei der Rückzahlung.

Im Beispiel *60c* ist gezeigt worden, wie Spesen, die durch die Emission entstehen, bei der Errechnung der effektiven Belastung des Anleiheschuldners berücksichtigt werden können, indem man sie vom Emissionskurs abzieht. Ähnlich lassen sich die dem Stückbesitzer bei steuerpflichtigen Anleihen erwachsenden Steuerlasten — die Kapitalertragsteuer oder die Einkommensteuer, durch die er nicht in den vollen Genuß der Zinserträge kommt — dadurch in Rechnung stellen, daß man sie von den Anleihezinsen absetzt und den so verminderten Anleihezinsfuß in den Kursformeln verwendet. Man erhält auf diese Weise eine Nettoeffektivverzinsung unter Berücksichtigung der direkten Steuern.

Beispiel 70: a) Den mathematischen Parikurs einer 5%igen, halbjährlich verzinslichen Anleihe, die in 12 gleichen jährlichen Raten zu 105% rückzahlbar ist, erhält man, indem man in Formel (97) $p = p' = 5$ einsetzt, zu $C = 104{,}02$. b) Der Kurs einer 6%igen Anleihe betrage zu einem bestimmten Termin bei einer Effektivverzinsung von 6½% $C_1 = 98{,}05$. Wie ist der Kurs der Anleihe zum gleichen Termin bei der gleichen Effektivverzinsung, wenn die Anleiheverzinsung auf 5% herabgesetzt wird, im übrigen jedoch die Anleihebedingungen erhalten bleiben? — Der gesuchte Kurs C_2 ergibt sich aus der Proportion $(100 - 98{,}05) : (100 - C_2) = (6{,}5 - 6) : (6{,}5 - 5)$ zu $C_2 = 94{,}15$. c) Wenn bei einer 8%igen Anleihe die Kapitalertragsteuer von 30% bei der Berechnung der Effektivverzinsung berücksichtigt werden soll, ist die Anleihe rechnerisch wie eine $\left(8 - \frac{30 \cdot 8}{100}\right) = 5{,}6$%ige Anleihe zu behandeln.

Anhang

Das Verfahren der Interpolation

Interpolieren heißt zwischen zwei Werten einer fortlaufenden Reihe von Zahlen in bestimmter gesetzmäßiger Weise Zwischenwerte einschalten. Die Lösung vieler Aufgaben der Finanzmathematik wird durch Interpolation erleichtert, manche Aufgaben werden dadurch überhaupt erst lösbar, worauf stets an der betreffenden Stelle der vorstehenden Ausführungen hingewiesen worden ist.

Im folgenden sollen die gebräuchlichsten Arten der Interpolation, nämlich einerseits die sogenannte lineare Interpolation, andererseits die Interpolation mit höheren Differenzen systematisch behandelt werden. Von den beiden genannten Interpolationsverfahren ist die lineare Interpolation das wesentlich einfachere. Es ist auch im allgemeinen für die Lösung finanzmathematischer Aufgaben ausreichend, wenn nicht sehr große Genauigkeit verlangt wird. Im übrigen kann durch Wiederholen der Rechnung mit kleineren Intervallen auch bei der linearen Interpolation die Genauigkeit beliebig gesteigert werden (vgl. Beispiel *71b*), was häufig immer noch bequemer ist, als das zweite Verfahren, die Interpolation mit höheren Differenzen, anzuwenden.

Bei den vorkommenden Aufgaben handelt es sich meist um *zwei* Reihen von Zahlenwerten. Von der einen Reihe, der der gegebene Wert angehört, sind außer diesem mindestens zwei benachbarte Werte, von denen der eine kleiner, der andere größer sein muß als der gegebene Wert, entweder bekannt oder können aus anderen gegebenen Zahlen errechnet werden. Diese Reihe werde *Ursprungsreihe* genannt. Von der anderen Reihe, der *Bezugsreihe*, die aus Werten besteht, die denen der Ursprungsreihe durch irgendeine mathematische Beziehung zugeordnet sind (d. h. sie sind eine Funktion der Werte der Ursprungsreihe), sind dagegen nur die den Nachbarwerten entsprechenden Werte bekannt, während der dem gegebenen Wert der Ursprungsreihe entsprechende Wert der Bezugsreihe unbekannt ist. Die Aufgabe der Interpolation ist es dann, diesen Wert rechnerisch zu bestimmen, wenn die Funktion, die die Bezugsreihe mit der Ursprungsreihe verbindet, mathematisch nicht oder nur sehr schwer lösbar ist.

Als Beispiel seien folgende zwei Fälle erwähnt: a) die Ursprungsreihe bestehe aus den Endwerten der vorschüssigen Rente 1 bei einer festen Terminzahl, aber verschiedenen Zinsfüßen, die Bezugsreihe aus den zugehörigen Zinsfüßen, b) die Ursprungsreihe bestehe aus den Kursen einer bestimmten Anleihe, die verschiedenen Effektivzinsfüßen entsprechen, die Bezugsreihe aus den Effektivzinsfüßen. In beiden Fällen ist die Funktion, die die Werte beider Reihen miteinander verbindet, wie in den Abschnitten C und E gezeigt, von seiten der Zinsfüße aus nicht lösbar.

1. Das Verfahren der linearen Interpolation

Bei der linearen Interpolation wird die gestellte Aufgabe in der Weise gelöst, daß die Bezugsreihe in dem gleichen Verhältnis aufgeteilt wird, in welchem die Ursprungsreihe aufgeteilt ist[1]).

Um zum Ansatz einer Formel zu kommen: Die dem gegebenen Wert der Ursprungsreihe benachbarten Werte seien A und B, die entsprechenden Werte der Bezugsreihe a und b. Der gegebene Wert der Bezugsreihe heiße G, der diesem Wert entsprechende, noch unbekannte Wert der Bezugsreihe x. Dann muß x so bestimmt werden, daß sich die Differenz $d_1 = x - a$ (die „Eigendifferenz" der Bezugsreihe) zur Differenz $d_2 = b - a$ (der „Gesamtdifferenz" der Bezugsreihe) verhält wie die Differenz $D_1 = G - A$ (die „Eigendifferenz" der Ursprungsreihe) zur Differenz $D_2 = B - A$ (der „Gesamtdifferenz" der Ursprungsreihe). Formelmäßig läßt sich diese Bedingung schreiben: $d_1 : d_2 = D_1 : D_2$, woraus durch Auflösung nach d_1 folgt: $d_1 = d_2 \cdot \frac{D_1}{D_2}$. Die gesuchte Größe x der Bezugsreihe erhält man dann aus der Beziehung $x = a \pm d_1$ oder

$$x = a \pm d_2 \frac{D_1}{D_2} \tag{120}$$

bei der das +- oder das —-Zeichen gilt, je nachdem, ob die Werte der Bezugsreihe in der Richtung von a nach b wachsen oder abnehmen.

Diese etwas komplizierten Ausführungen werden durch eine bildliche Darstellung bedeutend leichter verständlich:

[1]) Dies ist genau das gleiche Verfahren, das bei einer Logarithmentafel zur Bildung von Zwischenwerten benutzt wird.

Gesamtdifferenz D_2

Eigendifferenz D_1

Ursprungsreihe .... A .... G .... B

Bezugsreihe .... a .... x .... b

Eigendifferenz d_1

Gesamtdifferenz d_2

Es gibt auch einfachere Fälle, bei denen es sich nur um eine einzige Reihe handelt, und wo das *Verhältnis* gegeben ist, nach dem die Differenz zwischen zwei Werten dieser Reihe aufzuteilen ist. Im allgemeinen, oben besprochenen, Fall ist dies Verhältnis dagegen erst aus den Werten der zweiten Reihe zu erschließen. Von nachstehenden Beispielen behandelt das erste den einfacheren Fall, die beiden anderen den allgemeinen Fall.

Beispiel 71: a) In Tabelle I (S. 167) findet man für den Zinssatz 5% die Werte $r^6 = 1{,}3401$ und $r^7 = 1{,}4071$. Wie groß ist der Wert des Aufzinsungsfaktors, der bei gemischter Verzinsung für den Zeitraum $n = 6$ Jahre und 107 Tage in Anwendung gebracht werden muß? — Zur Lösung dieser Aufgabe ist die Differenz zwischen r^7 und r^6, die einem Zeitraum von 1 Jahr = 360 Tagen entspricht, so aufzuteilen, daß $\frac{107}{360}$ der Differenz dem Werte r^6 zugeschlagen werden. Man erhält für den gesuchten Aufzinsungsfaktor: $1{,}3401 + \frac{107}{360}(1{,}4071 - 1{,}3401) = 1{,}3600$. b) In Beispiel *37*, S. 80, wird nach dem Zinsfuß gefragt, bei dem ein durch vorschüssige jährliche Einzahlungen von je 10000 DM angesammeltes Guthaben nach 10 Jahren den Betrag 135000 DM erreicht, d. h. es ist $s_{\overline{10}|} = \frac{135000}{10000} = 13{,}5$. Tabelle III, S. 169, läßt erkennen, daß dieser Wert zwischen $s_{\overline{10}|} = 13{,}2068$ bei 5% und $s_{\overline{10}|} = 13{,}9716$ bei 6% liegt. Es ist also $d_2 = 6 - 5 = 1$; $D_1 = 13{,}5 - 13{,}2068 = 0{,}2932$ und $D_2 = 13{,}9716 - 13{,}2068 = 0{,}7648$. Formel (120) liefert dann den gesuchten Zinsfuß als $p = 5 + 1 \cdot \frac{0{,}2932}{0{,}7648}$ $= 5{,}383$. Im kleineren Intervall $s_{\overline{10}|} = 13{,}4920$ bei 5,38% und 13,5073 bei 5,40% ergibt die lineare Interpolation $p = 5{,}38$ $+ 0{,}02 \cdot \frac{0{,}0080}{0{,}0153} = 5{,}3905$. (In Formel (120) ist das Plus-Zeichen zu setzen, weil die p mit wachsenden $s_{\overline{10}|}$ zunehmen.) c) In Beispiel *61*, S. 139, wird als Kurs einer Annuitätenanleihe bei einer mittleren Effektivverzinsung von 7% $C_A = 93{,}78$, bei einer mittleren Effektivverzinsung von $6^3/_4$% $C_A = 95{,}28$ ermittelt. Die mittlere Effektivverzinsung beim Kurse C_A $= 95\%$ ergibt sich demnach nach Formel (120) — es ist $d_1 = 7$ $- 6^3/_4 = 1/_4$; $D_1 = 95{,}00 - 93{,}78 = 1{,}22$ und $D_2 = 95{,}28 - 93{,}78$ $= 1{,}50$ — zu $p' = 7{,}00 - \frac{1}{4} \cdot \frac{1{,}22}{1{,}50} = 7{,}00 - 0{,}203 = 6{,}797$. (In Formel (120) ist das Minus-Zeichen zu setzen, weil die p' mit wachsenden C_A abnehmen.)

2. Die Interpolation mit höheren Differenzen

Die lineare Interpolation liefert nur dann genaue Werte, wenn die durch die beiden Reihen dargestellten Funktionen lineare Funktionen sind. Es ist aber im vorigen Abschnitt gezeigt worden, wie die Genauigkeit dieses Verfahrens auch bei nichtlinearen Funktionen durch Verkleinerung der Interpolationsintervalle gesteigert werden kann. Ein anderer Weg ist die Benutzung von Differenzen höheren Grades, die mit Hilfe der sogenannten Newtonschen Interpolationsformel, wie folgt, vor sich gehen kann:

Die Werte der Ursprungsreihe seien mit $A_0, A_1, A_2, A_3, \ldots$, die entsprechenden Werte der Bezugsreihe mit $a_0, a_1, a_2, a_3, \ldots$ bezeichnet. Es soll der (unbekannte) Wert x bestimmt werden, der einem Zwischenwert A der Ursprungsreihe entspricht. Dann ergibt sich

$$\begin{aligned} x = a_0 &+ a_1'(A - A_0) + a_2''(A - A_0)(A - A_1) \\ &+ a_3'''(A - A_0)(A - A_1)(A - A_2) + \ldots, \end{aligned} \tag{121}$$

worin

$$a_1' = \frac{a_1 - a_0}{A_1 - A_0}\,; \quad a_2' = \frac{a_2 - a_0}{A_2 - A_0}\,; \quad a_3' = \frac{a_3 - a_0}{A_3 - A_0} \quad \text{usw.}$$

$$a_2'' = \frac{a_2' - a_1'}{A_2 - A_1}\,; \quad a_3'' = \frac{a_3' - a_1'}{A_3 - A_1} \quad \text{usw.}$$

$$a_3''' = \frac{a_3'' - a_2''}{A_3 - A_2} \quad \text{usw.}$$

usw. ist.

Je mehr Glieder man in der Entwicklung von x (Formel 121) hinzunimmt, um so größer wird die Genauigkeit, um so umständlicher aber auch das Verfahren. Im allgemeinen braucht man nur bis zum Glied a_2'' (quadratische Interpolation) zu gehen, da die weiteren Glieder a_3''', a_4'''' usw. nur noch unwesentliche Korrekturen ergeben. Man wird natürlich die Werte, die man von der Ursprungsreihe heranzieht, zweckmäßigerweise so auswählen, daß der Wert A ungefähr in ihrer Mitte liegt.

Beispiel 72: Um die in Beispiel *71b* behandelte Aufgabe, bei der $A = 13{,}5$ ist, mit Hilfe quadratischer Interpolation zu lösen, kann man nach Tabelle III, S. 169, $a_0 = 4\%$, $A_0 = 12{,}4864$, $a_1 = 5\%$, $A_1 = 13{,}2068$ und $a_2 = 6\%$, $A_2 = 13{,}9716$ wählen. Man erhält

$$a_1' = \frac{5 - 4}{13{,}2068 - 12{,}4864} = \frac{1}{0{,}7204} = 1{,}3881;$$

$$a_2' = \frac{6 - 4}{13{,}9716 - 12{,}4864} = \frac{2}{1{,}4852} = 1{,}3466;$$

$$a_2'' = \frac{1{,}3466 - 1{,}3881}{13{,}9716 - 13{,}2068} = -\frac{0{,}0415}{0{,}7648} = -\,0{,}05426$$

und den gesuchten Zinsfuß zu $p = 4 + 1{,}3881\,(13{,}5 - 12{,}4864) - 0{,}05426\,(13{,}5 - 12{,}4864)\,(13{,}5 - 13{,}2068) = 4 + 1{,}4070 - 0{,}0161 = 5{,}3909$.

Tabelle I: Aufzinsungsfaktoren: $r^n = (1 + i)^n = \left(1 + \frac{p}{100}\right)^n$

i \ n	2%	3%	4%	4½%	5%	6%	i / n
1	1,02	1,03	1,04	1,045	1,05	1,06	1
2	1,0404	1,0609	1,0816	1,0920	1,1025	1,1236	2
3	1,0612	1,0927	1,1249	1,1412	1,1576	1,1910	3
4	1,0824	1,1255	1,1699	1,1925	1,2155	1,2625	4
5	1,1041	1,1593	1,2167	1,2462	1,2763	1,3382	5
6	1,1262	1,1941	1,2653	1,3023	1,3401	1,4185	6
7	1,1487	1,2299	1,3159	1,3609	1,4071	1,5036	7
8	1,1717	1,2668	1,3686	1,4221	1,4775	1,5938	8
9	1,1951	1,3048	1,4233	1,4861	1,5513	1,6895	9
10	1,2190	1,3439	1,4802	1,5530	1,6289	1,7908	10
11	1,2434	1,3842	1,5395	1,6229	1,7103	1,8983	11
12	1,2682	1,4258	1,6010	1,6959	1,7959	2,0122	12
13	1,2936	1,4685	1,6651	1,7722	1,8856	2,1329	13
14	1,3195	1,5126	1,7317	1,8519	1,9799	2,2609	14
15	1,3459	1,5580	1,8009	1,9353	2,0789	2,3966	15
16	1,3728	1,6047	1,8730	2,0224	2,1829	2,5404	16
17	1,4002	1,6528	1,9479	2,1134	2,2920	2,6928	17
18	1,4282	1,7024	2,0258	2,2085	2,4066	2,8543	18
19	1,4568	1,7535	2,1068	2,3079	2,5270	3,0256	19
20	1,4859	1,8061	2,1911	2,4117	2,6533	3,2071	20
21	1,5157	1,8603	2,2788	2,5202	2,7860	3,3996	21
22	1,5460	1,9161	2,3699	2,6337	2,9253	3,6035	22
23	1,5769	1,9736	2,4647	2,7522	3,0715	3,8197	23
24	1,6084	2,0328	2,5633	2,8760	3,2251	4,0489	24
25	1,6406	2,0938	2,6658	3,0054	3,3864	4,2919	25
n / i	2%	3%	4%	4½%	5%	6%	n \ i

Tabelle II: Abzinsungsfaktoren: $v^n = \frac{1}{r^n}$

$n \backslash i$	2%	3%	4%	4½%	5%	6%	i / n
1	0,9804	0,9709	0,9615	0,9569	0,9524	0,9434	1
2	9612	9426	9246	9157	9070	8900	2
3	9423	9151	8890	8763	8638	8396	3
4	9238	8885	8548	8386	8227	7921	4
5	9057	8626	8219	8025	7835	7473	5
6	8880	8375	7903	7679	7462	7050	6
7	8706	8131	7599	7348	7107	6651	7
8	8535	7894	7307	7032	6768	6274	8
9	8368	7664	7026	6729	6446	5919	9
10	8203	7441	6756	6439	6139	5584	10
11	8043	7224	6496	6162	5847	5268	11
12	7885	7014	6246	5897	5568	4970	12
13	7730	6810	6006	5643	5303	4688	13
14	7579	6611	5775	5400	5051	4423	14
15	7430	6419	5553	5167	4810	4173	15
16	0,7284	0,6232	0,5339	0,4945	0,4581	0,3936	16
17	7142	6050	5134	4732	4363	3714	17
18	7002	5874	4936	4528	4155	3503	18
19	6864	5703	4746	4333	3957	3305	19
20	6730	5537	4564	4146	3769	3118	20
21	6598	5375	4388	3968	3589	2942	21
22	6468	5219	4220	3797	3418	2775	22
23	6342	5067	4057	3634	3256	2618	23
24	6217	4919	3901	3477	3101	2470	24
25	6095	4776	3751	3327	2953	2330	25
n / i	2%	3%	4%	4½%	5%	6%	$n \backslash i$

Tabelle III: Vorschüssige Rentenendwerte:

$$s_{\overline{n}|} = r\,\frac{r^n - 1}{i} = r + r^2 + \ldots + r^n$$

$$(s_{\overline{n}|} = s_{\overline{n-1}|} + 1)$$

n \ i	2%	3%	4%	4½%	5%	6%	i / n
1	1,02	1,03	1,04	1,045	1,05	1,06	1
2	2,0604	2,0909	2,1216	2,1370	2,1525	2,1836	2
3	3,1216	3,1836	3,2465	3,2782	3,3101	3,3746	3
4	4,2040	4,3091	4,4163	4,4707	4,5256	4,6371	4
5	5,3081	5,4684	5,6330	5,7169	5,8019	5,9753	5
6	6,4343	6,6625	6,8983	7,0192	7,1420	7,3938	6
7	7,5830	7,8923	8,2142	8,3800	8,5491	8,8975	7
8	8,7546	9,1591	9,5828	9,8021	10,0266	10,4913	8
9	9,9497	10,4639	11,0061	11,2882	11,5779	12,1808	9
10	11,1687	11,8078	12,4864	12,8412	13,2068	13,9716	10
11	12,4121	13,1920	14,0258	14,4640	14,9171	15,8699	11
12	13,6803	14,6178	15,6268	16,1599	16,7130	17,8821	12
13	14,9739	16,0863	17,2919	17,9321	18,5986	20,0151	13
14	16,2934	17,5989	19,0236	19,7841	20,5786	22,2760	14
15	17,6393	19,1569	20,8245	21,7193	22,6575	24,6725	15
16	19,0121	20,7616	22,6975	23,7417	24,8404	27,2129	16
17	20,4123	22,4144	24,6454	25,8551	27,1324	29,9057	17
18	21,8406	24,1169	26,6712	28,0636	29,5390	32,7600	18
19	23,2974	25,8704	28,7781	30,3714	32,0660	35,7856	19
20	24,7833	27,6765	30,9692	32,7831	34,7193	38,9927	20
21	26,2990	29,5368	33,2480	35,3034	37,5052	42,3923	21
22	27,8450	31,4529	35,6179	37,9370	40,4305	45,9958	22
23	29,4219	33,4265	38,0826	40,6892	43,5020	49,8156	23
24	31,0303	35,4593	40,6459	43,5652	46,7271	53,8645	24
25	32,6709	37,5530	43,3117	46,5706	50,1135	58,1564	25
n / i	2%	3%	4%	4½%	5%	6%	i \ n

Tabelle IV: Nachschüssige Rentenbarwerte:

$$a_{\overline{n}|} = \frac{r^n - 1}{r^n i} = \frac{1}{r} + \frac{1}{r^2} + \ldots + \frac{1}{r^n}$$

$$(a_{\overline{n}|} = a_{\overline{n-1}|} + 1)$$

n \ i	2%	3%	4%	4½%	5%	6%	i / n
1	0,9804	0,9709	0,9615	0,9569	0,9524	0,9434	1
2	1,9416	1,9135	1,8861	1,8727	1,8594	1,8334	2
3	2,8839	2,8286	2,7751	2,7490	2,7232	2,6730	3
4	3,8077	3,7171	3,6299	3,5875	3,5460	3,4651	4
5	4,7135	4,5797	4,4518	4,3900	4,3295	4,2124	5
6	5,6014	5,4172	5,2421	5,1579	5,0757	4,9173	6
7	6,4720	6,2303	6,0021	5,8927	5,7864	5,5824	7
8	7,3255	7,0197	6,7327	6,5959	6,4632	6,2098	8
9	8,1622	7,7861	7,4353	7,2688	7,1078	6,8017	9
10	8,9826	8,5302	8,1109	7,9127	7,7217	7,3601	10
11	9,7868	9,2526	8,7605	8,5289	8,3064	7,8869	11
12	10,5753	9,9540	9,3851	9,1186	8,8633	8,3838	12
13	11,3484	10,6350	9,9856	9,6829	9,3936	8,8527	13
14	12,1062	11,2961	10,5631	10,2228	9,8986	9,2950	14
15	12,8493	11,9379	11,1184	10,7395	10,3797	9,7122	15
16	13,5777	12,5611	11,6523	11,2340	10,8378	10,1059	16
17	14,2919	13,1661	12,1657	11,7072	11,2741	10,4773	17
18	14,9920	13,7535	12,6593	12,1600	11,6896	10,8276	18
19	15,6785	14,3238	13,1339	12,5933	12,0853	11,1581	19
20	16,3514	14,8775	13,5903	13,0079	12,4622	11,4699	20
21	17,0112	15,4150	14,0292	13,4047	12,8212	11,7641	21
22	17,6580	15,9369	14,4511	13,7844	13,1630	12,0416	22
23	18,2922	16,4436	14,8568	14,1478	13,4886	12,3034	23
24	18,9139	16,9355	15,2470	14,4955	13,7986	12,5504	24
25	19,5235	17,4131	15,6221	14,8282	14,0939	12,7834	25
n / i	2%	3%	4%	4½%	5%	6%	i \ n

Tabelle V: Annuitätenfaktoren: $\frac{1}{a_{\overline{n}|}} = J_{\overline{n}|}$

$$\left(\frac{1}{s_{\overline{n}|}} = \frac{1}{a_{\overline{n}|}} - i\right)$$

n \ i	2%	3%	4%	4½%	5%	6%	i / n
1	1,02	1,03	1,04	1,045	1,05	1,06	1
2	0,5150	0,5226	0,5302	0,5340	0,5378	0,5454	2
3	0,3468	0,3535	0,3603	0,3638	0,3672	0,3741	3
4	2626	2690	2755	2787	2820	2886	4
5	2122	2184	2246	2278	2310	2374	5
6	1785	1846	1908	1939	1970	2034	6
7	1545	1605	1666	1697	1728	1791	7
8	1365	1425	1485	1516	1547	1610	8
9	1225	1284	1345	1376	1407	1470	9
10	1113	1172	1233	1264	1295	1359	10
11	1022	1081	1141	1172	1204	1268	11
12	0946	1005	1066	1097	1128	1193	12
13	0881	0940	1001	1033	1065	1130	13
14	0826	0885	0947	0978	1010	1076	14
15	0778	0838	0899	0931	0963	1030	15
16	0737	0796	0858	0890	0923	0990	16
17	0700	0760	0822	0854	0887	0954	17
18	0667	0727	0790	0822	0855	0924	18
19	0638	0698	0761	0794	0827	0896	19
20	0612	0672	0736	0769	0802	0872	20
21	0588	0649	0713	0746	0780	0850	21
22	0566	0627	0692	0725	0760	0830	22
23	0547	0608	0673	0707	0741	0813	23
24	0529	0590	0656	0690	0725	0797	24
25	0512	0574	0640	0674	0710	0782	25
n / i	2%	3%	4%	4½%	5%	6%	i \ n

Tabelle VI: Laufzeit der Annuitätenanleihe:

$$n = \frac{\log \frac{i+j}{j}}{\log r}$$

[i = Anleihezinssatz, j = Tilgungssatz]

j \ i	3%	4%	5%	5½%	6%
0,00025	162,249	129,564	108,701	100,827	94,132
0,0005	139,075	112,045	94,597	87,963	82,311
0,00075	125,637	101,865	86,388	80,479	75,424
0,001	116,177	94,688	80,592	75,187	70,557
0,002	93,801	77,630	66,782	62,574	58,935
0,0025	86,777	72,241	62,406	58,569	55,247
0,005	65,834	56,022	49,150	46,418	44,020
0,006	60,620	51,935	45,784	43,321	41,156
0,007	56,332	48,557	42,983	40,745	38,770
0,008	52,716	45,688	40,608	38,551	36,733
0,009	49,611	43,210	38,545	36,645	34,958
0,01	46,901	41,036	36,729	34,961	33,402
0,0125	41,405	36,595	32,987	31,504	30,172
0,015	37,169	33,130	30,055	28,776	27,628
0,0175	33,784	30,335	27,673	26,554	25,545
0,02	30,999	28,011	25,682	24,693	23,796
0,025	26,677	24,367	22,523	21,730	21,002
0,03	23,453	21,608	20,105	19,458	18,858
0,035	20,943	19,437	18,190	17,646	17,140
0,04	18,933	17,677	16,627	16,159	15,731
0,045	17,285	16,219	15,320	14,916	14,548
0,05	15,902	14,987	14,211	13,861	13,539

Tabelle VII: Kurs der Annuitätenanleihe:

$$C_A = 100 \frac{a'_{\overline{n}|}}{a_{\overline{n}|}}$$

	Nominalzinssatz $i = 3\%$				Nominalzinssatz $i = 4\%$			
n \ i'	3%	4%	5%	6%	3%	4%	5%	6%
1	100,00	99,04	98,10	97,17	100,97	100,00	99,05	98,11
2	100,00	98,57	97,17	95,82	101,45	100,00	98,59	97,21
3	100,00	98,11	96,28	94,50	101,93	100,00	98,13	96,32
4	100,00	97,65	95,40	93,22	102,40	100,00	97,69	95,46
5	100,00	97,21	94,54	91,98	102,87	100,00	97,25	94,62
10	100,00	95,08	90,52	86,28	105,17	100,00	95,20	90,74
15	100,00	93,13	86,95	81,36	107,37	100,00	93,36	87,35
20	100,00	91,35	83,77	77,10	109,47	100,00	91,70	84,40
25	100,00	89,71	80,94	73,41	111,46	100,00	90,22	81,83
30	100,00	88,22	78,43	70,23	113,35	100,00	88,90	79,60
35	100,00	86,86	76,20	67,47	115,12	100,00	87,73	77,68
40	100,00	85,63	74,23	65,09	116,78	100,00	86,69	76,02
50	100,00	83,49	70,95	61,26	119,77	100,00	84,98	73,37

	Nominalzinssatz $i = 5\%$				Nominalzinssatz $i = 6\%$			
n \ i'	3%	4%	6%	7%	4%	5%	7%	8%
1	101,94	100,96	99,06	98,13	101,92	100,95	99,07	98,15
2	102,91	101,44	98,60	97,24	102,87	101,42	98,62	97,27
3	103,87	101,90	98,16	96,37	103,82	101,88	98,18	96,41
4	104,83	102,37	97,72	95,52	104,76	102,33	97,75	95,59
5	105,78	102,83	97,30	94,70	105.68	102,78	97,34	94,79
10	110,47	105,04	95,32	90,96	110,20	104,91	95,43	91,17
15	115,01	107,12	93,57	87,75	114,48	106,87	93,78	88,13
20	119,38	109,05	92,04	85,01	118,49	108,65	92,36	85,60
25	123,55	110,84	90,70	82,69	122,21	110,25	91,16	83,51
30	127,50	112,49	89,54	80,72	125,62	111,68	90,15	81,79
35	131,23	113,99	88,54	79,07	128,74	112,94	89,31	80,39
40	134,71	115,35	87,69	77,69	131,55	114,04	88,60	79,25
50	140,94	117,67	86,34	75,60	136,29	115,82	87,56	77,61

Tabelle VIIIa: Mittlere Laufzeit σ der Ratenanleihe

Effektiv-verzinsung i'	Gesamtlaufzeit in Jahren							
	1	2	3	4	5	10	15	20
2%	1,0	1,5	2,0	2,5	3,0	5,4	7,8	10,2
3%	1,0	1,5	2,0	2,5	3,0	5,4	7,7	10,0
4%	1,0	1,5	2,0	2,5	3,0	5,3	7,6	9,9
5%	1,0	1,5	2,0	2,5	3,0	5,3	7,5	9,7
6%	1,0	1,5	2,0	2,5	2,9	5,3	7,5	9,5
7%	1,0	1,5	2,0	2,5	2,9	5,2	7,4	9,4
8%	1,0	1,5	2,0	2,5	2,9	5,2	7,3	9,2
9%	1,0	1,5	2,0	2,4	2,9	5,1	7,2	9,1
10%	1,0	1,5	2,0	2,4	2,9	5,1	7,1	9,0

Effektiv-verzinsung i'	Gesamtlaufzeit in Jahren					
	25	30	35	40	45	50
2%	12,5	14,8	17,0	19,2	21,4	23,5
3%	12,2	14,4	16,5	18,6	20,5	22,5
4%	12,0	14,0	16,0	17,9	19,8	21,5
5%	11,8	13,7	15,6	17,3	19,0	20,7
6%	11,5	13,4	15,1	16,8	18,3	19,8
7%	11,3	13,0	14,7	16,2	17,7	19,0
8%	11,1	12,7	14,3	15,7	17,0	18,3
9%	10,8	12,4	13,9	15,2	16,5	17,6
10%	10,6	12,1	13,5	14,8	15,9	17,0

Tabelle VIIIb: Mittlere Laufzeit λ der Annuitätenanleihe

Nominalzinssatz $i = 4\%$						
Gesamtlaufzeit	Effektivverzinsung i'					
n	3%	4%	5%	6%	7%	8%
1	1,0	1,0	1,0	1,0	1,0	1,0
2	1,5	1,5	1,5	1,5	1,5	1,5
3	2,0	2,0	2,0	2,0	2,0	2,0
4	2,5	2,5	2,5	2,5	2,5	2,5
5	3,0	3,0	3,0	3,0	3,0	3,0
6	3,6	3,6	3,5	3,5	3,5	3,5
7	4,1	4,1	4,1	4,0	4,0	4,0
8	4,6	4,6	4,6	4,6	4,5	4,5
9	5,2	5,1	5,1	5,1	5,0	5,0
10	5,7	5,7	5,6	5,6	5,5	5,5
11	6,3	6,2	6,2	6,1	6,1	6,0
12	6,8	6,7	6,7	6,6	6,6	6,5
13	7,3	7,3	7,2	7,1	7,1	7,0
14	7,9	7,8	7,7	7,7	7,6	7,5
15	8,5	8,4	8,3	8,2	8,1	8,0
20	11,3	11,2	11,0	10,8	10,7	10,5
25	14,3	14,0	13,8	13,5	13,3	13,0
30	17,3	17,0	16,6	16,2	15,9	15,5
35	20,5	20,0	19,5	19,0	18,5	18,1
40	23,7	23,1	22,4	21,8	21,2	20,6
45	27,0	26,2	25,4	24,7	23,9	23,1
50	30,4	29,5	28,5	27,5	26,6	25,7

Tabelle VIII b (Fortsetzung)

Nominalzinssatz $i = 5\%$						
Gesamtlaufzeit	Effektivverzinsung i'					
n	3%	4%	5%	6%	7%	8%
1	1,0	1,0	1,0	1,0	1,0	1,0
2	1,5	1,5	1,5	1,5	1,5	1,5
3	2,0	2,0	2,0	2,0	2,0	2,0
4	2,5	2,5	2,5	2,5	2,5	2,5
5	3,1	3,1	3,1	3,0	3,0	3,0
6	3,6	3,6	3,6	3,6	3,5	3,5
7	4,1	4,1	4,1	4,1	4,1	4,0
8	4,7	4,7	4,6	4,6	4,6	4,6
9	5,2	5,2	5,2	5,1	5,1	5,1
10	5,8	5,7	5,7	5,7	5,6	5,6
11	6,3	6,3	6,2	6,2	6,2	6,1
12	6,9	6,8	6,8	6,7	6,7	6,6
13	7,5	7,4	7,3	7,3	7,2	7,1
14	8,1	8,0	7,9	7,8	7,7	7,7
15	8,6	8,5	8,5	8,4	8,3	8,2
20	11,6	11,5	11,3	11,2	11,0	10,8
25	14,7	14,5	14,3	14,0	13,8	13,5
30	18,0	17,7	17,3	16,9	16,6	16,3
35	21,4	20,9	20,4	20,0	19,5	19,0
40	24,9	24,3	23,7	23,0	22,4	21,8
45	28,5	27,7	27,0	26,2	25,4	24,6
50	32,2	31,3	30,3	29,4	28,5	27,5

Tabelle VIII b (Fortsetzung)

Gesamtlaufzeit	Nominalzinssatz $i = 6\%$					
	Effektivverzinsung i'					
n	3%	4%	5%	6%	7%	8%
1	1,0	1,0	1,0	1,0	1,0	1,0
2	1,5	1,5	1,5	1,5	1,5	1,5
3	2,0	2,0	2,0	2,0	2,0	2,0
4	2,6	2,6	2,5	2,5	2,5	2,5
5	3,1	3,1	3,1	3,1	3,0	3,0
6	3,6	3,6	3,6	3,6	3,6	3,6
7	4,2	4,2	4,1	4,1	4,1	4,1
8	4,7	4,7	4,7	4,6	4,6	4,6
9	5,3	5,3	5,2	5,2	5,2	5,1
10	5,9	5,8	5,8	5,7	5,7	5,7
11	6,4	6,4	6,3	6,3	6,2	6,2
12	7,0	7,0	6,9	6,8	6,8	6,7
13	7,6	7,5	7,5	7,4	7,3	7,3
14	8,2	8,1	8,0	8,0	7,9	7,8
15	8,8	8,7	8,6	8,5	8,4	8,4
20	11,9	11,8	11,6	11,5	11,3	11,2
25	15,2	15,0	14,7	14,5	14,3	14,0
30	18,7	18,3	18,0	17,6	17,3	16,9
35	22,2	21,8	21,3	20,9	20,4	19,9
40	25,9	25,4	24,8	24,2	23,6	23,0
45	29,8	29,1	28,4	27,6	26,9	26,1
50	33,8	33,0	32,1	31,2	30,3	29,3

Zusammenstellung der wichtigsten Symbole

(alphabetisch)

α = Aufgeld in Prozent $= \frac{\mathrm{a}}{100}$

λ = mittlere Laufzeit der Annuitätenanleihe

σ = mittlere Laufzeit der Ratenanleihe

a = Aufgeld in Währungseinheiten

$\boldsymbol{A}_{\overline{n}|}$ = nachschüssiger Rentenbarwert

$a_{\overline{n}|}$ = nachschüssiger Rentenbarwertfaktor

$\mathrm{A}_{\overline{n}|}$ = vorschüssiger Rentenbarwert

$\mathrm{a}_{\overline{n}|}$ = vorschüssiger Rentenbarwertfaktor

A = Annuität

B_h = Buchwert

C = Zeichnungskurs

d = Steigerungsbetrag

E = Nettoertrag

h = Anzahl der Tilgungen (Abschreibungen)

i = Zinssatz $= \frac{p}{100}$

j = Tilgungssatz

K = Kapital

K_0 = Anfangskapital

K_n = Endkapital

m = Anzahl der Unterteilungen einer Zinsperiode

N = Anzahl der ganzzahligen Zinsperioden in der Laufzeit n $(n = N + t)$

n = Laufzeit (Anzahl der Zinsperioden); Anzahl der Ratenzahlungen

p = Zinsfuß

p' = effektiver Anleihezinsfuß
Q = Abschreibungsquote
Q_h = Tilgungsquote
R = Rentenrate
r = Aufzinsungsfaktor $= 1 + i$
$\boldsymbol{S}_{\overline{n}|}$ = nachschüssiger Rentenendwert
$\boldsymbol{s}_{\overline{n}|}$ = nachschüssiger Rentenendwertfaktor
$\mathrm{S}_{\overline{n}|}$ = vorschüssiger Rentenendwert
$\mathrm{s}_{\overline{n}|}$ = vorschüssiger Rentenendwertfaktor
T_h = Tilgungssumme
V = Rückzahlungskurs
v = Abzinsungsfaktor $\frac{1}{1+i} = \frac{1}{r}$
V_h = Tilgungsrest
W = Anschaffungswert
Wr = Restwert
W_0 = Ertragswert
Z_n = Zinsbetrag

Formelübersicht

ZINSRECHNUNG (Kapitel A)

	Formel-Nr.	Seite
Zinsformel $Z_n = K \cdot n \cdot \frac{p}{100}$	(1)	11
oder $Z_n = K \cdot i \cdot n$ wobei $i = \frac{p}{100}$	(1')	11
oder $Z_n = \frac{K}{100} \cdot T : \frac{360}{p}$ wobei T = Anzahl der Tage	(1a)	31
Umformungen		
$K = \frac{Z_n}{in}$ (2), $i = \frac{Z_n}{Kn}$ (3), $n = \frac{Z_n}{Ki}$	(4)	18
Endwertformel $K_n = K_0\,(1 + in)$	(5)	20
Umformungen		
$i = \frac{1}{n}\left(\frac{K_n}{K_0} - 1\right)$ (11), $n = \frac{1}{i}\left(\frac{K_n}{K_0} - 1\right)$	(12)	28/29
Barwertformel $K_0 = \frac{K_n}{1 + in}$	(6)	21
Diskontformeln		
Barwert $\mathfrak{K}_0 = K_n\,(1 - in)$	(7)	24
Endwert $\mathfrak{K}_n = \frac{K_0}{1 - in}$	(8)	25
$i' = \frac{i}{1 - in}$ wobei	(9)	26
i = nomineller Diskontsatz		
$i' = $ effektiver Diskontsatz		
$i = \frac{i'}{1 + i'n}$	(10)	26

Mittlerer Zahlungstermin

Formel-Nr. Seite

$$n = \frac{\frac{{}_1K n_1}{1+in_1} + \frac{{}_2K n_2}{1+in_2} + \dots + \frac{{}_\nu K n_\nu}{1+in_\nu}}{\frac{{}_1K}{1+in_1} + \frac{{}_2K}{1+in_2} + \dots + \frac{{}_\nu K}{1+in_\nu}}. \qquad (13) \quad 30$$

ZINSESZINSRECHNUNG (Kapitel B)

Zinseszinsformel

Endwert $K_n = K_0 \cdot r^n$ wobei $r = (1 + i)$ (15) 35

Barwert $K_0 = \frac{K_n}{r^n} = K_n \cdot v^n$ (16) 39

Umformungen der Endwertformel

$$r = \sqrt[n]{\frac{K_n}{K_0}} \ (26), \qquad n = \frac{\log\left(\frac{K_n}{K_0}\right)}{\log r} \ (27) \qquad 56/58$$

bei unterjähriger Zinszahlung

Endwert $K_{mn} = K_0 \left(1 + \frac{i}{m}\right)^{mn}$ (17) 45

Barwert $K_0 = \frac{K_{mn}}{\left(1 + \frac{i}{m}\right)^{mn}}$ (18) 46

bei Augenblicksverzinsung
Endwert $K_n = K_0 \cdot e^{in}$ (19) 46

Konforme Zinssätze

$i' = \left(1 + \frac{i}{m}\right)^m - 1$ wobei i = nomineller unterjährig zahlbarer Zinssatz (20) 49

$i = m\left(\sqrt[m]{1 + i'} - 1\right)$ i' = effektiver jährlich zahlbarer Zinssatz (21) 51

		Formel-Nr.	Seite
$\mathrm{i} = \frac{i}{1+i}$	wobei i = dekursiver (nachschüssiger) Zinssatz	(22)	52
$i = \frac{\mathrm{i}}{1-\mathrm{i}}$	i = antizipativer (vorschüssiger) Zinssatz	(23)	52

Gemischte Zinsen

Endwert $K_n = K_0\, r^N (1 + it)$ (24) 54

Barwert $K_0 = \frac{K_n}{r^N (1+it)} = \frac{K_n v^N}{1+it}$ wobei $n = N + t$ (25) 54

RENTENRECHNUNG (Kapitel C)

Allgemeine Endwertformel

$E = {}_1K r^{n_1} + {}_2K r^{n_2} + \ldots + {}_\nu K r^{n_\nu}$ (29) 59

Allgemeine Barwertformel

$B = {}_1K \left(\frac{1}{r}\right)^{n_1} + {}_2K \left(\frac{1}{r}\right)^{n_2} + \ldots + {}_\nu K \left(\frac{1}{r}\right)^{n_\nu}$ (30) 59

Rentenformeln

nachschüssiger Rentenendwert

$\mathbf{S}_{\overline{n}|} = R\,(1 + r + r^2 + \ldots + r^{n-1})$ (31) 60

oder $\mathbf{S}_{\overline{n}|} = R \cdot \mathbf{s}_{\overline{n}|}$

$\mathbf{s}_{\overline{n}|} = \frac{r^n - 1}{r - 1} = \frac{r^n - 1}{i}$ (35) 64

vorschüssiger Rentenendwert

$\mathrm{S}_{\overline{n}|} = R\,(r + r^2 + r^3 + \ldots + r^n)$ (32) 61

oder $\mathrm{S}_{\overline{n}|} = R\,\mathrm{s}_{\overline{n}|}$

$\mathrm{s}_{\overline{n}|} = r\,\frac{r^n - 1}{r - 1} = r\,\frac{r^n - 1}{i}$ (36) 64

Umformungen

$n = \frac{\log (i\,\mathbf{s}_{\overline{n}|} + 1)}{\log r}$ (50), $n = \frac{\log\left(i\,\frac{\mathrm{s}_{\overline{n}|}}{r} + 1\right)}{\log r}$ (51) 81

Formel-Nr. Seite

nachschüssiger Rentenbarwert

$$\boldsymbol{A}_{\overline{n}|} = R\left(\frac{1}{r} + \frac{1}{r^2} + \ldots + \frac{1}{r^n}\right) \qquad (37) \quad 65$$

oder $\boldsymbol{A}_{\overline{n}|} = R a_{\overline{n}|}$

$$a_{\overline{n}|} = \frac{r^n - 1}{r^n i} \qquad (40) \quad 68$$

vorschüssiger Rentenbarwert

$$\mathrm{A}_{\overline{n}|} = R\left(1 + \frac{1}{r} + \frac{1}{r^2} + \ldots + \frac{1}{r^{n-1}}\right) \qquad (38) \quad 65$$

oder $\mathrm{A}_{\overline{n}|} = R \mathrm{a}_{\overline{n}|}$

$$\mathrm{a}_{\overline{n}|} = r\,\frac{r^n - 1}{r^n i} \qquad (41) \quad 68$$

Umformungen

$$n = \frac{\log\left(\frac{1}{1 - a_{\overline{n}|} i}\right)}{\log r} \quad (52), \qquad n = \frac{\log\left(\frac{r}{r - \mathrm{a}_{\overline{n}|} i}\right)}{\log r} \qquad (53) \quad 81$$

Beziehungen zwischen den Formeln der vor- und nachschüssigen Renten

$$\boldsymbol{s}_{\overline{n}|} = \frac{\mathrm{s}_{\overline{n}|}}{r} \quad \text{bzw.} \quad \mathrm{s}_{\overline{n}|} = \boldsymbol{s}_{\overline{n}|} \cdot r \qquad (33) \quad 62$$

$$\boldsymbol{s}_{\overline{n}|} = \mathrm{s}_{\overline{n-1}|} + 1 \qquad (34) \quad 63$$

$$a_{\overline{n}|} = \frac{\mathrm{a}_{\overline{n}|}}{r} \quad \text{bzw.} \quad \mathrm{a}_{\overline{n}|} = a_{\overline{n}|} \cdot r \qquad (42) \quad 68$$

$$a_{\overline{n}|} = \mathrm{a}_{\overline{n+1}|} - 1 \quad \text{bzw.} \quad \mathrm{a}_{\overline{n}|} = a_{\overline{n-1}|} + 1 \qquad (39) \quad 67$$

Barwertformel der ewigen Rente $(n \to \infty)$

nachschüssig $\boldsymbol{A}_{\overline{\infty}|} = R \cdot \frac{1}{i}$ (43) 69

vorschüssig $\mathrm{A}_{\overline{\infty}|} = R \cdot \frac{r}{i}$ (44) 69

Konforme nachschüssige Rentenrate R′ bei unterjähriger Zinszahlung und jährlich zahlbarer Rentenrate R

R nachschüssig $R' = \frac{R}{\boldsymbol{s}_{\overline{m}|}} = R\,\frac{i}{r^m - 1}$ (47) 75

	Formel-Nr.	Seite
R vorschüssig $R' = \frac{R}{\ddot{a}_{\overline{m}|}} = R\frac{i \cdot r^m}{r^m - 1}$	(46)	75

Konforme nachschüssige Rentenrate R′ bei jährlicher Zinszahlung und unterjährig zahlbarer Rentenrate R

R nachschüssig $R' = R\left\{m + \frac{m-1}{2}i\right\}$	(49)	78
R vorschüssig $R' = R\left\{m + \frac{m+1}{2}i\right\}$	(48)	77

Arithmetisch veränderliche Renten

nachschüssiger Endwert $(IS)_{\overline{n}|}$ bzw. $(DS)_{\overline{n}|} = Rs_{\overline{n}|} \pm \frac{d}{i}(s_{\overline{n}|} - n)$	(55)	85
vorschüssiger Endwert $(I\text{S})_{\overline{n}|}$ bzw. $(D\text{S})_{\overline{n}|} = R\text{s}_{\overline{n}|} \pm \frac{d}{i}(\text{s}_{\overline{n}|} - n \cdot r)$	(56)	85
nachschüssiger Barwert $(IA)F$ bzw. $(DA)_{\overline{n}|} = Ra_{\overline{n}|} \pm \frac{d}{i}\left(a_{\overline{n}|} - \frac{n}{r^n}\right)$	(57)	85
vorschüssiger Barwert $(I\text{A})_{\overline{n}|}$ bzw. $(D\text{A})_{\overline{n}|} = R\text{a}_{\overline{n}|} \pm \frac{d}{i}\left(\text{a}_{\overline{n}|} - \frac{n}{r^{n-1}}\right)$	(58)	85

Geometrisch veränderliche Renten

nachschüssiger Endwert $(VS)_{\overline{n}|} = R\frac{q^n - r^n}{q - r}$	(59)	87
vorschüssiger Endwert $(V\text{S})_{\overline{n}|} = (VS)_{\overline{n}|} \cdot r$		
nachschüssiger Barwert $(VA)_{\overline{n}|} = R\frac{\left(\frac{q}{r}\right)^n - 1}{q - r}$	(60)	87
vorschüssiger Barwert $(V\text{A})_{\overline{n}|} = (VA)_{\overline{n}|} \cdot r$		
für $r > q$ wird $(VA)_{\overline{\infty}|} = R\frac{1}{r - q}$	(61)	88

TILGUNGS- UND ANLEIHERECHNUNG (Kapitel D)

		Formel-Nr.	Seite
Annuität	$A = K \cdot \frac{1}{a_{\overline{n}\vert}}$	(65)	96
Tilgungsquote	$Q_1 = A - Ki$	(66)	96
oder	$Q_1 = K \cdot \frac{1}{s_{\overline{n}\vert}}$	(70)	98
	$Q_h = Q_1 r^{h-1}$	(67)	97
Tilgungssumme	$T_h = Q_1 \cdot s_{\overline{h}\vert}$	(68)	97
Schuldrest	$V_h = K - Q_1 s_{\overline{h}\vert}$	(69)	97
Tilgungsdauer			
	$n = \frac{\log A - \log(A - Ki)}{\log r}$ oder $n = \frac{\log A - \log Q_1}{\log r}$	(64′)	104
	$n = \frac{\log \frac{A}{Q_1}}{\log r}$ oder $n = \frac{\log \frac{i+j}{j}}{\log r}$ wobei j = Tilgungssatz	(64″)	104
Barwert der Tilgungsquoten	$B_{\overline{Qn}\vert} = nQ_1 \frac{1}{r}$	(71)	110
Barwert der Zinsen	$B_{\overline{Zn}\vert} = K - nQ_1 \frac{1}{r}$	(72)	111
Zuzählungsprovision	$G = \frac{\bar{i}}{i}\left(K - nQ_1 \frac{1}{r}\right)$	(73)	111
Konstante Abschreibungen			
Abschreibungsquote	$Q = \frac{W - W_R}{n}$	(74)	118
Buchwert	$B_h = W - h\frac{W - W_R}{n}$	(75)	118
	$q = \frac{Q}{B_h} \cdot 100 = \frac{W - W_R}{nW - h(W - W_R)} \cdot 100$	(76)	118
	für $W_R = 0$		
	$q = \frac{100}{n - h}$	(77)	118

		Formel-Nr.	Seite
Abschreibungsquote unter Berücksichtigung ihres Zeitwertes	$Q = \frac{W - W_R}{s_{\overline{n}\rceil}}$	(78)	119

Degressive Abschreibungen

Buchwert	$B_h = W\left(1 - \frac{q}{100}\right)^h$	(79)	119
Restwert	$W_R = B_n = W\left(1 - \frac{q}{100}\right)^n$	(80)	120
Abschreibungsprozentsatz	$\frac{q}{100} = 1 - \sqrt[n]{\frac{W_R}{W}}$ wobei $W_R \neq 0$	(81)	120

Progressive Abschreibungen

Buchwert	$B_h = W - hQ_1 - \frac{h(h-1)}{2} d$	(82)	121
Abschreibungsquote	$Q_1 = \frac{1}{n}\left(W - W_R - \frac{n(n-1)}{2} d\right)$	(83)	121
Steigerungsbetrag	$d = \frac{2}{n(n-1)}(W - W_R - nQ_1)$	(84)	121

Abschreibungen unter Berücksichtigung des Ertrages der Anlage

Ertragswert	$W_0 = Ea_{\overline{n}\rceil} + W_R \frac{1}{r^n}$	(85)	123
Abschreibungsquote	$Q_h = \frac{1}{r^{n-h+1}}(E - W_R i)$	(86)	124
Buchwert	$B_h = W_0 - Q_1 s_h$	(87)	124

KURS- UND RENTABILITÄTSRECHNUNG (Kapitel E)

Gesamtfällige Anleihen

$C = pa'_{\overline{n}\rceil} + \frac{100}{r'^n}$	*ohne Aufgeld*	(88)	130
$C = p \cdot a'_{\overline{n}\rceil} + \frac{V}{r'^n}$	*mit Aufgeld*	(89)	131

	Formel-Nr.	Seite
Ratenanleihe		
$C_R = \frac{1}{n}\left[p\,\frac{n - a'_{\overline{n}|}}{i'} + V a'_{\overline{n}|}\right]$ *mit Aufgeld*	(91)	137
Annuitätenanleihe		
$C_A = 100\,\frac{a'_{\overline{n}|}}{a_{\overline{n}|}}$ *ohne Aufgeld*	(92)	138
$C_A = V\,\frac{a'_{\overline{n}|}}{a^*_{\overline{n}|}}$ *mit Aufgeld*	(94)	139
Ungleiche Rückzahlungsbeträge $B_1, B_2, \ldots, B_n$		
$C = \frac{B_1 C_1 + B_2 C_2 + \ldots + B_n C_n}{B_1 + B_2 + \ldots + B_n}$	(95)	140
Bei halbjährlicher Zahlung der Anleihezinsen		
Gesamtfällige Anleihe		
$C_{(\frac{1}{2})} = p\left(1 + \frac{i'}{4}\right) a'_{\overline{n}|} + \frac{V}{r'^n}$	(96)	142
Ratenanleihe		
$C_{R(\frac{1}{2})} = \frac{1}{n}\left[p\left(1 + \frac{i'}{4}\right)\frac{n - a'_{\overline{n}|}}{i'} + V a'_{\overline{n}|}\right]$	(97)	142
Annuitätenanleihe		
$C_{A(\frac{1}{2})} = \frac{V\left(\frac{1}{r^n} - \frac{1}{r'^n}\right) + p\left(1 + \frac{i'}{4}\right)(a_{\overline{n}|} - a'_{\overline{n}|})}{(i' - i)\,a_{\overline{n}|}}$	(98)	143
Bei aufgeschobener Tilgung		
und jährlicher Zinszahlung		
${}_mC = p a'_{\overline{m}|} + \frac{C_n}{r'^m}$	(102)	145
und halbjährlicher Zinszahlung		
${}_mC_{(\frac{1}{2})} = p\left(1 + \frac{i'}{4}\right) a'_{\overline{m}|} + \frac{C_n}{r'^m}$	(103)	146

	Formel-Nr.	Seite
Ewige Renten ($n \to \infty$)		
jährliche Zinszahlung		
$C = \frac{p}{i'} = 100 \frac{p}{p'}$	(111)	157
halbjährliche Zinszahlung		
$C = \frac{p\left(1 + \frac{i'}{4}\right)}{i'} = 100 \frac{p}{p'} + \frac{p}{4}$	(112)	157
Unverzinsliche Anleihen		
Gesamtfällige Anleihe $C = \frac{V}{r'^n}$	(115)	159
Ratenanleihe $C_R = \frac{1}{n} V a'_{\overline{n}\rvert}$	(117)	159
Mittlere Laufzeit		
Ratenanleihe $\sigma = \frac{\log n - \log a'_{\overline{n}\rvert}}{\log r'}$	(104)	148
Annuitätenanleihe		
$\lambda = \frac{\log a_{\overline{n}\rvert} + \log \lvert i' - i \rvert - \log \lvert v^n - v'^n \rvert}{\log r'}$	(105)	148
Faustformel zur Schätzung von p'		
$p' \approx 100 \frac{p}{C} + \frac{V - C}{n}$		

INTERPOLATION

	Formel-Nr.	Seite
lineare $x = a \pm d_2 \frac{D_1}{D_2}$	(120)	163
mit höheren Differenzen		
$x = a_0 + a'_1 (A - A_0) + a''_2 (A - A_0)(A - A_1) + a'''_3 (A - A_0)(A - A_1)(A - A_2) + \ldots$	(121)	165

Literaturverzeichnis

(In den angeführten Werken sind zum Teil weitere Literaturhinweise zu finden)

Dyess, B. and R. Gilmore: Mathematics of Business and Finance, New York, 1942.

Coleman, J. B. and W. O. Rogers: Mathematics for finance and accounting, New York, 1949.

Foerster, E.: Politische Arithmetik, Sammlung Göschen, Bd. 879.

Herold, K.: Finanzmathematik, Berlin, 1924.

Hummel, P. M. and Ch. L. Seebeck: Mathematics of Finance, New York, 1948.

Isaac, A.: Praktische Anwendungen der Finanzmathematik, Essen, 1954.

Isaac, A.: Einführung in die Wirtschaftsmathematik, Essen, 1956.

Konradt, W. und W. Haas: Finanz- und Wirtschaftsmathematik, Darmstadt, 1954.

Kosiol, E.: Finanzmathematik, 8. Aufl., Wiesbaden, 1957.

Ladegast, K.: Finanzmathematik, Berlin, 1929.

Moore, J.: Handbook of Financial Mathematics, New York, 1929.

Nicolas, M.: Finanzmathematik, in „Deutsche Bankwirtschaft", Band IV/452, Berlin, 1939.

Northcott, J. A.: Mathematics of Finance, New York, 1953.

Sommer, F.: Finanz- und Wirtschaftsmathematik, Berlin, 1954.

Timpe, A.: Einführung in die Finanz- und Wirtschaftsmathematik, Wiesbaden, 1953.

Vogler, E.: Grundlagen der Errechnung der Effektivverzinsung festverzinslicher Anleihen und Schulden, Berlin, 1935.

Tabellenwerke

Bošnjak, K.: Aufzinsung, Amortisation, Rentabilität bei Kapitalanlagen und Anleihen, Leipzig, 1932.

Foerster, E.: Simon Spitzers Tabellen für die Zinseszinsen- und Rentenrechnung, 9. Aufl. Wien, 1952.

Huss, E. und K. G. Hagström: Bond Values Tables, Stockholm, 1929.

Nicolas, M.: Hoppenstedt's Rentenrechner (die Effektivverzinsung der Kapitalanlage), 3. Aufl., Darmstadt, 1956.
Violeine, P. A.: Nouvelles tables pour les calculs d'intérêts composés, d'annuités et d'amortissement, 9. Aufl., Paris, 1924.

Zur Begründung des Zinses in volkswirtschaftlicher Sicht sei hingewiesen auf:

Lutz, F. A.: Zinstheorie, Zürich, 1956.
Paulsen, A.: Neue Wirtschaftslehre, 4. Aufl., Berlin, 1958.
Schneider, E.: Einführung in die Wirtschaftstheorie, 4. Aufl., Tübingen, 1957.

Sachregister

Inhaltsübersicht

Geisteswissenschaften

Philosophie

Einführung in die Philosophie von *H. Leisegang* †. 3. Auflage. 145 Seiten. 1957. (*281*)

Hauptprobleme der Philosophie von *G. Simmel* †. 7., unveränderte Auflage. 177 Seiten. 1950. (*500*)

Geschichte der Philosophie

I: Die griechische Philosophie von *W. Capelle*. 1. Teil. Von Thales bis Leukippos. 2., erweiterte Auflage. 135 Seiten. 1953. (*857*)

II: Die griechische Philosophie von *W. Capelle*. 2. Teil. Von der Sophistik bis zum Tode Platons. 2., stark erweiterte Auflage. 144 Seiten. 1953. (*858*)

III: Die griechische Philosophie von *W. Capelle*. 3. Teil. Vom Tode Platons bis zur Alten Stoa. 2., stark erweiterte Auflage. 132 Seiten. 1954. (*859*)

IV: Die griechische Philosophie von *W. Capelle*. 4. Teil. Von der Alten Stoa bis zum Eklektizismus im 1. Jahrh. v. Chr. 2., stark erweiterte Auflage. 132 Seiten. 1954. (*863*)

V: Die Philosophie des Mittelalters von *J. Koch*. In Vorbereitung. (*826*)

VI: Von der Renaissance bis Kant von *K. Schilling*. 234 Seiten. 1954. (*394/394a*)

VII: Immanuel Kant von *G. Lehmann*. In Vorbereitung. (*536*)

VIII: Die Philosophie des 19. Jahrhunderts von *G. Lehmann*. 1. Teil. 151 Seiten. 1953. (*571*)

IX: Die Philosophie des 19. Jahrhunderts von *G. Lehmann*. 2. Teil. 168 Seiten. 1953. (*709*)

X: Die Philosophie im ersten Drittel des 20. Jahrhunderts I von *G. Lehmann*. 128 Seiten. 1957. (*845*)

Die geistige Situation der Zeit (1931) von *K. Jaspers*. 4., unveränderter Abdruck der 1932 bearbeiteten 5. Auflage. 211 Seiten. 1955. (*1000*)

Erkenntnistheorie von *G. Kropp*

I. Teil: Allgemeine Grundlegung. 143 Seiten. 1950. (*807*)

Formale Logik von *P. Lorenzen*. 170 Seiten. 1958. (*1176/1176a*)

Philosophisches Wörterbuch von *M. Apel* †. 5., völlig neubearbeitete Auflage von *P. Ludz*. 315 Seiten. 1958. (*1031/1031a*)

Philosophische Anthropologie. Menschliche Selbstdeutung in Geschichte und Gegenwart von *M. Landmann*. 266 Seiten. 1955. (*156/156a*)

Pädagogik, Psychologie, Soziologie

Geschichte der Pädagogik von *Herm. Weimer*. 13., durchgesehene und vermehrte Auflage von *Heinz Weimer*. 178 Seiten. 1958. (*145*)

Therapeutische Psychologie. Ihr Weg durch die Psychoanalyse von *W. M. Kranefeldt*. Mit einer Einfuhrung von *C. G. Jung*. 3. Auflage. 152 Seiten. 1956. (*1034*)

GEISTESWISSENSCHAFTEN

Allgemeine Psychologie von *Th. Erismann*. 3 Bände.
I: Grundprobleme. 2., neubearbeitete Auflage. 146 Seiten. 1958. (*831*)
II: Grundarten des psychischen Geschehens. In Vorbereitung. (*832/832a*)

Soziologie. Geschichte und Hauptprobleme von *L. von Wiese*. 5. Auflage. 162 Seiten. 1954. (*101*)

Sozialpsychologie von *P. R. Hofstätter*. 181 Seiten, 15 Abbildungen, 22 Tabellen. 1956. (*104/104a*)

Empirische Sozialforschung von *G. K. Specht*. 1958. In Vorbereitung. (*1175*)

Psychologie des Berufs- und Wirtschaftslebens von *W. Moede*. 190 Seiten, 48 Abbildungen. 1958. (*851/851a*)

Industrie- und Betriebssoziologie von *R. Dahrendorf*. 120 Seiten. 1956. (*103*)

Religionswissenschaften

Jesus von *M. Dibelius* †. 2. Auflage. Unveränderter Nachdruck. 141 Seiten. 1949. (*1130*)

Paulus von *M. Dibelius* †. Nach dem Tode des Verfassers herausgegeben und zu Ende geführt von *W. G. Kümmel*. 2., durchgesehene Auflage. 155 Seiten. 1956. (*1160*)

Römische Religionsgeschichte von *F. Altheim*. 2 Bände. 2., umgearbeitete Auflage.
I: Grundlagen und Grundbegriffe. 116 Seiten. 1956. (*1035*)
II: Der geschichtliche Ablauf. 164 Seiten. 1956. (*1052*)

Geschichte Israels. Von den Anfängen bis zur Zerstörung des Tempels (70 n. Chr.) von *E. L. Ehrlich*. 158 Seiten, 1 Tafel. 1958. (*231/231a*)

Musik

Musikästhetik von *H. J. Moser*. 180 Seiten. Mit zahlreichen Notenbeispielen. 1953. (*344*)

Systematische Modulation von *R. Hernried*. 2. Auflage. 136 Seiten. Mit zahlreichen Notenbeispielen. 1950. (*1094*)

Der polyphone Satz von *E. Pepping*. 2 Bände.
I: Der cantus-firmus-Satz. 2. Auflage. 223 Seiten. Mit zahlreichen Notenbeispielen. 1950. (*1148*)
II: Übungen im doppelten Kontrapunkt und im Kanon. 137 Seiten. Mit zahlreichen Notenbeispielen. 1957. (*1164/1164a*)

Allgemeine Musiklehre von *H. J. Moser*. 2., durchgesehene Auflage. 155 Seiten. Mit zahlreichen Notenbeispielen. 1955. (*220/220a*)

Harmonielehre von *H. J. Moser*. 2 Bände.
I: 109 Seiten. Mit 120 Notenbeispielen. 1954. (*809*)

Die Musik des 19. Jahrhunderts von *W. Oehlmann*. 180 Seiten. 1953. (*170*)

Die Musik des 20. Jahrhunderts von *W. Oehlmann*. 1958. In Vorbereitung. (*171/171a*)

Technik der deutschen Gesangskunst von *H. J. Moser*. 3., durchgesehene und verbesserte Auflage. 144 Seiten, 5 Figuren sowie Tabellen und Notenbeispiele. 1954. (*576/576a*)

Die Kunst des Dirigierens von *H. W. von Waltershausen* †. 2., vermehrte Auflage. 138 Seiten. Mit 19 Notenbeispielen. 1954. *(1147)*

Die Technik des Klavierspiels aus dem Geiste des musikalischen Kunstwerkes von *K. Schubert* †. 3. Auflage. 110 Seiten. Mit Notenbeispielen. 1954. *(1045)*

Kunst

Stilkunde von *H. Weigert*. 2 Bände. 3., durchgesehene Auflage.
I: Vorzeit, Antike, Mittelalter. 136 Seiten, 94 Abbildungen. 1958. *(80)*
II: Spätmittelalter und Neuzeit. 150 Seiten, 88 Abbildungen. 1958. *(781)*

Archäologie von *A. Rumpf*. 2 Bände.
I: Einleitung, historischer Überblick. 143 Seiten, 6 Abbildungen, 12 Tafeln 1953. *(538)*
II: Die Archäologensprache. Die antiken Reproduktionen. 136 Seiten, 7 Abbildungen, 12 Tafeln. 1956. *(539)*

Geschichte

Einführung in die Geschichtswissenschaft von *P. Kirn*. 3., durchgesehene Auflage. 128 Seiten. 1958. *(270)*

Zeitrechnung der römischen Kaiserzeit, des Mittelalters und der Neuzeit für die Jahre 1—2000 n. Chr. von *H. Lietzmann* †. 3. Auflage, durchgesehen von *K. Aland*. 130 Seiten. 1956. *(1085)*

Kultur der Urzeit von *F. Behn*. 3 Bände. 4. Auflage der Kultur der Urzeit Bd. 1—3 von *M. Hoernes*.
I: Die vormetallischen Kulturen. (Die Steinzeiten Europas. Gleichartige Kulturen in anderen Erdteilen.) 172 Seiten, 48 Abbildungen. 1950. *(564)*
II: Die älteren Metallkulturen. (Der Beginn der Metallbenutzung. Kupfer- und Bronzezeit in Europa, im Orient und in Amerika.) 160 Seiten, 67 Abbildungen. 1950. *(565)*
III: Die jüngeren Metallkulturen. (Das Eisen als Kulturmetall, Hallstatt-Latène-Kultur in Europa. Das erste Auftreten des Eisens in den anderen Weltteilen.) 149 Seiten, 60 Abbildungen. 1950. *(566)*

Vorgeschichte Europas von *F. Behn*. Völlig neue Bearbeitung der 7. Auflage der „Urgeschichte der Menschheit" von *M. Hoernes*. 125 Seiten, 47 Abbildungen. 1949. *(42)*

Der Eintritt der Germanen in die Geschichte von *J. Haller*. 3. Auflage, durchgesehen von *H. Dannenbauer*. 120 Seiten, 6 Kartenskizzen. 1957. *(1117)*

Von den Karolingern zu den Staufern. Die altdeutsche Kaiserzeit (900—1250) von *J. Haller* †. 4., durchgesehene Auflage von *H. Dannenbauer*. 142 Seiten, 4 Karten. 1958. *(1065)*

Deutsche Geschichte im Zeitalter der Reformation, der Gegenreformation und des dreißigjährigen Krieges von *F. Hartung*. 129 Seiten. 1951. *(1105)*

Deutsche Geschichte von 1648—1740. Politischer und geistiger Wiederaufbau von *W. Treue*. 120 Seiten. 1956. *(35)*

Deutsche Geschichte von 1713—1806 von *W. Treue*. 168 Seiten. 1957. *(39)*

Deutsche Geschichte von 1807—1871 von *W. Treue*. In Vorbereitung. *(893)*

Deutsche Geschichte von 1871 bis zur Gegenwart von *W. Treue*. In Vorbereitung. (*894*)

Quellenkunde der Deutschen Geschichte im Mittelalter (bis zur Mitte des 15. Jahrhunderts) von *K. Jacob* †. 3 Bände.
I: Einleitung. Allgemeiner Teil. Die Zeit der Karolinger. 6. Auflage. In Vorbereitung. (*279*)
II: Die Kaiserzeit (911—1250). 4. Auflage. 127 Seiten. 1949. (*280*)
III: Das Spätmittelalter (vom Interregnum bis 1500). Herausgegeben von *F. Weden*. 152 Seiten. 1952. (*284*)

Geschichte Englands von *H. Preller*. 2 Bände.
I: bis 1815. 3., stark umgearbeitete Auflage. 135 Seiten, 7 Stammtafeln, 2 Karten. 1952. (*375*)
II: Von 1815 bis 1910. 2., völlig umgearbeitete Auflage. 118 Seiten, 1 Stammtafel, 7 Karten. 1954. (*1088*)

Römische Geschichte von *F. Altheim*. 4 Bände. 2., verbesserte Auflage.
I: Bis zur Schlacht bei Pydna (168 v. Chr.). 124 Seiten. 1956. (*19*)
II: Bis zur Schlacht bei Actium (31 v. Chr.). 129 Seiten. 1956. (*677*)
III: Bis zur Schlacht an der Milvischen Brucke (312 n. Chr.). 148 Seiten. 1958. (*679*)
IV: Bis zur Schlacht am Yarmuk (636 n. Chr.). In Vorbereitung. (*684*)

Geschichte der Vereinigten Staaten von Amerika von *O. Graf zu Stolberg-Wernigerode*. 192 Seiten, 10 Karten. 1956. (*1051/1051a*)

Deutsche Sprache und Literatur

Geschichte der Deutschen Sprache von *H. Sperber*. 3. Auflage, besorgt von *W. Fleischbauer*. 128 Seiten. 1958. (*915*)

Deutsches Rechtschreibungswörterbuch von *M. Gottschald*. 2., verbesserte Auflage. 269 Seiten. 1953. (*200/200a*)

Deutsche Wortkunde. Eine kulturgeschichtliche Betrachtung des deutschen Wortschatzes von *A. Schirmer*. 3., durchgesehene Auflage. 109 Seiten. 1949. (*929*)

Deutsche Sprachlehre von *W. Hofstaetter*. 9., neubearbeitete Auflage von *G. Spree*. 144 Seiten. 1953. (*20*)

Stimmkunde fur Beruf, Kunst und Heilzwecke von *H. Biehle*. 111 Seiten. 1955. (*60*)

Redetechnik. Einfuhrung in die Rhetorik von *H. Biehle*. 115 Seiten. 1954. (*61*)

Sprechen und Sprachpflege (Die Kunst des Sprechens) von *H. Feist*. 2., verbesserte Auflage. 99 Seiten, 25 Abbildungen. 1952. (*1122*)

Deutsches Dichten und Denken von der germanischen bis zur staufischen Zeit von *H. Naumann*. (Deutsche Literatur vom 5.—13. Jahrhundert.) 2., verbesserte Auflage. 166 Seiten. 1952. (*1121*)

Deutsches Dichten und Denken vom Mittelalter zur Neuzeit von *G. Müller* (1270 bis 1700). 2., durchgesehene Auflage. 159 Seiten. 1949. (*1086*)

Deutsches Dichten und Denken von der Aufklärung bis zum Realismus (Deutsche Literaturgeschichte von 1700—1890) von *K. Vietor* †. 3., durchgesehene Auflage. 159 Seiten. 1958. (*1096*)

Der Nibelunge Nôt in Auswahl mit kurzem Wörterbuch von *K. Langosch*. 10., durchgesehene Auflage. 164 Seiten. 1956. (*1*)

Kudrun- und Dietrich-Epen in Auswahl mit Wörterbuch von *O. L. Jiriczek*. 6. Auflage, bearbeitet von *R. Wisniewski*. 173 Seiten. 1957. (*10*)

Wolfram von Eschenbach. Parzival. Eine Auswahl mit Anmerkungen und Wörterbuch von *H. Jantzen*. 2. Auflage, bearbeitet von *H. Kolb*. 128 Seiten. 1957. (*921*)

Hartmann von Aue. Der arme Heinrich nebst einer Auswahl aus der „Klage", dem „Gregorius" und den Criedsu (mit einem Wortervezeichnis) von *F. Maurer*. 101 Seiten. 1958. (*18*)

Gottfried von Strassburg von *F. Maurer*. 1958. In Vorbereitung. (*22*)

Die deutschen Personennamen von *M. Gottschald*. 2., verbesserte Auflage. 151 Seiten. 1955. (*422*)

Althochdeutsches Elementarbuch. Grammatik und Texte von *H. Naumann* † und *W. Betz*. 2., verbesserte und vermehrte Auflage. 156 Seiten. 1954. (*1111*)

Mittelhochdeutsche Grammatik von *H. de Boor* und *R. Wisniewski*. 141 Seiten. 1956. (*1108*)

Indogermanisch, Germanisch

Indogermanische Sprachwissenschaft von *H. Krahe*. 2 Bände. 3., neubearbeitete Aufl.
I: Einleitung und Lautlehre. 106 Seiten. 1958. (*59*)
II: Formenlehre. In Vorbereitung. (*64*)

Gotisches Elementarbuch. Grammatik, Texte mit Übersetzung und Erläuterungen mit einer Einleitung von *H. Hempel*. 2., umgearbeitete Aufl. 165 Seiten. 1953. (*79*)

Germanische Sprachwissenschaft von *H. Krahe*. 2 Bände. 3., neubearbeitete Auflage.
I: Einleitung und Lautlehre. 147 Seiten. 1956. (*238*)
II: Formenlehre. 149 Seiten. 1957. (*780*)

Altnordisches Elementarbuch. Schrift, Sprache, Texte mit Übersetzung und Wörterbuch von *F. Ranke*. 2., durchgesehene Auflage. 146 Seiten. 1949. (*1115*)

Englisch, Romanisch

Altenglisches Elementarbuch von *M. Lehnert*. Einführung, Grammatik, Texte mit Übersetzung und Wörterbuch. 3., verbesserte Auflage. 178 Seiten. 1955. (*1125*)

Historische neuenglische Laut- und Formenlehre von *E. Ekwall*. 3., durchgesehene Auflage. 150 Seiten. 1956. (*735*)

Englische Phonetik von *H. Mutschmann* †. 117 Seiten. 1956. (*601*)

Englische Literaturgeschichte. 4 Bände.
I: Die alt- und mittelenglische Periode von *F. Schubel*. 163 Seiten. 1954. (*1114*)
II: Von der Renaissance bis zur Aufklärung von *F. Schubel*. 160 Seiten. 1956. (*1116*)
III: Romantik und Viktorianismus von *P. Meißner* †. Durchgesehener Neudruck. 150 Seiten. 1944. (*1124*)
IV: Das 20. Jahrhundert von *P. Meißner* †. Durchgesehener Neudruck. 157 Seiten. 1944. (*1136*)

Beowulf von *M. Lehnert.* Eine Auswahl mit Einführung, teilweiser Übersetzung, Anmerkungen und etymologischem Wörterbuch. 2., verbesserte Auflage. 135 Seiten. 1949. (*1135*)

Shakespeare von *P. Meißner* †. 2. Auflage, neubearbeitet von *M. Lehnert.* 136 Seiten. 1954. (*1142*)

Italienische Literaturgeschichte von *K. Voßler* †. Unveränderter Nachdruck der 1927 erschienenen 4., durchgesehenen und verbesserten Auflage. 148 Seiten. 1948. (*125*)

Romanische Sprachwissenschaft von *H. Lausberg.* 2 Bände.
I: Einleitung und Vokalismus. 160 Seiten. 1956. (*128/128a*)
II: Konsonantismus. 95 Seiten. 1956. (*250*)

Griechisch, Lateinisch

Griechische Sprachwissenschaft von *W. Brandenstein.* 2 Bände.
I: Einleitung, Lautsystem, Etymologie. 160 Seiten. 1954. (*117*)
II: Wortbildung und Formenlehre. 192 Seiten. 1958. (*118/118a*)

Geschichte der griechischen Sprache. 2 Bände.
I: Bis zum Ausgang der klassischen Zeit von *O. Hoffmann* †. 3. Auflage bearbeitet von *A. Debrunner* †. 156 Seiten. 1953. (*111*)
II: Grundfragen und Grundzüge des nachklassischen Griechisch von *A. Debrunner* †. 144 Seiten. 1954. (*114*)

Geschichte der lateinischen Sprache von *F. Stolz* †. 3., stark umgearbeitete Auflage von *A. Debrunner* †. 136 Seiten. 1953. (*492*)

Hebräisch, Sanskrit, Russisch

Hebräische Grammatik von *G. Beer* †. 2 Bände. 2., völlig neubearbeitete Auflage von *R. Meyer.*
I: Schrift-, Laut- und Formenlehre I. 157 Seiten. 1952. (*763/763a*)
II: Formenlehre II. Syntax und Flexionstabellen. 195 Seiten. 1955. (*764/764a*)

Hebräisches Textbuch von *R. Meyer.* In Vorbereitung. (*769/769a*)

Sanskrit-Grammatik von *M. Mayrhofer.* 89 Seiten. 1953. (*1158*)

Russische Grammatik von *E. Berneker.* 6., unveränderte Auflage von *M. Vasmer.* 155 Seiten. 1947. (*66*)

Erd- und Länderkunde

Afrika von *F. Jaeger.* Ein geographischer Überblick. 2 Bände. 2., umgearbeitete Auflage.
I: Der Lebensraum. 179 Seiten, 18 Abbildungen. 1954. (*910*)
II: Mensch und Kultur. 155 Seiten, 6 Abbildungen. 1954. (*911*)

Australien und Ozeanien von *H. J. Krug.* 176 Seiten, 46 Skizzen. 1953. (*319*)

Kartenkunde von *M. Eckert-Greifendorff* †, durchgesehen von *W. Kleffner.* 4. Auflage. 1958. In Vorbereitung. (*30*)

Volkswirtschaft, Publizistik

Allgemeine Betriebswirtschaftslehre von *K. Mellerowicz*. 3 Bande.
I: 10., durchgesehene und erganzte Auflage. 224 Seiten. 1958. (*1008a*)
II: 10., durchgesehene und erganzte Auflage. 1958. In Vorbereitung. (*1153*)
III: 9., unveranderte Auflage. 143 Seiten. 1956. (*1154*)

Allgemeine Volkswirtschaftslehre von *A. Paulsen*. 4 Bande.
I: Grundlegung, Wirtschaftskreislauf. 2., durchgesehene und ergänzte Auflage. 141 Seiten. 1958. (*1169*)
II: Haushalte, Unternehmungen, Marktformen. 2., durchgesehene und erganzte Auflage. 164 Seiten, 32 Abbildungen. 1958. (*1170*)
III: Produktionsfaktoren, Geldwesen. In Vorbereitung. (*1171*)
IV: Konjunktur, Außenhandel, staatliche Aktivitat. In Vorbereitung. (*1172*)

Finanzwissenschaft von *H. Kolms*. 4 Bande.
I: Grundlegung. Öffentliche Ausgaben. 1958. In Vorbereitung. (*148*)
II: Erwerbseinkunfte, Gebuhren und Beitrage; Allgemeine Steuerlehre. 1958. In Vorbereitung. (*391*)
III: Besondere Steuerlegung. In Vorbereitung. (*776*)
IV: Öffentlicher Kredit. Haushaltswesen. Finanzausgleich. In Vorbereitung. (*782*)

Zeitungslehre von *E. Dovifat*. 2 Bande. 3., neubearbeitete Auflage.
I: Theoretische und rechtliche Grundlagen — Nachricht und Meinung — Sprache und Form. 148 Seiten. 1955. (*1039*)
II: Redaktion — Die Sparten: Verlag und Vertrieb, Wirtschaft und Technik, Sicherung der öffentlichen Aufgabe. 158 Seiten. 1955. (*1040*)

Naturwissenschaften

Mathematik

Geschichte der Mathematik von J. E. Hofmann. 3 Bände.
I: Von den Anfangen bis zum Auftreten von Fermat und Descartes. 200 Seiten. 1953. (*226*)
II: Von Fermat und Descartes bis zur Erfindung des Calculus und bis zum Ausbau der neuen Methoden. 109 Seiten. 1957. (*875*)
III: Von den Auseinandersetzungen um den Calculus bis zur französischen Revolution. 107 Seiten. 1957. (*882*)

Mathematische Formelsammlung von *F. Ringleb*. Vollständig umgearbeitete Neuausgabe des Werkes von *O. Th. Burklen*. 6., erweiterte Auflage. 278 Seiten, 37 Fig. 1956. (*51/51a*)

Fünfstellige Logarithmen von *A. Adler*. Mit mehreren graphischen Rechentafeln und haufig vorkommenden Zahlwerten. 2. Auflage. Neudruck. 127 Seiten, 1 Tafel. 1949. (*423*)

Arithmetik von *P. B. Fischer* †. 3. Auflage von *H. Rohrbach*. 152 Seiten, 19 Abbildungen. 1958. (*47*)

Höhere Algebra von *H. Hasse*. 2 Bande. 4., durchgesehene Auflage.
I: Lineare Gleichungen. 152 Seiten. 1957. (*931*)
II: Gleichungen höheren Grades. 158 Seiten, 5 Figuren. 1958. (*932*)

Aufgabensammlung zur höheren Algebra von *H. Hasse* und *W. Klobe*. 2., verbesserte und vermehrte Auflage. 181 Seiten. 1952. (*1082*)

Elementare und klassische Algebra vom modernen Standpunkt von *W. Krull* 2 Bände. 2., erweiterte Auflage.
I: 136 Seiten. 1952. (*930*)
II: 1958. In Vorbereitung. (*933*)

Einführung in die Zahlentheorie von *A. Scholz* †. Überarbeitet und herausgegeben von *B. Schoeneberg*. 2. Auflage. 128 Seiten. 1955. (*1131*)

Formale Logik von *P. Lorenzen*. 165 Seiten. 1958. (*1176/1176a*)

Elemente der Funktionentheorie von *K. Knopp* †. 4. Auflage. 144 Seiten, 23 Figuren. 1955. (*1109*)

Funktionentheorie von *K. Knopp* †. 2 Bände.
I: Grundlagen der allgemeinen Theorie der analytischen Funktionen. 9., neubearbeitete Auflage. 144 Seiten, 8 Figuren. 1957. (*668*)
II: Anwendungen und Weiterfuhrung der allgemeinen Theorie. 8./9. Auflage. 130 Seiten, 7 Figuren. 1955. (*703*)

Aufgabensammlung zur Funktionentheorie von *K. Knopp* †. 2 Bände.
I: Aufgaben zur elementaren Funktionentheorie. 5. Auflage. 135 Seiten. 1957. (*877*)
II: Aufgaben zur höheren Funktionentheorie. 4. Auflage. 144 Seiten. 1949. (*878*)

Gewöhnliche Differentialgleichungen von *G. Hoheisel*. 5., durchgesehene Auflage. 129 Seiten. 1956. (*920*)

Partielle Differentialgleichungen von *G. Hoheisel*. 3., neubearbeitete Auflage. 130 Seiten. 1953. (*1003*)

Aufgabensammlung zu den gewöhnlichen und partiellen Differentialgleichungen von *G. Hoheisel*. 3., durchgesehene und verbesserte Auflage. 124 Seiten. 1958. (*1059*)

Integralgleichungen von *G. Hoheisel*. 2., durchgesehene Auflage. 1958. In Vorbereitg. (*1099*)

Mengenlehre von *E. Kamke*. 3., neubearbeitete Auflage. 194 Seiten, 6 Figuren. 1955. (*999/999a*)

Gruppentheorie von *L. Baumgartner*. 3., neubearbeitete Auflage. 110 Seiten, 3 Tafeln. 1958. (*837*)

Ebene und sphärische Trigonometrie von *G. Hessenberg*. 5. Auflage, durchgesehen von *H. Kneser*. 172 Seiten, 60 Figuren. 1957. (*99*)

Darstellende Geometrie von *W. Haack*. 3 Bände.
I: Die wichtigsten Darstellungsmethoden. Grund- und Aufriß ebenflächiger Korper. 2., durchgesehene und erganzte Auflage. 113 Seiten, 120 Abbildungen. 1958. (*142*)
II: Körper mit krummen Begrenzungsflachen. Kotierte Projektionen. 129 Seiten, 86 Abbildungen. 1954. (*143*)
III: Axonometrie und Perspektive. 127 Seiten, 100 Abbildungen. 1957. (*144*)

Analytische Geometrie von *K. P. Grotemeyer*. 202 Seiten, 73 Abbildungen. 1958. (*65/65a*)

Sammlung von Aufgaben und Beispielen zur analytischen Geometrie der Ebene mit den vollständigen Lösungen von *R. Haussner* †. 139 Seiten, 22 Figuren. Neudruck. 1949. (*256*)

Nichteuklidische Geometrie. Hyperbolische Geometrie der Ebene von *R. Baldus* †. Durchgesehen und herausgegeben von *F. Löbell*. 3., verbesserte Auflage. 140 Seiten, 70 Figuren. 1953. (*970*)

Differentialgeometrie von *K. Strubecker* (früher *Rothe*). 3 Bände.
I: Kurventheorie der Ebene und des Raumes. 150 Seiten, 18 Figuren. 1955. (*1113/1113a*)
II: Theorie der Flächenmetrik. 195 Seiten, 14 Figuren. 1958. (*1179/1179a*)
III: Theorie der Flächenkrümmung. 254 Seiten, 38 Figuren. 1958. (*1180/1180a*)

Einführung in die konforme Abbildung von *L. Bieberbach*. 5., erweiterte Auflage. 180 Seiten, 42 Figuren. 1956. (*768/768a*)

Vektoren und Matrizen von *S. Valentiner*. 8., erweiterte Auflage der „Vektoranalysis". Mit Anhang: Aufgaben zur Vektorrechnung von *H. König*. 202 Seiten, 35 Figuren. 1958. (*354/354a*)

Vermessungskunde von *P. Werkmeister*. 3 Bände.
I: Stückvermessung und Nivellieren. 10., völlig neubearbeitete Auflage von *W. Großmann*. 143 Seiten, 117 Figuren. 1958. (*468*)
II: Messung von Horizontalwinkeln. Festlegung von Punkten im Koordinatensystem. Absteckungen. 7. Auflage. 151 Seiten, 93 Figuren. 1949. (*469*)
III: Trigonometrische und barometrische Höhenmessung. Tachymetrie und Topographie. 6. Auflage. 147 Seiten, 64 Figuren. 1949. (*862*)

Versicherungsmathematik von *F. Böhm*. 2 Bände.
I: Elemente der Versicherungsrechnung. 3., vermehrte und verbesserte Auflage. Durchgesehener Neudruck. 151 Seiten. 1953. (*180*)
II: Lebensversicherungsmathematik. Einführung in die technischen Grundlagen der Sozialversicherung. 2., verbesserte und vermehrte Auflage. 205 Seiten. 1953. (*917/917a*)

Finanzmathematik von *M. Nicolas*. 1958. In Vorbereitung. (*1183*)

Physik

Einführung in die theoretische Physik von *W. Döring*. 5 Bände.
I: Mechanik. 119 Seiten, 29 Abbildungen. 1954. (*76*)
II: Das elektromagnetische Feld. 122 Seiten, 15 Abbildungen. 1955. (*77*)
III: Optik. 117 Seiten, 32 Abbildungen. 1956. (*78*)
IV: Thermodynamik. 107 Seiten, 9 Abbildungen. 1956. (*374*)
V: Statistische Mechanik. 114 Seiten, 12 Abbildungen. 1957. (*1017*)

Atomphysik von *K. Bechert* und *Ch. Gerthsen* †. 7 Bände.
I: Allgemeine Grundlagen. 1. Teil. 4. Auflage. In Vorbereitung. (*1009*)
II: Allgemeine Grundlagen. 2. Teil. 3., umgearbeitete Auflage. 112 Seiten, 48 Abbildungen. 1955. (*1033*)
III: Theorie des Atombaus. 1. Teil. 3., umgearbeitete Auflage. 148 Seiten, 16 Abbildungen. 1954. (*1123/1123a*)
IV: Theorie des Atombaus. 2. Teil. 3., umgearbeitete Auflage. 170 Seiten, 14 Abbildungen. 1954. (*1165/1165a*)

Differentialgleichungen der Physik von *F. Sauter.* 3., durchgesehene und ergänzte Auflage. 148 Seiten, 16 Figuren. 1958. *(1070)*

Physikalische Formelsammlung von *G. Mahler* †. Neubearbeitet von *K. Mahler.* 9., durchgesehene Auflage. 153 Seiten, 69 Figuren. 1955. *(136)*

Physikalische Aufgabensammlung von *G. Mahler* †. Neubearbeitet von *K. Mahler.* Mit den Ergebnissen. 9., durchgesehene Auflage. 127 Seiten. 1957. *(243)*

Chemie

Geschichte der Chemie in kurzgefaßter Darstellung von *G. Lockemann.* 2 Bände.
I: Vom Altertum bis zur Entdeckung des Sauerstoffs. 142 Seiten, 8 Bildnisse. 1950. *(264)*
II: Von der Entdeckung des Sauerstoffs bis zur Gegenwart. 151 Seiten, 16 Bildnisse. 1955. *(265/265a)*

Anorganische Chemie von *W. Klemm.* 10., überarbeitete und ergänzte Auflage. 185 Seiten, 18 Abbildungen. 1958. *(37)*

Organische Chemie von *W. Schlenk.* 7., erweiterte Auflage. 269 Seiten, 16 Abbildungen. 1957. *(38/38a)*

Physikalische Methoden der Organischen Chemie von *G. Kresze.* 1958. In Vorbereitung. *(44)*

Allgemeine und physikalische Chemie von *W. Schulze.* 2 Bände. 4., neubearb. Aufl.
I: 139 Seiten, 10 Figuren. 1955. *(71)*
II: 176 Seiten, 37 Figuren. 1956. *(698/698a)*

Molekülbau. Theoretische Grundlagen und Methoden der Strukturermittlung von *W. Schulze.* 123 Seiten, 43 Figuren. 1958. *(786)*

Physikalisch-chemische Rechenaufgaben von *E. Asmus.* 3., verbesserte Auflage. 96 Seiten. 1958. *(445)*

Analytische Chemie von *J. Hoppe.* 2 Bände. 5., verbesserte Auflage.
I: Reaktionen. 135 Seiten. 1950. *(247)*
II: Gang der qualitativen Analyse. 166 Seiten. 1950. *(248)*

Maßanalyse. Theorie und Praxis der klassischen und der elektrochemischen Titrierverfahren von *G. Jander* und *K. F. Jahr.* 7., ergänzte Auflage. 303 Seiten, 50 Figuren. 1956. *(221/221a)*

Thermochemie von *W. A. Roth.* 2., verbesserte Auflage. 109 Seiten, 16 Figuren. 1952 *(1057)*

Stöchiometrische Aufgabensammlung von *W. Bahrdt* † und *R. Scheer.* Mit den Ergebnissen. 6., durchgesehene Auflage. 118 Seiten. 1957. *(452)*

Elektrochemie und ihre physikalisch-chemischen Grundlagen von *A. Daßler.* 2 Bände.
I: 149 Seiten, 21 Abbildungen. 1950. *(252)*
II: 178 Seiten, 17 Abbildungen. 1950. *(253)*

Technologie

Warenkunde von *K. Hassak* † und *E. Beutel* †. 2 Bände.
I: Anorganische Waren sowie Kohle und Erdöl. 8. Auflage. Neubearbeitet von *A. Kutzelnigg*. 119 Seiten, 18 Figuren. 1958. (*222*)
II: Organische Waren. 7. Auflage. Neubearbeitet von *A. Kutzelnigg*. 143 Seiten, 32 Figuren. 1949. (*223*)

Die Fette und Öle von *K. Braun* †. 5., völlig neubearbeitete und verbesserte Auflage von *Th. Klug*. 145 Seiten. 1950. (*335*)

Die Seifenfabrikation von *K. Braun* †. 3., neubearbeitete und verbesserte Auflage von *Th. Klug*. 116 Seiten, 18 Abbildungen. 1953. (*336*)

Textilindustrie von *A. Blumcke*.
I: Spinnerei und Zwirnerei. 111 Seiten, 43 Abbildungen. 1954. (*184*)

Biologie

Einführung in die allgemeine Biologie und ihre philosophischen Grund- und Grenzfragen von *M. Hartmann*. 132 Seiten, 2 Abbildungen. 1956. (*96*)

Hormone von *G. Koller*. 2., neubearbeitete und erweiterte Auflage. 187 Seiten, 60 Abbildungen, 19 Tabellen. 1949. (*1141*)

Fortpflanzung im Tier- und Pflanzenreich von *J. Hämmerling*. 2., ergänzte Auflage. 135 Seiten, 101 Abbildungen. 1951. (*1138*)

Geschlecht und Geschlechtsbestimmung im Tier- und Pflanzenreich von *M. Hartmann*. 2., verbesserte Auflage. 116 Seiten, 61 Abbildungen, 7 Tabellen. 1951. (*1127*)

Symbiose der Tiere mit pflanzlichen Mikroorganismen von *P. Buchner*. 2., verbesserte und vermehrte Auflage. 130 Seiten, 121 Abbildungen. 1949. (*1128*)

Botanik

Entwicklungsgeschichte des Pflanzenreiches von *H. Heil*. 2. Auflage. 138 Seiten, 94 Abbildungen, 1 Tabelle. 1950. (*1137*)

Morphologie der Pflanzen von *L. Geitler*. 3., umgearbeitete Auflage. 126 Seiten, 114 Abbildungen. 1953. (*141*)

Pflanzengeographie von *L. Diels* †. 5., völlig neubearbeitete Auflage von *F. Mattick*. 195 Seiten, 2 Karten. 1958. (*389/389a*)

Die Laubhölzer. Kurzgefaßte Beschreibung der in Mitteleuropa gedeihenden Laubbaume und Straucher von *F. W. Neger* † und *E. Munch* †. 3., durchgesehene Auflage, herausgegeben von *B. Huber*. 143 Seiten, 63 Figuren, 7 Tabellen. 1950. (*718*)

Die Nadelhölzer (Koniferen) und übrigen Gymnospermen von *F. W. Neger* † und *E. Munch* †. 4. Auflage, durchgesehen und erganzt von *B. Huber*. 140 Seiten, 75 Figuren, 4 Tabellen, 3 Karten. 1952. (*355*)

Pflanzenzüchtung von *H. Kuckuck*. 2 Bände.
I: Grundzuge der Pflanzenzuchtung. 3., völlig umgearbeitete und erweiterte Auflage. 132 Seiten, 22 Abbildungen. 1952. (*1134*)
II: Spezielle gartenbauliche Pflanzenzuchtung (Züchtung von Gemüse, Obst und Blumen). 178 Seiten, 27 Abbildungen. 1957. (*1178/1178a*)

Zoologie

Entwicklungsphysiologie der Tiere von *F. Seidel.* 2 Bände.
I: Ei und Furchung. 126 Seiten, 29 Abbildungen. 1953. (*1162*)
II: Körpergrundgestalt und Organbildung. 159 Seiten, 42 Abbildungen. 1953. (*1163*)

Das Tierreich
I: Einzeller, Protozoen von *E. Reichenow.* 115 Seiten, 59 Abbildungen. 1956. (*444*)
II: Schwämme und Hohltiere von *H. J. Hannemann.* 95 Seiten, 80 Abbildungen. 1956. (*442*)
III: Wurmer. Platt-, Hohl-, Schnurwurmer, Kamptozoen, Ringelwürmer, Protracheaten, Bartierchen, Zungenwurmer von *S. Jaeckel.* 114 Seiten, 36 Abbildungen. 1955. (*439*)
IV,1: Krebse von *H. E. Gruner* und *K. Deckert.* 114 Seiten, 43 Abbildungen. 1956. (*443*)
IV,2: Spinnentiere (Trilobitomorphen, Fuhlerlose) und Tausendfüßler von *A. Kaestner.* 96 Seiten, 55 Abbildungen. 1955. (*1161*)
IV,3: Insekten von *H. von Lengerken.* 128 Seiten, 58 Abbildungen. 1953. (*594*)
V: Weichtiere. Urmollusken, Schnecken, Muscheln und Kopffußer von *S. Jaeckel.* 92 Seiten, 34 Abbildungen. 1954. (*440*)
VI: Stachelhauter. Tentakulaten, Binnenatmer und Pfeilwürmer von *S. Jaeckel.* 100 Seiten, 46 Abbildungen. 1955. (*441*)
VII,2: Fische von *D. Ludemann.* 130 Seiten, 65 Abbildungen. 1955. (*356*)
VII,3: Lurche (Chordatiere) von *K. Herter.* 143 Seiten, 129 Abbildungen. 1955. (*847*)
VII,4: Kriechtiere (Chordatiere) von *K. Herter.* In Vorbereitung. (*447*)
VII,5: Vögel (Chordatiere) von *G. Diesselhorst.* In Vorbereitung. (*869*)
VII,6: Saugetiere (Chordatiere) von *Th. Haltenorth.* In Vorbereitung. (*282*)

Vergleichende Physiologie der Tiere von *K. Herter.* 2 Bande.
I: Stoff- und Energiewechsel. 4. Auflage. In Vorbereitung. (*972*)
II: Bewegung und Reizerscheinungen. 3. Auflage. 148 Seiten, 110 Abbildgn. 1950. (*973*)

Land- und Forstwirtschaft

Landwirtschaftliche Tierzucht. Die Zuchtung und Haltung der landwirtschaftlichen Nutztiere von *H. Vogel.* 139 Seiten, 11 Abbildungen. 1952. (*228*)

Kulturtechnische Bodenverbesserungen von *O. Fauser.* 2 Bände. 4., neubearbeitete Auflage.
I: Allgemeines, Entwässerung. 122 Seiten, 47 Abbildungen. 1947. (*691*)
II: Bewässerung, Ödlandkultur, Umlegung. 150 Seiten, 67 Abbildungen. 1948. (*692*)

Agrikulturchemie von *K. Scharrer.* 2 Bande.
I: Pflanzenernährung. 143 Seiten. 1953. (*329*)
II: Futtermittelkunde. 192 Seiten. 1956. (*330/330a*)

Geologie, Mineralogie, Kristallographie

Geologie von *F. Lotze*. 176 Seiten, 80 Abbildungen. 1955. (*13*)

Mineral- und Erzlagerstättenkunde von *H. Huttenlocher* †. 2 Bände.
I: 128 Seiten, 34 Abbildungen. 1954. (*1014*)
II: 156 Seiten, 48 Abbildungen. 1954. (*1015/1015a*)

Allgemeine Mineralogie. 10., erweiterte Auflage der „Mineralogie" von *R. Brauns* †, bearbeitet von *K. F. Chudoba*. 120 Seiten, 120 Figuren, 1 Tafel, 3 Tabellen. 1958. (*29*)

Spezielle Mineralogie. 9., erweiterte Auflage der „Mineralogie" von *R. Brauns* †, bearbeitet von *K. F. Chudoba*. 133 Seiten, 105 Figuren. 1955. (*31*)

Petrographie (Gesteinskunde) von *W. Bruhns* †. Neubearbeitet von *P. Ramdohr*. 4., durchgesehene Auflage. 104 Seiten, 10 Figuren. 1955. (*173*)

Kristallographie von *W. Bruhns* †. 5. Auflage, neubearbeitet von *P. Ramdohr*. 109 Seiten, 164 Abbildungen. 1958. (*210*)

Einführung in die Kristalloptik von *E. Buchwald*. 4., verbesserte Auflage. 138 Seiten, 121 Figuren. 1952. (*619*)

Lötrohrprobierkunde. Mineraldiagnose mit Lötrohr- und Tupfelreaktion. Von *M. Henglein*. 3., verbesserte Auflage. 91 Seiten, 11 Figuren. 1949. (*483*)

Technik

Graphische Darstellung in Wissenschaft und Technik von *M. Pirani*. 3., erweiterte Auflage bearbeitet von *J. Fischer* unter Benutzung der von *I. Runge* besorgten 2. Auflage. 216 Seiten, 104 Abbildungen. 1957. (*728/728a*)

Elektrotechnik

Grundlagen der allgemeinen Elektrotechnik von *O. Mohr*. 3 Bände.
I: Die drei Feldformen. 96 Seiten, 41 Abbildungen, 6 Tafeln. 1956. (*196*)
II: Die wichtigsten elektrischen und physikalischen Grunderscheinungen. 95 Seiten, 36 Abbildungen, 7 Tafeln. 1956. (*197*)
III: Schaltvorgänge, Widerstandsformen, Meßtechnik. 91 Seiten, 59 Abbildungen, 1 Tafel. 1956. (*198*)

Die Gleichstrommaschine von *K. Humburg*. 2 Bände. 2., durchgesehene Auflage.
I: 102 Seiten, 59 Abbildungen. 1956. (*257*)
II: 101 Seiten, 38 Abbildungen. 1956. (*881*)

Die synchrone Maschine von *K. Humburg*. Neudruck. 109 Seiten, 78 Abbildungen. 1951. (*1146*)

Induktionsmaschinen von *F. Unger*. 2., erweiterte Auflage. 142 Seiten, 49 Abbildungen. 1954. (*1140*)

Die komplexe Berechnung von Wechselstromschaltungen von *H. H. Meinke*. 2. Auflage. 180 Seiten, 120 Abbildungen. 1957. (*1156/1156a*)

Theoretische Grundlagen zur Berechnung der Schaltgeräte von *F. Kesselring*. 3. Auflage. 144 Seiten, 92 Abbildungen. 1950. (*711*)

Einführung in die Technik selbsttätiger Regelungen von *W. zur Megede.* 176 Seiten, 86 Abbildungen. 1956. (*714/714a*)

Elektromotorische Antriebe (Grundlagen fur die Berechnung) von *A. Schwaiger.* 3., neubearbeitete Auflage. 96 Seiten, 34 Abbildungen. 1952. (*827*)

Technische Tabellen und Formeln von *W. Muller.* 4., verbesserte und erweiterte Auflage von *E. Schulze.* 152 Seiten, 105 Figuren. 1951. (*579*)

Überspannungen und Überspannungsschutz von *G. Fruhauf.* Durchgesehener Neudruck. 122 Seiten, 98 Abbildungen. 1950. (*1132*)

Maschinenbau

Metallkunde von *H. Borchers.* 2 Bande. 3. Auflage.
- I: Aufbau der Metalle und Legierungen. 120 Seiten, 90 Abbildungen, 2 Tabellen. 1956. (*432*)
- II: Eigenschaften, Grundzüge der Form- und Zustandsgebung. 1958. In Vorbereitung. (*433*)

Die Werkstoffe des Maschinenbaues von *A. Thum* † und *C. M. v. Meysenbug.* 2 Bände.
- I: Einfuhrung in die Werkstoffprufung 2., neubearbeitete Auflage. 100 Seiten, 7 Tabellen, 56 Abbildungen. 1956. (*476*)
- II: Die Konstruktionswerkstoffe von *C. M. von Meysenbug.* Mit 40 Abbildungen. 1958. In Vorbereitung. (*936*)

Dynamik von *W. Muller.* 2 Bande. 2., verbesserte Auflage.
- I: Dynamik des Einzelkorpers. 128 Seiten, 48 Figuren. 1952. (*902*)
- II: Systeme von starren Körpern. 102 Seiten, 41 Figuren. 1952. (*903*)

Technische Schwingungslehre von *L. Zipperer.* 2 Bande. 2., neubearbeitete Auflage.
- I: Allgemeine Schwingungsgleichungen, einfache Schwinger. 120 Seiten, 101 Abbildungen. 1953. (*953*)
- II: Torsionsschwingungen in Maschinenanlagen. 102 Seiten, 59 Abbildungen. 1955. (*961/961a*)

Werkzeugmaschinen für Metallbearbeitung von *K. P. Matthes.* 2 Bände.
- I: 100 Seiten, 27 Abbildungen, 11 Zahlentafeln, 1 Tafelanhang. 1954. (*561*)
- II: Fertigungstechnische Grundlagen der neuzeitlichen Metallbearbeitung. 101 Seiten, 30 Abbildungen, 5 Tafeln. 1955. (*562*)

Transformatoren von *W. Schafer.* 3., uberarbeitete und ergänzte Auflage. 130 Seiten, 73 Abbildungen. 1957. (*952*)

Das Maschinenzeichnen mit Einführung in das Konstruieren von *W. Tochtermann.* 2 Bande. 4. Auflage.
- I: Das Maschinenzeichnen. 156 Seiten, 75 Tafeln. 1950. (*589*)
- II: Ausgefuhrte Konstruktionsbeispiele. 130 Seiten, 58 Tafeln. 1950. (*590*)

Die Maschinenelemente von *E. A. vom Ende.* 3., verbesserte Auflage. 166 Seiten, 175 Figuren, 9 Tafeln. 1956. (*3/3a*)

Die Maschinen der Eisenhüttenwerke von *L. Engel.* 156 Seiten, 95 Abbildungen. 1957. (*583/583a*)

Walzwerke von *H. Sedlaczek* unter Mitarbeit von *F. Fischer* und *M. Buch.* 232 Seiten, 157 Abbildungen. 1958. (*580/580a*)

Getriebelehre von *P. Grodzinski* †. 2 Bände. 2., neubearbeitete Auflage.
I: Geometrische Grundlagen. 159 Seiten, 142 Figuren. 1953. (*1061*)

Gießereitechnik von *H. Jungbluth*. 2 Bände.
I: Eisengießerei. 126 Seiten, 44 Abbildungen. 1951. (*1159*)

Die Dampfkessel und Feuerungen einschließlich Hilfseinrichtungen in Theorie, Konstruktion und Berechnung von *W. Marcard* †. 2 Bände. 2. Auflage, neubearbeitet von *K. Beck*.
I: Die theoretischen Grundlagen, Wärme, Verbrennung, Wärmeübertragung. 150 Seiten, 42 Abbildungen, 16 Tabellen. 1951. (*9*)
II: Dampfkessel. 147 Seiten, 43 Abbildungen. 1952. (*521*)

Die Dampfturbinen. Ihre Wirkungsweise, Berechnung und Konstruktion von *C. Zietemann*. 3 Bände. 3., verbesserte Auflage.
I: Theorie der Dampfturbinen. 139 Seiten, 48 Abbildungen. 1955. (*274*)
II: Die Berechnung der Dampfturbinen und die Konstruktion der Einzelteile. 132 Seiten, 111 Abbildungen. 1956. (*715*)
III: Die Regelung der Dampfturbinen, die Bauarten, Turbinen für Sonderzwecke, Kondensationsanlagen. 126 Seiten, 90 Abbildungen. 1956. (*716*)

Verbrennungsmotoren von *W. Endres*. 3 Bände.
I: Überblick. Motor-Brennstoffe. Verbrennung im Motor allgemein, im Otto- und Diesel-Motor. 153 Seiten, 57 Abbildungen. 1958. (*1076/1076a*)
II: Die heutigen Typen der Verbrennungskraftmaschinen. In Vorbereitung. (*1184*)
III: Die Einzelteile des Verbrennungsmotors. In Vorbereitung. (*1185*)

Technische Thermodynamik von *W. Nußelt* †. 2 Bände.
I: Grundlagen. 4., verbesserte Auflage. 144 Seiten, 71 Abbildungen. 1956. (*1084*)
II: Theorie der Wärmekraftmaschinen. Neudruck. 144 Seiten, 87 Abbildungen, 32 Zahlentafeln. 1951. (*1151*)

Autogenes Schweißen und Schneiden von *H. Niese*. 5. Auflage, neubearbeitet von *A. Kuchler*. 136 Seiten, 71 Figuren. 1953. (*499*)

Die elektrischen Schweißverfahren von *H. Niese*. 2. Auflage, neubearbeitet von *H. Dienst*. 136 Seiten, 58 Abbildungen. 1955. (*1020*)

Die Hebezeuge. Entwurf von Winden und Kranen von *G. Tafel*. 2., verbesserte Auflage 176 Seiten, 230 Figuren. 1954. (*414/414a*)

Wasserbau

Wasserkraftanlagen von *A. Ludin* unter Mitarbeit von *W. Borkenstein*. 2 Bände.
I: Planung, Grundlagen und Grundzüge. 124 Seiten, 60 Abbildungen. 1955. (*665*)
II: Anordnung und Ausbildung der Hauptbauwerke. 184 Seiten, 91 Abbildungen. 1958. (*666/666a*)

Verkehrswasserbau von *H. Dehnert*. 3 Bände.
I: Entwurfsgrundlagen, Flußregelungen. 103 Seiten, 52 Abbildungen. 1950. (*585*)
II: Flußkanalisierung und Schiffahrtskanäle. 94 Seiten, 60 Abbildungen. 1950. (*597*)
III: Schleusen und Hebewerke. 98 Seiten, 70 Abbildungen. 1950. (*1152*)

Wehr- und Stauanlagen von *H. Dehnert*. 134 Seiten, 90 Abbildungen. 1952. (*965*)

Talsperren von *F. Tölke*. 122 Seiten, 70 Abbildungen. 1953. (*1044*)

Hoch- und Tiefbau

Die wichtigsten Baustoffe des Hoch- und Tiefbaus von *O. Graf* †. 4., verbesserte Auflage. 131 Seiten, 63 Abbildungen. 1953. (*984*)

Baustoffverarbeitung und Baustellenprüfung des Betons von *A. Kleinlogel*. 2., neubearbeitete und erweiterte Auflage. 126 Seiten, 35 Abbildungen. 1951. (*978*)

Festigkeitslehre. 2 Bände.
- I: Elastizität, Plastizität und Festigkeit der Baustoffe und Bauteile von *W. Gehler* † und *W. Herberg*. Durchgesehener und erweiterter Neudruck. 159 Seiten, 118 Abbildungen. 1952. (*1144*)
- II: Formänderung, Platten, Stabilität und Bruchhypothesen von *W. Herberg* und *N. Dimitrov*. 187 Seiten, 94 Abbildungen. 1955. (*1145/1145a*)

Grundlagen des Stahlbetonbaus von *A. Troche*. 2., neubearbeitete und erweiterte Auflage. 208 Seiten, 75 Abbildungen, 17 Bemessungstafeln, 20 Rechenbeispiele. 1953. (*1078*)

Statik der Baukonstruktionen von *A. Teichmann*. 3 Bände.
- I: Grundlagen. 101 Seiten, 51 Abbildungen, 8 Formeltafeln. 1956. (*119*)
- II: Statisch bestimmte Stabwerke. 107 Seiten, 52 Abbildungen, 7 Tafeln. 1957. (*120*)
- III: Statisch unbestimmte Systeme. 112 Seiten, 34 Abbildungen, 7 Formeltafeln. 1958. (*122*)

Fenster, Türen, Tore aus Holz und Metall. Eine Anleitung zu ihrer guten Gestaltung, wirtschaftlichen Bemessung und handwerksgerechten Konstruktion von *W. Wickop* †. 4., überarbeitete und ergänzte Auflage. 155 Seiten, 95 Abbildungen. 1955. (*1092*)

Heizung und Lüftung von *J. Körting* † und *W. Körting*. 2 Bände.
- I: Das Wesen und die Berechnung der Heizungs- und Lüftungsanlagen. 9., durchgesehene Auflage. 1958. In Vorbereitung. (*342*)
- II: Die Ausführung der Heizungs- und Lüftungsanlagen. 9. Auflage. 1958. In Vorbereitung. (*343*)

Industrielle Kraft- und Wärmewirtschaft von *F. A. F. Schmidt* und *A. Beckers*. 167 Seiten, 73 Abbildungen. 1957. (*318/318a*)

Sammlung Göschen / Bandnummernfolge

1 Langosch, Der Nibelunge Nôt
3/3a v. Ende, Die Maschinenelemente
9 Marcard-Beck, Dampfkessel I
10 Jiriczek-Wisniewski, Kudrun- und Dietrich-Epen
13 Lotze, Geologie
18 Maurer, Hartmann von Aue
19 Altheim, Romische Geschichte I
20 Hofstaetter-Spree, Dt. Sprachlehre
22 Maurer, Gottfried von Strassburg
29 Brauns-Chudoba, Allg. Mineralogie
30 Eckert-Greifendorff-Kleffner, Kartenkunde
31 Brauns-Chudoba, Spez. Mineralogie
35 Treue, Dt. Geschichte von 1648 bis 1740
37 Klemm, Anorganische Chemie
38/38a Schlenk, Organische Chemie
39 Treue, Dt. Geschichte von 1713 bis 1806
42 Behn, Vorgeschichte Europas
44 Kresze, Physikalische Methoden der organischen Chemie
47 Fischer-Rohrbach, Arithmetik
51/51a Ringleb-Burklen, Mathematische Formelsammlung
59 Krahe, Indogerm. Sprachwissensch. I
60 Biehle, Stimmkunde
61 Biehle, Redetechnik
64 Krahe, Indogerm. Sprachwissensch. II
65/65a Grotemeyer, Analyt. Geometrie
66 Berneker-Vasmer, Russische Grammatik
71 Schulze, Allgemeine und physikalische Chemie I
76 Döring, Einfuhrung in die theoret. Physik I
77 Doring, Einfuhrung in die theoret. Physik II
78 Doring, Einfuhrung in die theoret. Physik III
79 Hempel, Gotisches Elementarbuch
80 Weigert, Stilkunde I
96 Hartmann, Einf. i. d. allgem. Biologie
99 Hessenberg-Kneser, Ebene und sphar. Trigonometrie
101 v. Wiese, Soziologie
103 Dahrendorf, Industrie- und Betriebssoziologie
104/104a Hofstätter, Sozialpsychologie
111 Hoffmann-Debrunner, Gesch. der griechischen Sprache I
114 Debrunner, Gesch. der griechischen Sprache II
117 Brandenstein, Griechische Sprachwissenschaft I
118/118a Brandenstein, Griechische Sprachwissenschaft II
119 Teichmann, Statik der Baukonstruktionen I
120 Teichmann, Statik der Baukonstruktionen II
122 Teichmann, Statik der Baukonstruktionen III
125 Vossler, Ital. Literaturgeschichte
128/128a Lausberg, Romanische Sprachwissenschaft I
136 Mahler, Physikalische Formelsammlung
141 Geitler, Morphol. der Pflanzen
142 Haack, Darst. Geometrie I
143 Haack, Darst. Geometrie II
144 Haack, Darst. Geometrie III
145 Weimer, Gesch. der Padagogik
148 Kolms, Finanzwissenschaft I
156/156a Landmann, Philosophische Anthropologie
170 Oehlmann, Musik des 19. Jahrh.
171/171a Oehlmann, Musik des 20. Jahrh.
173 Bruhns-Ramdohr, Petrographie
180 Bohm, Versicherungsmathematik I
184 Blumcke, Textilindustrie I
196 Mohr, Grundlagen der Elektrotechnik I
197 Mohr, Grundlagen der Elektrotechnik II
198 Mohr, Grundlagen der Elektrotechnik III
200/200a Gottschald, Dt. Rechtschreibungsworterbuch
210 Bruhns-Ramdohr, Kristallographie
220/220a Moser, Allgem. Musiklehre
221/221a Jander-Jahr, Maßanalyse
222 Hassak-Beutel, Warenkunde I
223 Hassak-Beutel, Warenkunde II
226 Hofmann, Geschichte d. Mathematik I
228 Vogel, Landw. Tierzucht
231/231a Ehrlich, Geschichte Israels
238 Krahe, German. Sprachwiss. I
243 Mahler, Physikal. Aufgabensammlg.

BANDNUMMERNFOLGE

247 Hoppe, Analytische Chemie I
248 Hoppe Analytische Chemie II
250 Lausberg, Romanische Sprachwissenschaft II
252 Dassler, Elektrochemie I
253 Dassler, Elektrochemie II
256 Haussner, Aufgabensammlung zur analyt. Geometrie der Ebene
257 Humburg, Gleichstrommaschine I
264 Lockemann, Geschichte der Chemie I
265/265a Lockemann, Geschichte der Chemie II
270 Kirn, Einfuhrung in die Geschichtswissenschaft
274 Zietemann, Dampfturbinen I
279 Jacob, Quellenkunde der deutschen Geschichte I
280 Jacob, Quellenkunde der deutschen Geschichte II
281 Leisegang, Einführung in die Philosophie
282 Haltenorth, Säugetiere
284 Jacob-Weden, Quellenkunde der deutschen Geschichte III
318/318a Schmidt-Beckers, Industrielle Kraft- und Warmewirtschaft
319 Krug, Australien und Ozeanien
329 Scharrer, Agrikulturchemie I
330/330a Scharrer, Agrikulturchemie II
335 Braun-Klug, Fette und Öle
336 Braun-Klug, Seifenfabrikation
342 Körting, Heizung und Luftung I
343 Körting, Heizung und Luftung II
344 Moser, Musikästhetik
354/354a Valentiner-König, Vektoren und Matrizen
355 Neger-Munch, Nadelhölzer
356 Ludemann, Fische
374 Doring, Einfuhrung in die theoret. Physik IV
375 Preller, Geschichte Englands I
389/389a Diels-Mattick, Pflanzengeographie
391 Kolms, Finanzwissenschaft II
394/394a Schilling, Von der Renaissance bis Kant
414/414a Tafel, Hebezeuge
422 Gottschald, Deutsche Personennamen
423 Adler, Fünfstellige Logarithmen
432 Borchers, Metallkunde I
433 Borchers, Metallkunde II
439 Jaeckel, Wurmer
440 Jaeckel, Weichtiere
441 Jaeckel, Stachelhauter
442 Hannemann, Schwämme und Hohltiere
443 Gruner-Deckert, Krebse
444 Reichenow, Einzeller
445 Asmus, Physikal.-chem. Rechenaufgaben
447 Herter, Kriechtiere
452 Bahrdt-Scheer, Stöchiometrische Aufgabensammlung
468 Werkmeister - Grossmann, Vermessungskunde I
469 Werkmeister, Vermessungskunde II
476 Thum-Meysenbug, Die Werkstoffe des Maschinenbaues I
483 Henglein, Lötrohrprobierkunde
492 Stolz-Debrunner, Geschichte der lateinischen Sprache
499 Niese-Küchler, Autogenes Schweißen
500 Simmel, Hauptprobleme der Philosophie
521 Marcard-Beck, Dampfkessel II
536 Lehmann, Kant
538 Rumpf, Archäologie I
539 Rumpf, Archäologie II
561 Matthes, Werkzeugmaschinen I
562 Matthes, Werkzeugmaschinen II
564 Behn, Kultur der Urzeit I
565 Behn, Kultur der Urzeit II
566 Behn, Kultur der Urzeit III
571 Lehmann, Philosophie des 19. Jahrhunderts I
576/576a Moser, Gesangskunst
579 Muller-Schulze, Techn. Tabellen
580/580a Sedlaczek-Fischer-Buch, Walzwerke
583/583a Engel, Maschinen der Eisenhuttenwerke
585 Dehnert, Verkehrswasserbau I
589 Tochtermann, Maschinenzeichnen I
590 Tochtermann, Maschinenzeichnen II
594 v. Lengerken, Insekten
597 Dehnert, Verkehrswasserbau II
601 Mutschmann, Engl. Phonetik
619 Buchwald, Kristalloptik
665 Ludin-Borkenstein, Wasserkraftanlagen I
666/666a Ludin-Borkenstein, Wasserkraftanlagen II

Autorenregister

AUTORENREGISTER

Printed in Germany
200 000 133/58

Wenn einer, der mit Mühe kaum
Gekrochen ist auf einen Baum,

Schon meint, daß
er ein Vogel wär,

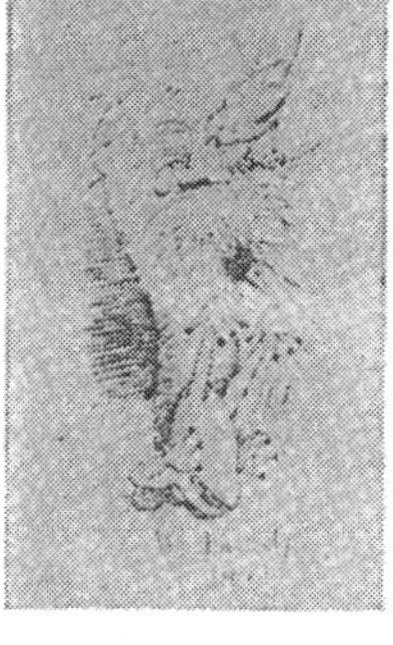

So irrt sich der.

Wilhelm Busch

EIN SCHACHBUCH HILFT WEITER!

„Der bekannte Stil Brinckmanns, der es versteht, die als trocken verrufene Materie der Schachtheorie in jedem seiner Aufsätze und Werke dem Leser ‚mundgerecht' zu machen, zeichnet dieses Buch besonders aus."

Fränkische Nachrichten

M. EUWE, *Schach von A—Z*

Vollständige Anleitung zum Schachspiel. Mit 262 Diagrammen. Deutsche Bearbeitung und Übersetzung: Kurt Richter. Oktav. 194 Seiten. 1958. Kartoniert DM 9,80

„Wenn wir an den bisher vorliegenden Schachlehrbüchern den Mangel an Vollständigkeit oder die zu trockene Sammlung von Varianten als für den Anfänger nicht geeignet fanden, so kann von diesem neuen Werke mit Recht gesagt werden, was sein Untertitel besagt: Vollständige Anleitung zum Schachspiel." Reutlinger General-Anzeiger

Ideen und Kombinationen

für Fortgeschrittene

Der große Ideengehalt des Schachspiels verlangt gebieterisch nach eingehender Gestaltung. Da tritt wieder Dr. Euwe mit zwei wertvollen Büchern auf den Plan: in » Positions- und Kombinationsspiel « erläutert er die höhere Strategie der Bauernführung, und in » Urteil und Plan « gibt er dem Lernenden meisterliche Winke zur Stellungsbeurteilung und Planbildung an die Hand. Wieder von anderer Art ist Eduard Laskers Standardwerk » Moderne Schachstrategie «, an dem schon unsere Väter ihre höhere Schachauffassung heranbildeten. 6 Auflagen (davon die letzte modernisiert) sprechen für sich. Optisch Schach zu lehren, bemüht sich K. Richter in seinen Büchern » Der Schachpraktiker, Schachmatt und Kombinationen «. Anhand einprägsamer Beispiele wird die Theorie aus der Praxis heraus entwickelt und in dem Lernenden das Schachgefühl geweckt. Er lernt Kombinationen sehen und verstehen.

derung seiner Schachlaufbahn vom Wunderkind zum Großmeister. Auch er ist ein hervorragender Interpret eigener Partien. Seine allgemeinen Betrachtungen sind ebenfalls sehr lehrreich. A. Brinckmann würdigt den vor einigen Jahren verstorbenen »Großmeister Bogoljubow«, der zwar im Wettkampf mit Aljechin unterlag, aber zu den größten Meistern der Neuzeit zählt. Dem Gedenken Klaus Junges, dem hoffnungsvollsten deutschen Nachwuchstalent der Kriegszeit, mit nur kurzer, aber umso glänzenderer Laufbahn ist Budrich/Schultes sehr empfehlenswertes Büchlein »Das war Klaus Junge« gewidmet. Carl Carls, der Schöpfer der Bremer Partie, hat viele schöne Partien gespielt, die in dem von K. Richter bearbeiteten Buch lebendig werden. Gleichzeitig vermittelt der Rückblick auf Carls' Schachlaufbahn interessante historische Eindrücke.

A. ALJECHIN (Alekhine), *Auf dem Wege zur Weltmeisterschaft* (1923—1927)

2. Auflage. Oktav. Mit 100 Partien und 173 Diagrammen. VIII, 226 Seiten. 1955. Kartoniert DM 9,80

„Auf dem Wege zur Weltmeisterschaft ist in besonderem Maße bezeichnend für das Schaffen Aljechins überhaupt. Das Buch liest sich beinahe romanhaft.“

Schweizerische Schachzeitung

S. RESHEVSKY, *Meine Schachkarriere*

Mit 80 ausgewählten Partien. Oktav. 210 Seiten. 1957. Kartoniert DM 12,80

„... sehr aufschlußreich in vieler Beziehung für den Schachleser sind die Schilderungen über die einzelnen Turniere und Begegnungen mit den Großen wie Aljechin, Capablanca, Lasker und Botwinnik. Am wertvollsten jedoch sind die Erläuterungen der 80 Partien." Der Nußknacker

A. BRINCKMANN, *Großmeister Bogoljubow*

Oktav. Mit zahlreichen Abbildungen und Stellungsbildern. 107 Seiten. 1953. Kartoniert DM 5,50

„Eine Sammlung der besten Partien des allseitig beliebten und geschätzten Großmeisters, in der vorzüglichen und zum Teil humorvollen Glossierungskunst Alfred Brinckmanns." Deutsche Nachrichten, Sao Paulo

BUDRICH / SCHULTE, *Das war Klaus Junge*

Partien und Aufzeichnungen. Gewidmet den jugendlichen Schachspielern in aller Welt. Oktav. 97 Seiten. 1956. Kartoniert DM 8,80

„Ein Erinnerungsbuch zum Gedächtnis des begabtesten deutschen Jungmeisters, der am 27. April 1945 mit 21 Jahren ... fiel. In wenigen Jahren stieg er zur Weltklasse auf. Das Buch eignet sich vor allem für unsere Jugend zu Geschenkzwecken." Schachecho

K. RICHTER, *Carl Carls und die ‚Bremer Partie'*

60 Jahre Schacherinnerungen. Mit einer Vorrede von Alfred Brinckmann. Herausgegeben von Kurt Richter. Oktav. 113 Seiten und 2 Abbildungen. 1957. Kartoniert DM 7,80

„Das empfehlenswerte Buch ... weiß dem Menschen und Schachmeister Carls ein seinen Leistungen und Verdiensten entsprechendes Denkmal zu setzen."

Aachener Volkszeitung

Walter de Gruyter & Co.

Preisgekrönte Schachpartien

Poesie und Prosa

In der Mitte zwischen Belehrung und Unterhaltung stehen Partiesammlungen nach verschiedenen Gesichtspunkten. Tiefschürfend sind des jetzigen Exweltmeisters Botwinniks Erläuterungen zu seinen Partien aus dem 1. Wettkampf mit Smyslow 1954, ein Genuß für Kenner. Dr. Tartakower, einer der amüsantesten Plauderer und geistreichsten Köpfe im Reiche Caissas, zeigt eine Anzahl seiner schönsten Partien mit originellen und witzigen Zwischentexten. Mit ungarischem Temperament führt uns der Budapester Experte W. Á. Földeák in die Zauberwelt der Glanzpartien mit ihren schönen Kombinationen — eine prächtige Unterhaltung. Ein gewisses Gegenstück dazu bringt A. Brinckmann in einer Sammlung prägnanter Kurzpartien, hier entlädt sich die Dramatik des Schachkampfes sozusagen mit explosiver Kraft. Ganz anders geartet ist das Buch über das größte Fernturnier der Nachkriegszeit: das »Dr. Dyckhoff-Fernschach-Gedenkturnier«. Fernschachpartien großer Meister sind naturgemäß meist tiefer angelegt als Partien am Brett und ermöglichen deshalb Kombinationen, die man sonst kaum antreffen würde. Ähnliches gilt hier für die subtile Behandlung der Aufbauprobleme. Ein bedeutsames Werk.

M. M. BOTWINNIK, *Der Schachwettkampf Botwinnik—Smyslow* um die Weltmeisterschaft im Jahre 1954 in Moskau.

Deutsche Übersetzung von Dr. H. Lehmann. Oktav. 100 Seiten. 1957. Kartoniert DM 6,80

Die Arbeit Botwinniks, die hier als erste in deutscher Sprache vorgelegt wird — die vierundzwanzig ausführlich kommentierten Partien des Wettkampfes um die Weltmeisterschaft gegen Smyslow im Jahre 1954 — ist zugleich seine neueste.

freund bilden. Die Auswahl und Darstellung entspricht dem hohen Ruf der Verfasser. Methodischen Lehrwert hat Dr. Speckmanns Werk »Strategie im Schachproblem« anhand von 242 Diagrammen, den so beliebten Kleinaufgaben.

KRAEMER / ZEPLER, *Im Banne des Schachproblems*

Oktav. Mit zahlreichen Diagrammen. 158 Seiten. 1951. Kartoniert DM 6,80

„Die beiden Problem-Großmeister A. Kraemer und E. Zepler haben als prominenteste Vertreter der deutschen Problemkunst eine große Zahl auserwählter Schachaufgaben und Studien in diesem wertvollen Buch zusammengestellt." Kasseler Post

KRAEMER / ZEPLER, *Problemkunst im 20. Jahrhundert*

Ausgewählte Schachaufgaben. Oktav. 125 Seiten. 1957. Kartoniert DM 8,60

„Von ursprünglich 4000 Schachaufgaben jeder Problemrichtung haben die beiden berühmten Problemkomponisten etwa den zehnten Teil ausgesucht; . . . eine unerschöpfliche Fülle reifster Kunstwerke, eine wahre Fundgrube für jeden Problemfreund." Schachecho

W. SPECKMANN, *Strategie im Schachproblem*

erläutert an 242 Miniaturen. Oktav. Mit 310 Diagrammen. Etwa 128 Seiten. 1958. Kartoniert etwa DM 8,40

Regeln und Systeme

für Vereinsfunktionäre unentbehrlich ist Brinckmann / Rellstab's »Turnier-Taschenbuch«, das alle wichtigen Regeln, Spielsysteme und Vorschriften des Weltschachbundes allgemeinverständlich aufführt und erläutert.

Berlin W 35

.... Expl.	Lasker, Schachstrategie		DM	9,80
.... Expl.	Reshevsky, Schachkarriere		DM	12,80
.... Expl.	Richter, Erstes Schachbuch		DM	4,80
.... Expl.	Richter, Schachpraktiker		DM	3,80
.... Expl.	Richter, Schachmatt		DM	5,20
.... Expl.	Richter, Kombinationen	Ganzleinen	DM	8,50
.... Expl.	Richter, Carl Carls		DM	7,80
.... Expl.	Richter, Kurzgeschichten		DM	12,80
.... Expl.	Richter-Teschner, Schacheröffnungen		DM	9,80
.... Expl.	Snosko-Borowsky, Eröffnungsfallen		DM	6,80
.... Expl.	Speckmann, Strategie	Etwa	DM	8,40
.... Expl.	Tartakowers Glanzpartien		DM	12,—
.... Expl.	Weigand, Königl. Spiel	Etwa	DM	6,—
.... Expl.	Deutsche Schachzeitung			
	jährlich, zur Fortsetzung		DM	12,—
	Für Mitglieder von Schachvereinen		DM	10,80
	Einzelhefte		DM	1,30

Datum Name Anschrift

147/58